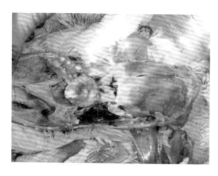

图7-23 大肠杆菌引起的肝周炎、心包炎

图7-24 传染性鼻炎出现的面部肿胀

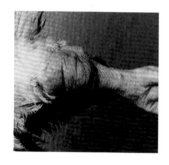

图7-25 葡萄球菌引起的踝关节肿大

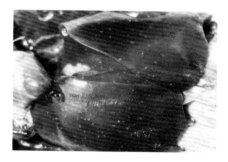

图7-26 病鸡肝脏肿大，表面有灰白色坏死点

图7-27 法氏囊病变
a. 病鸡法氏囊　b. 正常法氏囊

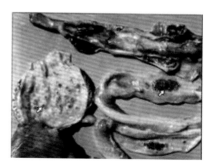

图7-28 病鸡腺胃和肠道病变

（注：为方便读者查阅，第七章部分图制作彩插页，且彩图序号同第七章内文图序号）

图 7-29 病鸡呼吸困难

图 7-30 病鸡肾脏病变

图 7-31 鸡冠和面部的痘痂

图 7-32 病鸡关节肿大、跛行

图 7-33 病鸡肝脏肿大、表面有出血斑

肿头　　　　金鱼眼-典型支原体

图7-34　病鸡头面部病变

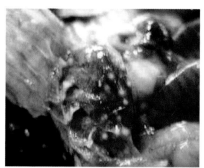

图7-35　病鸡肺部的霉菌结节

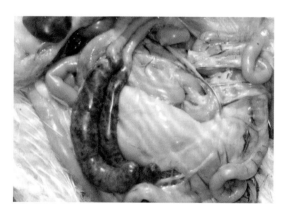

图7-36　病鸡盲肠内的血栓

图 7-37　病鸡膨大的腹部

图 7-38　肉鸡趾垫

图 7-39　肉鸡腿病

畜禽规模化养殖技术丛书

白羽肉鸡规模化养殖技术图册

主编 黄炎坤

河南科学技术出版社

·郑州·

图书在版编目（CIP）数据

白羽肉鸡规模化养殖技术图册/黄炎坤主编.—郑州：河南科学技术出版社，2021.1

（畜禽规模化养殖技术丛书）

ISBN 978-7-5349-9943-7

Ⅰ.①白… Ⅱ.①黄… Ⅲ.①肉鸡-饲养管理-图集 Ⅳ.①S831.4-64

中国版本图书馆 CIP 数据核字（2020）第 227831 号

出版发行：河南科学技术出版社
　　　　　地址：郑州市郑东新区祥盛街 27 号　　邮编：450016
　　　　　电话：(0371) 65737028　65788613
　　　　　网址：www.hnstp.cn
策划编辑：陈淑芹
责任编辑：陈淑芹
责任校对：翟慧丽
封面设计：张德琛
版式设计：栾亚平
责任印制：朱　飞
印　　刷：河南省环发印务有限公司
经　　销：全国新华书店
开　　本：850 mm×1168 mm　1/32　印张：10　彩页：4 面　字数：250 千字
版　　次：2021 年 1 月第 1 版　2021 年 1 月第 1 次印刷
定　　价：35.00 元

如发现印、装质量问题，影响阅读，请与出版社联系并调换。

《白羽肉鸡规模化养殖技术图册》
编写人员名单

主　编　黄炎坤
副主编　申法刚　吴运香
编　者　申法刚　刘　坤　吴运香
　　　　黄好强　黄炎坤

前　言

　　白羽肉鸡具有繁殖力高、早期生长速度快、饲料效率高、出肉率高、脂肪率低、鸡肉容易被人体消化吸收、劳动生产率高等优势，是当今世界发达国家和地区养殖量大、在肉类总产量中所占比例高、发展速度快的畜牧养殖种类。我国现代白羽肉鸡生产始于 20 世纪 80 年代，1985 年以后进入快速发展时期，养殖数量持续增加，1990 年后规模化、"产加供销"一体化企业数量迅速增多，并在 1992 年实现鸡肉产量上升至世界第二位。进入 21 世纪后，我国的肉鸡业养殖规模、年出栏数量、鸡肉总产量依然处于稳定增长状态，规模化养殖比例不断上升。据报道，在 2013 年我国肉鸡的规模化比例已经达到 90%，而且肉鸡的生产越来越集中到少数的大型一体化企业，很多养殖户逐渐成为大型企业的合同养殖户。

　　近年来，我国的白羽肉鸡生产基本处于供大于求的状态，生产经营效益相对较低而且不稳定，鸡肉质量安全问题时有发生，对外出口一直不畅。而一些大型一体化企业仍然在进行扩张，给肉鸡产业带来了巨大的经营压力。在行业发展遇到阻力的关键时期，如何调整生产经营思路，改善生产环境条件，提高饲养管理和卫生防疫技术水平，保证肉鸡的健康和鸡肉的质量安全，已经成为所有从业者必须认真审视的问题。为了提高从业者的技术和管理水平，保证肉鸡产业的健康、稳定发展，本书以产业发展现状和需要解决的主要问题为出发点，参考近年来肉鸡产业发展所取得的研究进展、生产经验和教训，编写了这部图文并茂、内容充实、技术可操作性强的肉鸡生产专著，以期对肉鸡产业起到推动作用。

在本书的编写过程中，引用了部分企业的生产技术资料、来自网络的相关资料和图片，对这些资料的原作者表示深深的谢意。本书编写过程中也得到了河南永达食业集团、河南双汇集团肉鸡公司、河南大用集团、河南丰瑞生物科技有限公司等的帮助，在此表示忠心的感谢。鉴于我国各地自然气候条件的差异，肉鸡生产经营模式的差别，以及相关技术的不断发展，书中不妥之处，敬请读者批评指正。

编者
2019 年 10 月

目　　录

第一章
白羽肉鸡生产概况

第一节　白羽肉鸡生产现状

一、白羽肉鸡生产状况

（一）种鸡存栏量

根据中国禽业发展报告（2014 年度），2014 年全国共引进白羽肉鸡祖代种鸡 118 万套，其中 AA+引进了 51.76 万套，占全部引进量的 43.86%；罗斯 308 引进了 47.42 万套，占全部引进量的 40.19%。2014 年全国祖代白羽肉种鸡平均存栏量为 166.55 万套，同比下降 15.64%；父母代白羽肉种鸡年平均存栏量为 4 493.10 万套。由于受欧美地区高致病性禽流感的影响，2015 年我国从欧美国家引进的祖代种鸡数量大幅度减少，祖代种鸡的存栏量不足 70 万套，父母代种鸡的存栏量约为 3 000 万套（图 1-1）。

（二）肉鸡出栏量与鸡肉产量

2014 年全国出栏商品代白羽肉鸡 45.59 亿只；年产白羽肉鸡产品产量约为（按全净膛率 75% 折算）807 万吨。规模化养殖的肉鸡见图 1-2，肉鸡屠宰与分割见图 1-3。

（三）鸡肉贸易与消费量

根据美国农业部统计数据，世界鸡肉生产量保持稳定增长，从 2004 年的 6 108.70 万吨，增长到 2014 年的 8 634.80 万吨，年均复合

图1-1 2001~2014年国内祖代白羽肉鸡引种量及毛鸡存栏量统计

图1-2 规模化养殖的肉鸡

增长率为3.52%。世界鸡肉消费量从2004年的6 644.00万吨,增长到2014年的9 515.70万吨,年均复合增长率达3.66%。

从地区分布上看,世界前三大鸡肉生产和消费国家为美国、中国和巴西。美国为世界鸡肉第一大生产国。根据美国农业部统计数据,2014年,美国鸡肉生产量达1 729.90万吨,分别占全球鸡肉生产量的20.03%;中国鸡肉生产量达1 308.00万吨,占全球鸡肉生产量的15.15%;巴西鸡肉生产量达1 269.20万吨,占全球鸡肉生产量的

图1-3 肉鸡屠宰与分割

14.70%。2014年，美国、中国和巴西的鸡肉消费量分别为1 734.70万吨、1 334.00万吨和1 269.50万吨，分别占全球鸡肉总消费量的18.23%、14.02%和13.34%。

从2004年开始，受H7N9疫情等因素的影响，中国鸡肉生产进入了平稳发展时期，虽然增长速度有所减缓，但是增长趋势依然强劲。2004～2012年，我国鸡肉年产量及消费量持续增长，2013年以来受疫情等因素的影响，鸡肉年产销量略有下降，但始终保持在1 300万吨以上的水平。鸡肉产量从2004年的999.80万吨增长至2014年的1 308.00万吨；鸡肉消费量从2004年的1 017.20万吨增长至2014年的1 334.00万吨。

2015年我国鸡肉的产量、消费量分别达到1 311.00万吨和1 332.50万吨，人均占有禽肉13.28千克。

二、白羽肉鸡生产存在的主要问题

我国肉鸡业在近7年来一直处于波动的状态，肉鸡出栏量、鸡肉产量、养殖效益等指标波动比较频繁，这种状况不利于我国肉鸡业的健康、稳定发展。造成这种状况的主要原因是多方面的。

1. 肉鸡产能过剩 中国白羽肉鸡产业经过10多年的快速发展，到2005年前后基本达到了稳定时期。然而，由于市场信息、消费状况、生产能力不透明，造成种禽企业盲目引种扩张，养殖场（户）大量上马，过度的生产与市场需求不匹配，导致产销失衡，市场供大于求，快速的扩张不仅没有带来行业的繁荣，反而造成大量的肉鸡企业长期亏损。据有关报道，在 2010~2013 年，中国白羽肉鸡祖代引种量不断增长，大量的进口导致了严重的产能过剩，致使中国白羽肉鸡父母代及商品代市场均出现供过于求的情况，致使 2013 年以来中国白羽肉鸡行业连连亏损。2014 年白羽肉鸡养殖行业出于自救目的，成立白羽肉鸡联盟，祖代引种量实行配额制，最终 2014 年全行业祖代鸡引种量 118 万套，相较 2013 年 150 万套的水平下降约 27%，祖代鸡引种量的大幅下降并未带来行业盈利能力的好转，祖代鸡存栏量依然偏高。2015 年由于美国发生 H5N2 型禽流感疫情，我国祖代鸡95% 的进口量转向法国地区，全年祖代鸡进口量下降至 70 万套左右，较 2014 年下降 40%。而近期也发生过 H5N1 禽流感疫情，肉鸡祖代种鸡的引种再次受到限制。反过来看，2015 年和 2016 年国内肉鸡生产企业经营状况好转在很大程度上与肉鸡出栏量减少有关。因此，有关专家认为我国要严格控制祖代种鸡的引种数量，将祖代肉种鸡的存栏量控制在 80 万套左右（表 1-1）。

表 1-1   我国近年来肉鸡祖代种鸡引种数量变化（万套）

年度	2007	2008	2009	2010	2011	2012	2013	2014	2015
引种量	68	78	93	97	118	138	154	118	70

然而，从商品肉鸡生产企业的发展情况看，一些大型肉鸡企业集团还在继续扩张，肉鸡的产能还将进一步增加，这将会加剧国内肉鸡企业之间的竞争。

2. 疾病依然是主要威胁   我国肉鸡的生长速度和饲料效率已经接近国际先进水平，但是肉鸡的成活率却有明显差距，这与国内肉鸡的生产环境和疫病控制水平有关。从较长时间看，我国的生物安全环境还不会有太大的改善，而我国的家禽养殖量一直在高位徘徊，加上处在产业结构调整的转型期，多种饲养方式并存，以及病原变异和毒力增加的速度越来越快，新病增多（图 1-4），条件致病菌增加等原因，使得我国家禽养殖业的疫病防控形势越来越严峻。

肉鸡生长后期死亡率高的问题很突出，在白羽肉鸡生产过程中大多数养殖场的鸡群在 28 日龄之前的成活率都比较高，一般能够达到 97% 以上，然而在进入 30 日龄之后鸡群的死亡率显著升高，呈现出日龄越大死亡率越高的趋势，使得不少养殖场鸡群 42 日龄的成活率不足 93%。也有资料报道，2012 年调查全国 23 家大型一条龙企业

图 1-4　患病的肉鸡

全年平均成活率为 89.3%，而欧美国家商品肉鸡饲养到 42 天成活率为 96%~97%。

在我国淮河以北地区冬季和早春的低温季节，肉鸡生长后期死亡率高的问题比其他季节更突出，很多鸡群的 42 日龄成活率不足 90%。这也迫使一些肉鸡养殖场把出栏时间提前至 35 日龄。

3. 肉鸡价格受多重因素的影响　影响白羽肉鸡销售价格的因素主要有饲料成本、鸡苗价格、药物成本、人工费用、固定资产折旧、水电和燃料费用、对外贸易、禽流感问题等。

（1）我国肉鸡生产成本偏高：在生产成本中主要有饲料成本、鸡苗价格、药物成本、人工、水电和燃料费用、固定资产折旧、银行贷款利息等，在现有条件下我国的肉鸡生产成本在很长的时间内高于销售价格，也高于美国、巴西等肉鸡主产国。

（2）对外贸易问题：我国肉鸡产品的出口量虽然不大，但是相对集中在较少的几个国家和地区，一旦与这些国家在贸易方面出现摩擦，鸡肉产品出口受阻则会造成国内肉鸡价格的明显下降。同时，如果放开鸡肉进口，也许来自国外的低价鸡肉会对国内的白羽肉鸡产业造成大的冲击。

（3）禽流感问题：这是一个非常敏感的问题，无论是在国内哪个地区发生人感染禽流感事件或是家禽发生高致病性禽流感事件，只要媒体报道之后就会很快引起肉鸡价格的下跌。

4. 病死鸡处理问题　在规模化肉鸡生产中病死鸡的数量很大，

如一个 50 万只的肉鸡养殖小区按照 92% 的鸡群成活率，42 天的养殖过程中会产生 4 万只病死鸡，这些病死鸡如果没有进行无害化处理将会成为严重的疫病污染源（图 1-5）；如果被不法分子用于食品加工，

图 1-5　待掩埋的病死鸡

则可能会引发食品安全方面的严重问题。

5. 技术与管理水平偏低　我国每年培养的畜牧兽医类大学生数量不少，但是在肉鸡生产企业中就业的人数不多，很多肉鸡生产企业总是感到人才缺乏。而且，相当一部分技术人员并没有真正掌握肉鸡生产的关键技术，包括对现代化养殖设备和环境控制设备的管理能力也显得不足，使得良好的设施没有发挥出好的效果。之所以出现这种情况，主要是肉鸡业连续多年处于亏损状态，员工的工资收入和福利待遇不高，造成肉鸡产业对人才的吸引力不强；肉鸡企业注重对员工包括技术人员的使用，不重视他们的再教育，培训工作不到位；一些高等院校在教学过程中存在教学与生产实际脱离的现象。

6. 企业发展的资金困难　近年来，肉鸡生产的成本偏高而市场价格偏低，养殖效益低下，据估算，每只肉鸡 42 日龄平均体重 2.5 千克，其生产成本约 21 元，如果活鸡的销售价格低于 8.3 元/千克则养殖就是亏损的。对于管理水平低下、生产性能不高的肉鸡养殖企业，其生产成本可能会更高，亏损的概率更高。

对于一些大型肉鸡生产企业来说，如果没有政府的项目扶持和银行的贷款支持，出现资金链断裂的风险很高。

7. 肉鸡产品质量存在安全隐患　药物残留问题是影响当前我国肉鸡产品质量和国际竞争力最为重要的因素。面对社会对产品质量安全问题重视程度的日益加深，消费者对肉鸡产品质量的要求越来越高，必须对产品出售前的药物残留控制予以足够重视，这是整个产业能够得以持续发展的最基本的要求。为了保障食品安全，维护消费者

的合法权益和事后的责任追究，我国应进一步完善全程追溯制度，掌控肉鸡从养殖、加工、运输、出口、进口到销售的全过程，对出现问题的产品可以追溯到养殖农户，同时建立严格的药物残留监控体系，以有效保障食品安全，满足国内和国际消费增长。

三、白羽肉鸡产业发展趋势

近10多年来，我国肉鸡行业经历了多轮价格周期，价格波动性特征明显，行业竞争格局趋于以下几个方面发展：

1. 行业内大企业资源整合加速 近年来由于规模化养殖、集约用地等政策及产业发展要求，肉鸡养殖环节集中度呈逐步提升趋势。具体到白羽肉鸡行业，祖代肉种鸡养殖企业经过近20年激烈的市场竞争，已从1994年的40家整合至2014年的13家。截至2014年，我国有13家企业从国外引进了祖代白羽肉雏鸡，其中引种数量最多的3家企业市场占有率为53.44%。父母代肉种鸡养殖行业在经历H7N9疫情、原料涨价、限载和国家宏观经济调控后处于整合阶段，在规模上由小企业向大中型企业转移，逐步实现规模化、集约化的生产。商品代肉鸡养殖规模化比例不断上升，从2003年的67%上升至2014年的90%以上，但市场集中程度低，前十大企业产量占比不足25%。

随着盈利波动过程中大量中小型企业或者小养殖户（图1-6）被迫退出行业竞争，以及大企业利用"公司+农户（或家庭农场）"或者"公司+基地+农户（或家庭农场）"等模式扩张、延伸产业链和加强大企业间的强强联

图1-6 农户简易棚舍饲养的肉鸡

合，行业集中度提高的趋势明显，区域龙头企业市场份额越来越大，目前处于行业资源整合阶段。这个阶段企业的竞争关键点体现在产能扩张速度、成本控制能力以及食品安全控制能力，而其中扩张速度将

是未来抢占市场的先决条件。

2. 鸡肉质量安全问题更加受重视 鉴于肉鸡领域食品安全事件频发，消费者对鸡肉的质量安全问题会更加关注，一旦发生质量安全问题事件将会对相关企业乃至整个行业造成沉重打击。肉鸡生产中十分有必要推进肉鸡标准化规模养殖和健康养殖，通过加强对投入品的科学使用与管理、生产设施与设备条件的改善、疫病和环境有效控制、污物的无害化处理与资源化利用、检疫追溯体系建立等关键技术的创新与集成，推动健康养殖的生产示范，最终实现肉鸡业安全、优质、环境友好生产。

3. 提升硬件水平 硬件主要是指肉鸡场的场址、鸡舍、各种生产和管理设备等，它关系到肉鸡场的生产环境、生产安全、鸡群生活和生产条件、卫生状况、生产效率等要素。纵观肉鸡养殖过程中出现的问题，许多与鸡场周围和自身的环境污染、鸡舍内环境条件的不适宜有直接关系，因此，可以说没有良好的硬件设施条件，就很难获得良好的生产效果。

提升硬件水平主要涉及合理选择肉鸡场的场址，与周边有良好的隔离条件，远离各种污染源，保证场区良好的排水、通风和稳定的水电供应，符合全进全出的管理要求；各种设施设备要配套，鸡舍具有良好的保温隔热和防潮效果，有合理的加热和通风设计，有利于卫生防疫工作的开展；配备有运行效果稳定、运行效率高的机械化、自动化生产、管理和环境控制设备等（图1-7）。

图1-7　现代化肉鸡舍

4. 改善鸡舍内部环境条件　我国很多肉鸡场不仅在硬件建设方面存在因陋就简、设计粗糙的情况，而且在鸡舍内环境控制方面存在的设计问题也很普遍，这就造成了鸡舍环境不适宜、鸡群经常发生应激等问题，这也是导致鸡群健康问题频发的重要原因。最常见的鸡舍内环境问题在于冬季和早春时节，外界温度低，鸡舍的保温和通风是一对突出的矛盾，如果解决不好就容易造成鸡群发生传染病。

现代肉鸡舍的环境控制在很大程度上依赖环境控制设备应用，如温度、湿度、通风、光照等环境条件的控制。虽然国内在环境控制设备的设计制造方面已经取得巨大的进步，但是这些设备在鸡场或鸡舍的布局、安装和使用管理方面尚存在较多的问题。也只有合理应用环境控制设备，才能使得鸡舍内环境条件能够符合肉鸡各个阶段对环境的需要。

5. 加强环境污染治理　肉鸡生产中死亡率偏高的问题已经成为肉鸡生产企业关注的焦点，也是食品安全问题的潜在隐患。在肉鸡生产中环境污染和由此导致的鸡群健康问题，则是鸡肉质量安全保障的重大障碍。如果不能把肉鸡场环境污染问题彻底解决好，则很难把鸡肉质量安全问题解决好。因此，在肉鸡业发展过程中要认真落实农业农村部、生态环境部有关养殖场污染达标排放的条例和办法；养殖场在粪便、污水、病死鸡收集、无害化处理和资源化利用方面要有相应的规划和设施，要保证将污物的无害化处理工作落到实处。企业和地方政府要解决好规模养殖场排放的废渣、污水、恶臭问题，要做到综合利用（还田、生产有机肥、制造再生饲料等）优先，实现无害化、减量化、资源化。

6. 科学引导消费　国内鸡肉的消费受食品安全事件、甲型流感病毒感染人的事件影响很大。尽管这些事件的发生仅仅局限在某个特殊的个体或地区，但是一旦媒体报道了这类事件，就会在相当大的范围内引起消费者的恐慌，造成较长时间内家禽产品的滞销，对行业的正常发展产生严重的影响。因此，肉鸡行业需要主动与大众媒体互动，借助媒体的平台长期而持续地宣传科学知识，提高肉鸡产业的公众透明度，长期而持续地进行白羽肉鸡相关科普知识的宣传，使消费者对白羽肉鸡产业有科学、客观而真实的了解。

要建立危机公关机制，一旦有损害行业利益的不实言论发生，要及时做出反应，积极应对以维护行业的正面形象，减少因为不当报道或人们的不必要恐慌所造成的损失。

7. 落实综合性卫生防疫制度与措施　从当前肉鸡生产的实际情况分析，要充分认识疾病防控的重要性。但是，鸡病需要通过综合性卫生防疫制度与措施进行防控，任何单一的措施都无法控制疾病，任何一个环节的缺失或弱化都会影响整体防疫效果。这些环节必须包括：控制种源质量、控制饲料营养与毒素、保持良好的环境质量、严格的隔离措施、加强消毒管理、合理使用药物、科学地免疫接种和检测管理。

8. 加强宏观调控　我国于 2014 年年初在北京成立了中国白羽肉鸡联盟，全国最大的 50 家白羽肉鸡龙头企业加入联盟，这也是借鉴发达国家和地区在肉鸡产业方面的经验。白羽肉鸡产业应通过整合产业资源，加强行业自律和自我管理，按照行业整体利益和市场需求规范发展生产；通过行业行为规范提升产品质量和食品安全，"抱团"抵御风险，化解国际市场危机。每个规模化肉鸡生产（加工）企业都应积极参与其中。

肉鸡产业联盟需要不间断地对国内和国际市场进行分析，对饲料原料价格、鸡肉产品的消费量、进出口数量、疫病流行情况、种鸡的引进数量和扩繁数量等指标进行科学预测，指导联盟内企业合理安排生产，稳定国内的肉鸡产业，减少市场价格波动对企业造成的经济损失。目前，肉鸡产业面临的最大任务是去产能。我国肉种鸡的养殖量、商品肉鸡出栏量和鸡肉产量在近 8 年来处于供大于求的状态，这是造成国内肉鸡企业生产效益低下的主要原因，去产能问题解决不好，就很难使肉鸡业获得良好的生产和经营效益。

9. 走深度加工和品牌经营之路　促进加工业发展，是形成肉鸡内部结构合理化和拉长产业链条的重要途径，并可提高产品的附加值，加大开发鸡肉产品转化增值的力度。据估计，肉鸡深加工每进一步产品价值就增加 20%~40%。长期以来，由于冷冻、鲜鸡肉出口困难，一些大型肉鸡一条龙企业积极开拓鸡肉深加工领域，通过各种熟食制品外销日本等市场，取得了良好的经济效益。

第二节　白羽肉鸡的生物学和经济学特性

一、外貌特征

（一）白羽肉鸡的外貌

白羽肉鸡外貌部位大体可以分为头部、颈部、体躯与翅膀、尾部和腿五个部分（图1-8）。

图1-8　鸡的外貌部位

1. 冠　2. 头顶　3. 眼　4. 鼻孔　5. 喙　6. 肉髯　7. 耳孔　8. 耳叶　9. 颈和颈羽
10. 胸　11. 背　12. 腰　13. 主尾羽　14. 大镰羽　15. 小镰羽　16. 覆尾羽　17. 鞍羽
18. 翼羽　19. 腹　20. 小腿　21. 跗关节　22. 跖（胫）　23. 距　24. 趾　25. 爪

1. 头部　头部的形态及发育程度能反映品种、性别、健康和生产性能高低等情况。与蛋鸡相比，肉鸡的头部显得比较粗大（图1-9）。

（1）鸡冠：为皮肤衍生物，位于头顶。鸡冠的种类很多，是品

图 1-9　鸡的头部

种的重要特征，可分为单冠、豆冠、玫瑰冠、草莓冠、羽毛冠等。白羽肉鸡配套系的鸡冠为单冠。

冠的发育受雄性激素控制，公鸡的冠较母鸡发达，肉鸡冠的颜色为红色。色泽鲜红、细致、丰满、滋润是健康的征状。有病的鸡，冠常皱缩，不红，甚至呈紫色或灰白色。肉种鸡产蛋母鸡的冠红而且丰满、温润，产蛋能力较好。

（2）喙：由表皮衍生的角质化产物，是啄食与自卫器官。其颜色因品种而异，一般与胫部的颜色一致，白羽肉鸡喙部的颜色为肉色或黄白色。健壮鸡的喙短粗，稍微弯曲。

（3）面部：一般青年鸡面部（脸）为肉色，成年鸡为红色，健康鸡脸色红润无皱纹，老弱病鸡脸色苍白而有皱纹，肉鸡面部丰满甚至显得臃肿。

（4）眼睛：位于脸中央，健康鸡眼大有神而且反应灵敏，向外突出，眼睑单薄，虹彩的颜色因品种而异。

（5）耳孔与耳叶：耳孔位于眼睛的后方，表面被密集的短小羽毛所覆盖；耳叶位于耳孔下侧，呈椭圆形或圆形，有皱纹，颜色因品种而异，常见的有红、白两种。

（6）肉髯：是颌下下垂的皮肤衍生物，左右组成 1 对，大小对称，其色泽和健康的关系与鸡冠同，为红色。

2. 颈部　因品种不同颈部长短不同，鸡的颈由 13～14 个颈椎组成，肉用型鸡颈较粗短。

3. 体躯　由胸、腹、背、尾四部分构成，与性别、生产性能、健康状况有密切关系。胸部是心脏与肺所在的位置，应宽、深、发达，表示体质强健，肉鸡的胸肌非常发达。腹部容纳消化器官和生殖器官，应有较大的腹部容积，腹部容积常采用以手指和手掌来量胸骨末端到耻骨末端之间的距离和两耻骨末端之间的距离来表示，这两个距离愈大，表示正在产蛋期或产蛋能力很好。肉鸡的背部比较宽，与胸部相协调。肉鸡的尾部由尾综骨及着生在上面的尾羽组成，尾部背侧有尾脂腺的开口；尾部羽毛不应下垂，成年种鸡的尾部羽毛比较长。

4. 四肢　鸟类适应飞翔，前肢发育成翼，又称翅膀。翼的状态可反映鸡的健康状况。正常的鸡翅膀应紧扣身体，下垂是体弱多病的表现。鸡后肢骨骼较长，其股骨包入体内，胫骨肌肉发达，外形称为大腿；胫部较长，表面覆盖的鳞片为皮肤衍生物，年幼时鳞片柔软，成年后角质化，年龄愈大，鳞片愈硬，甚至向外侧突起。因此可以从胫部鳞片软硬程度和鳞片是否突起来判断鸡的年龄大小。胫部因品种不同而有不同的色泽。肉鸡每条腿的末端有 4 个脚趾，每侧的 4 个脚趾编号从内向外依次为第一趾、第二趾、第三趾，最后面的为第四趾；脚趾的前端有角质化的爪。公鸡在腿内侧有距，距随年龄的增长而增大，故可根据距的长短来鉴别公鸡的年龄。

白羽肉仔鸡的外貌特征（图 1-10）主要是头部粗大、颈部相对短粗、体躯宽胸部宽而且前突、两腿间距宽、胫部粗。商品肉仔鸡外貌特征见图 1-11。

图 1-10　白羽肉仔鸡的外貌特征

图 1-11　商品肉仔鸡的外貌特征

（二）羽毛特征

羽毛是禽类表皮特有的衍生物。羽毛供维持体温之用，对飞翔也很重要。鸡的羽毛以片羽为主，也称正羽，由羽干、羽轴、羽枝等组成（图1-12）；在全身还生长有纤羽（也称发羽），如同细的头发丝一样；在胸腹部还有少量的绒羽。

图1-12　家禽正羽的组成

羽毛在身体不同部位有明显界限，鸡的各部位的羽毛特征如下：

1. 头颈羽　头部羽毛主要由短小的羽片和针羽组成，覆盖在头顶、面部及下颌；颈部上段羽毛较为短小、下段较长。母鸡颈羽短，末端钝圆，缺乏光泽；公鸡颈羽后侧及两侧长而尖，像梳齿一样，故叫梳羽。

2. 翼羽　两翼外侧的长硬羽毛，是飞翔和快速行走时用于平衡躯体的羽毛。翼羽中央有一较短的羽毛称为轴羽，由轴羽向外侧数，有10根较长、较宽的羽毛，称为主翼羽（图1-13、图1-14）；向内侧数，一般有11根较大的羽毛，称为副翼羽。每一根主翼羽上覆盖着一根较短的羽毛，称为覆主翼羽；每一根副翼羽上，也覆盖一根短羽，称为覆副翼羽。

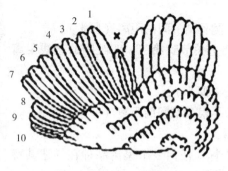

图 1-13 鸡的 10 根主翼羽

图 1-14 翅膀展开后的主翼羽

3. 鞍羽 家禽腰部亦叫鞍部，母鸡鞍部羽毛短而圆钝，公鸡鞍羽长呈尖形，像蓑衣一样披在鞍部，特叫蓑羽。从中央1 对起分两侧对称数去，共有 7 对。

4. 躯干羽毛 指覆盖在胸部、腹部、背部的羽毛，外层是正羽，内层有绒羽和纤羽。主要起保温作用。

5. 尾羽 由主尾羽、覆尾羽组成。成年公鸡的覆尾羽发达（图 1-15），长而弯曲状如镰刀形，覆盖在第一对主尾羽上

图 1-15 公鸡的尾部羽毛

面的覆尾羽叫大镰羽；其余相对较短，称为小镰羽。母鸡的覆尾羽都不弯曲。

（三）体尺测量

1. 体尺指标

（1）体斜长：用皮尺沿体表测量锁骨前上关节至坐骨结节间距离（厘米）。

（2）胸宽：用卡尺测量两肩关节之间的距离（厘米）。

（3）胸深：用卡尺测量第一胸椎到胸骨前缘间的距离（厘米）。

（4）胸角：用胸角器在胸骨前缘测量两侧胸部角度。

（5）胸（龙）骨长：用皮尺测量体表胸骨前后两端间的距离

（厘米）。

（6）骨盆宽：用卡尺测量两髋骨结节间的距离（厘米）。

（7）胫长：用卡尺测量胫部上关节到第三、四趾间的直线距离（厘米）。

（8）胫围：胫骨中部的周长（厘米）。

（9）颈长：头骨末端至最后一根颈椎间的距离（厘米）。

2. 体尺测量在生产中的应用

（1）描述一个品种的重要指标：任何一个家禽品种在描述其特征和性能的时候都要提及部分体尺数据。

（2）判断家禽发育的重要指标：家禽的生长发育情况主要从体尺和体重两方面进行衡量。

（3）评价生产性能的参考指标：一些体尺指标能够反映家禽的生产性能，尤其是肉用性能（如胸宽、胸深、胸角、胫围等）。

二、生物学特性

了解肉鸡的生物学特性有利于在生产中合理利用，或通过对环境与管理措施的调整更好地适应其特性。鸡内脏如图1-16所示。

1. 体温高　肉鸡的体温在10日龄后稳定为41.5℃左右（40.9～41.9℃），高于其他家畜。维持机体温度所需要的能量来源于体内物质代谢过程的氧化作用产生的热能，体温越高则机体代谢产生的热能越多。另外，还要提供冬暖夏凉、通风透光、干爽清洁的生活环境，以利于调节体温，维持旺盛的代谢作用。

肉鸡代谢旺盛还表现在心跳和呼吸频率高，单位体重在一定时间内消耗的氧气和产生的二氧化碳远远高于一般的家畜。

2. 早期生长速度快　通过现代育种技术和动物营养技术的进步，商品白羽肉鸡早期生长速度快的遗传潜力得到充分发挥，在目前的生产条件下，肉仔鸡饲养到5周龄出栏时，体重可达2.0千克，6周龄出栏体重可达2.5千克，是初生雏（37克）的67倍。

即便是白羽肉种鸡也具有早期生长速度快、体重和体形大的特点，但是在实际生产中不要求其早期增重快，而且成年体重也需要严

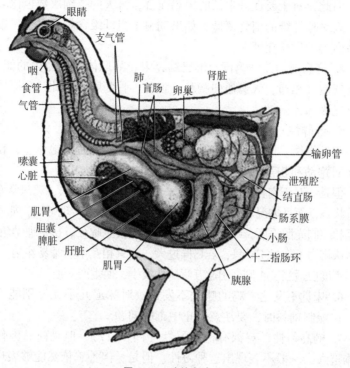

眼睛
支气管
咽
食管
气管
肺
盲肠
卵巢
肾脏
嗉囊
心脏
输卵管
泄殖腔
结直肠
肠系膜
肌胃
胆囊
脾脏
肝脏
肌胃
小肠
十二指肠环
胰腺

图1-16　鸡的内脏

格控制。在饲养管理中要求在青年鸡阶段实行限制饲养，防止其体重过大、腹部脂肪沉积过多而影响其繁殖性能。

　　3. 消化系统结构特殊　鸡没有牙齿，不能咀嚼食物，如果食物颗粒太大或太硬则鸡无法有效采食和消化。鸡的食道在颈部后段有一个膨大的嗉囊，可以暂时贮存食物。鸡有两个胃，前胃也称腺胃，能够分泌盐酸和胃蛋白酶；后胃也称肌胃，它是磨碎食物的主要器官，其内壁表面附有一层坚硬的角质膜（鸡内金），如果鸡采食砂粒则有助于肌胃把食物磨碎。

　　鸡的消化道比较短，长度仅是体长的6倍，与牛（20倍）、猪（14倍）相比短得多，以致食物通过快，消化吸收不完全。饲料在消化道内停留的时间短，成年鸡和雏鸡只需4小时，青年鸡约为8小时。因此，对于要促进生长的肉鸡而言，每天的喂饲次数也比较多。

鸡对粗纤维的消化率低，如果饲料中粗纤维含量高则会严重影响商品肉鸡的生长速度。

4. 抗病能力差 鸡没有淋巴结，阻止病原体侵入体内的能力差，肺与气囊又相通，气囊通向胸腔、腹腔、骨髓腔。因此，病原体极易经空气吸入体内被感染。

5. 合群性 肉鸡具有良好的合群性，适宜群饲，尤其是商品肉仔鸡比较懒惰，除采食和饮水外，大部分时间都是卧地休息，较少出现来回跑动和相互争斗的现象。

但是，对于肉种鸡在育成期要采用限制饲养的方法，鸡只常常处于饥饿状态，而且体况较瘦，常常到处找食物，容易出现啄癖，如不进行断喙和控制光照强度，则会出现严重的啄伤甚至啄死。从生理学角度看，鸡的认辨力不超过 120 只，若鸡群过大，鸡只相互不熟悉易斗架。因此，饲养密度要适当，否则会引起互啄癖的发生，使生产受损。

6. 味觉不发达 鸡的味觉不发达，对味道几乎无鉴别能力，因此，在配制饲料时，要注意防止中毒的问题。

7. 栖高习性 鸡都有栖高习性（图 1-17），但是商品肉仔鸡由于体重大，一般不表现出这种习性。但是，肉种鸡依然能够表现出栖

图 1-17 树上的鸡

高习性，喜欢卧在较高的地方，如窗台、输料管、水线上面；如果要进行分群，则需要注意隔挡板或拦网的高度不应低于 1.3 米。

三、经济学特性

1. 生长速度快　肉鸡早期生长速度快，饲养周期短。目前，在正常的饲养管理条件下，白羽肉鸡 35 日龄的平均体重能够达到 2 千克（图 1-18），42 日龄平均体重能够超过 2.5 千克；分别为出壳时体重的 52 倍和 65 倍，是当前饲养的主要畜禽类型中早期增重速度最快的，也是我国肉类生产中效率最高的。

图 1-18　肉鸡 1 日龄和 35 日龄的对比

2. 饲料效率高　35 日龄出栏的肉鸡，每千克体增重所消耗的饲料约为 1.6 千克；42 日龄出栏则每千克体增重所消耗的饲料不足 1.8 千克。其饲料效率之高是其他畜禽所无法相比的，如生猪的每千克增重则需要消耗饲料 3~3.2 千克。

3. 生产周期短　目前，白羽肉鸡出栏时间早的为 35 日龄，多数在 40 日龄，迟的在 45 日龄，生产周期明显短于其他畜禽。这种优势可以使得鸡舍的周转率和商品产出率明显提高，一个肉鸡场按照全进全出生产管理方式，每年可以饲养 5~5.5 批肉鸡；生产周期短也使得投入的资金周转速度加快。

4. 鸡肉的营养价值高　白羽肉鸡由于生产周期短，其肉质嫩、易于烹调，消化率高；胴体中脂肪含量低，蛋白质含量高，属于健康食品（图1-19）。

图 1-19 鸡肉及其制品

5. 种鸡繁殖力强 父母代肉种鸡具有较强的繁殖力，一只种母鸡在一个饲养周期（65 周龄）内能够生产种蛋 165 枚，能够提供 1 日龄雏鸡 147 只。

6. 副产品能够被充分利用 肉鸡屠宰后的羽毛能够制作羽毛粉，血液可以制作血粉，都可以用于配制饲料；心、肝、肌胃是食材，鸡架可以制作骨酱；肠子则用于水产养殖。

第三节 白羽肉鸡产业发展

一、肉鸡产品质量安全问题

肉鸡产品的质量安全一直是备受媒体关注的问题，近年来有关鸡肉质量安全方面的报道显著多于其他畜禽产品。尤其是速生鸡、激素鸡、肉鸡的药物滥用，病死鸡流入市场及禽流感等，引起了消费者的广泛关注。肉鸡产品质量安全不仅关系到鸡肉的出口，也关系到国内消费者的健康，更是肉鸡生产企业可持续发展的基础。

（一）鸡肉产品质量安全现状及存在的问题

1. 鸡肉产品中的药物残留问题 曾经在很长一段时间内，兽药、饲料和添加剂、动物激素等的使用，为养殖业的发展发挥了重要作用。但是，这也给动物性食品安全带来了隐患，甚至给消费者的健康造成危害，引起恐慌。

在肉鸡生产中由于一些养殖者质量安全意识淡漠、养殖环境条件差、生产管理技术落后，造成鸡群发病率高、死亡率高等现象。为了减少鸡群的发病和死亡，就出现了滥用或非法使用兽药及违禁药品的案例，导致鸡肉中兽药残留超标。对人体影响较大的、在肉鸡生产中可能被使用的兽药及药物添加剂主要有抗生素类（青霉素类、四环素类、大环内脂类、氯霉素类等）、合成抗生素类（呋喃唑酮、喹乙醇、恩诺沙星等）、激素类（己烯雌酚、雌二醇、丙酸睾丸酮、肾上腺皮质激素等）、镇静剂、杀虫剂类等。

从目前看，鸡肉中的残留主要源自产前、产中和产后三个方面：产前问题主要是饲料原料污染、饲料配制加工过程中使用药物或违禁添加剂、饮水污染等；产中问题主要是在饲养过程中为了达到防病治病减少肉鸡死亡而经常性、大剂量、多种类地使用药物；产后问题是肉鸡屠宰加工过程造成的，为使动物性食品鲜亮好看，非法过量使用一些添加剂，有的加工产品为延长产品货架期，添加抗生素以达到抑菌的目的，使用消毒剂用于灭菌等。

2. 鸡肉中的微生物污染问题　鸡肉中的微生物污染主要是大肠杆菌、鸡白痢沙门菌、葡萄球菌、禽流感病毒等，这些微生物有可能导致消费者出现疾病。因此，必须加以管控。保证养殖过程鸡群的健康是基础，只有鸡群健康，其被病原微生物污染的概率才比较小。禁止死鸡进入屠宰厂，因为死鸡很可能是被感染的，在屠宰过程中可能会污染其他鸡只的屠体以及屠宰设备。

保证屠宰过程中避免鸡只屠体受污染。据某集团下属 3 个公司的屠宰厂对肉鸡屠体沙门杆菌污染的统计：掏膛前 18%，掏膛后 20.4%，冲洗后（预冷前）25.1%，预冷后 12.9%，平均破肠率 13.6%。可见屠宰厂内依然存在微生物污染问题。屠宰车间内的空气、预冷水与环境中各种接触面都可能成为禽类生鲜产品的潜在污染源，都需要严格管理。

（二）鸡肉产品质量安全对人体健康的影响

1. 兽药残留的影响　对人类健康的危害作用，一般来说，并不表现为急性（即时）毒性作用。某些过敏体质的个体对某些药物的敏感性比一般个体高，即使接触的药物残留量甚低，也可引起变态反应。动物食品中的药物残留对人体健康的影响，主要表现为变态反应与过敏反应、细菌耐药性、致畸作用、致突变和致癌作用，以及激素（样）作用等方面。滥用抗菌药物，不遵守休药期的规定等造成兽药残留超标，不仅可以直接对人体产生急慢性毒性作用，引起细菌耐药性增强，还可直接或间接污染环境。

2. 违禁添加剂残留的影响　倘若人经常摄入低剂量的同样残留物，那么在超过一定时间之后，则可由于残留物在体内的逐渐蓄积而导致各种器官病变，甚至癌变。如食用镉含量过高食品而造成的中毒大多是急性的，主要症状是恶心、呕吐、腹泻、腹痛；食用铅过量的食品会影响人体的神经系统、肾脏和血液系统，还会引起肾功能损害，影响儿童的智力发育等。

3. 病原体污染的影响　鸡肉中的致病性寄生虫、微生物和生物毒素对人体健康都有损害，生物毒素能够引起人和动物的急性中毒、致癌、致畸或致突变。鸡肉中的有些细菌、病毒、寄生虫等可诱发人畜共患病。

（三）畜产品质量安全控制对策

1. 加强产前和产中环节监控　严把种鸡的引种关，保证种鸡群特定疫病的净化达到国家要求；加强对饲料兽药的监控，严查药物滥用和违禁添加剂的使用现象；定期检查水质，保证养殖环境不受污染；合理安排鸡场的消毒，减少环境中病原体的密度；在生产企业大力推广标准化生产管理制度，提高管理水平。

2. 加强屠宰加工环节监控　肉鸡进入屠宰厂要严格检查，坚决避免病死鸡进入屠宰线；加强屠宰厂的环境控制和消毒管理，减少屠宰过程中的污染。

3. 健全监管机构人员设施配置和监管制度　要切实发挥食品（畜产品）监测机构的把关重任，应不断提升监督及检疫人员的职业素养。相关检测部门的检测设备应及时更新换代，提高检出率。同时，加强制度建设，认真执行岗位职责，严肃工作纪律，引导规范执法。

4. 建设畜禽产品质量追溯体系　饲料、兽药和添加剂的合理使用是确保禽产品品质的关键环节，需完善采购制度，严把原料购入关。每批次取样检测合格后方可入库，入库前应标明原料名称、批号等内容，避免误提误用。同时，实现原料采购和贮存、使用的全过程记录，确保肉鸡饲养场使用的每项投入品都可追溯到所使用的原料生产厂家、生产时间、生产班组。

5. 加强流通环节监控　流通环节监控是把好畜禽产品质量的最后一关，对保证畜禽产品质量安全十分重要。首先，要严格执行动物运输检验检疫制度，对异地销售的畜禽一定要严格检疫，防止疫情扩散。其次，要加大市场环节的执法力度，严格执法，决不徇私。执法的重点是农产品批发市场、农贸集市等畜禽产品质量问题高发地（图1-20），防止有质量问题的畜禽产品从这些地方流入市场。再次，要结合可追踪体系的建设，严格市场主体的准入和退出机制，一旦经营者违规经营，要严肃处理，严重的坚决取缔其经营资格。

图1-20　对市场上鸡肉产品的抽查

6. 建立全程的监控体系　通过强化自检自控能力，确保鸡肉产品"从农场到餐桌"全过程的食品安全。建立具有国际先进设施和检测技术的检测中心，配备先进的检测设施，及时对饲料原料和成品料质量、鸡群养殖环境及健康、鸡肉中抗生素和微生物进行检测，及时准确地发现鸡肉食品生产加工全过程可能存在的风险，把好食品安全关。物流中心的运载车辆安装 GPS（卫星定位）系统，对原料运输、物流配送等载运过程行驶路线、车厢温度、异常停车等情况实时监控，以确保运输过程的食品安全。

二、白羽肉鸡产业发展的基础

（一）发展一体化生产经营模式

生产经营一体化是指对于一个肉鸡加工生产企业其生产和经营项目包含了生产和经营的各个环节。生产上主要包括种鸡场、孵化厂、饲料厂、商品肉鸡场、肉鸡屠宰厂（包括屠宰、屠体分割、冷库等）、鸡肉深加工厂、污物处理厂等；经营管理上主要包括采购部、融资部、财务部、人力资源部、公关部、技术部、设备部、物流部、销售部等部门。

发展一体化生产经营模式有助于控制生产过程、保证产品质量安全、降低经营风险。如近年来在白羽肉鸡生产方面，养殖环节（种鸡、孵化、商品肉鸡生产）大多数时间是亏损的，而屠宰加工环节则是盈利的，总体效益虽然较低，但是能够保证生产的相对稳定。

作为一般的农户或投资者，如果自己饲养市场鸡则存在价格风险，可以与大型一体化企业合作，饲养合同鸡，以保证价格合理并及时销售。

（二）良好的肉鸡品种质量

尽管当前饲养的白羽肉鸡配套系种源是相同的［父本品系源自科尼什（图1-21），母本品系源自白洛克品种（图1-22）］，但是在育种技术和方法、育种时间方面的差异导致不同的商业配套系生产性能和产品质量方面有差别。品种配套杂交，应用专门的配套品系是现代肉鸡生产的重要标志。因此，选择优良品种是肉鸡生产的关键。作为优良品种（配套系）应该具备的条件：主要产品符合市场（消费者）的需要，如出口肉鸡主要是要求胸肌和腿肌发达，国内市场胸肌和腿肌的价格并不高；要有良好的生产性能表现，主要是 5~6 周龄体重、饲料效率、出肉率、成活率等；要有良好的适应性和抗病力。

图 1-21　白色科尼什品种

图 1-22　白洛克品种

总体来看，白羽肉鸡早期生长速度方面都有理想的生产效果。如果 35 日龄平均体重达不到 2 千克，或 42 日龄平均体重达不到 2.4 千克，就不会被养殖场（户）所接受。但是，如果过分强调肉鸡的生长速度，有可能会出现鸡群成活率下降的问题。

种鸡质量的另一个表现是垂直传播疾病的净化效果。主要包括鸡白血病、鸡白痢和败血支原体等，如果种鸡感染这种疾病，就会通过种蛋把病原体传递给后代雏鸡，造成种蛋孵化率、雏鸡质量、肉鸡成活率和生长速度等生产性能指标下降。我国当前肉鸡生产中这几种疾病很常见，与当初从国外引种时没有重视这几种疾病的净化有关。

（三）良好的设施条件与生产环境

现代肉鸡生产的机械化、自动化程度较高，目前在喂料、饮水方面已经完全实现了自动化控制。大型肉鸡场在鸡舍环境条件方面也实现了自动化控制，有的甚至在肉鸡出栏时也用机械设备抓捕肉鸡。这有效地改善了鸡舍环境条件，为鸡群的健康和高产提供了重要的基础；同时也明显地改善了劳动条件，提高了劳动效率，使得一个人管理的商品肉鸡数量达到 2 万只以上。

由于生产设施对鸡舍内环境影响很大，能否保持舍内环境条件的适宜，是衡量生产设施质量的决定因素。肉鸡舍的投资也是生产成本的重要组成部分，合理利用当地资源，在保证设施牢固性和高效能的前提下，降低投资也是降低生产成本的重要途径。

不同生理阶段、生产目的的肉鸡，对环境条件的要求不一样。环境是否适宜不仅影响到肉鸡的生产性能，还会影响其产品质量和健康。为不同类型和时期的肉鸡创造适宜的环境条件是提高肉鸡生产效果的重要基础。目前在肉鸡生产中，外界气温低的季节容易出现鸡群发病率偏高的问题，这与鸡舍内环境的关系十分密切，也是在鸡舍设计建造和生产设备配置方面需要高度关注的问题。

（四）使用高浓度及营养全价的饲料

肉鸡早期生长速度快慢，很大程度上受饲料质量优劣的影响，没有优质的饲料，任何优良品种的肉鸡都不可能发挥出其高产的遗传潜力。如果给白羽肉鸡喂饲营养水平偏低的饲料，或使用较多消化率低的饲料原料，则42日龄的平均体重很难达到标准体重。饲料质量不仅影响肉鸡的生产水平，对其产品质量影响也很显著，如屠体中脂肪含量、肌肉颜色的深浅等；有些饲料营养成分还能够进入肉内，进而影响肉的质量。饲料质量与肉鸡的健康也有直接的关系，如果缺乏某种营养素，不仅使肉鸡生长速度缓慢，还会出现营养缺乏症，降低机体抗病力和疫苗接种效果。因此，在肉鸡饲料配制过程中，需要充分考虑肉鸡的生产性能发挥和产品质量的保证。

在当前的肉鸡生产中，商品肉鸡主要使用颗粒饲料，而且在肉鸡营养需要和饲料加工方面所取得的科技进展也非常明显，一般的饲料生产企业所提供的饲料能够保证42日龄肉鸡平均体重达到2.4千克，每千克体增重所消耗的饲料不超过1.8千克。

（五）严格执行肉鸡卫生防疫措施

制定完善、可行的卫生防疫措施并强化落实，是保证鸡群健康、防止疫病发生的主要基础。疫病发生不仅导致肉鸡死亡率增加、生产水平下降，生产成本增高，还直接影响到产品的卫生质量和外观质量。肉鸡采用高密度饲养，加上由于生长速度太快所造成的各组织或器官发育不协调，心肺压力大等使得肉鸡更容易被感染。疫病问题也是造成部分肉鸡养殖场（户）生产失败的主要根源。

疫病防治需要采取综合性的卫生防疫措施，单纯依靠某一种措施或方法是难以达到预期目的的。加强日常卫生防疫意识，强化卫生防疫制度的落实，保证卫生防疫各个环节技术的准确实施，保证卫生防疫用品的质量，是搞好肉鸡疫病防治的前提。有的肉鸡场过分强调药物使用和疫苗接种，而对鸡舍环境条件控制和环境消毒重视不足，很难把疾病的问题解决好。

（六）肉鸡的饲养管理技术要科学

饲养管理技术，实际上是上述各项条件经过合理配置形成的一个新的体系，包含了上述各环节的所有内容。它要求根据不同生产目的、生理阶段、生产环境和季节等具体情况，选择恰当的配合饲料，采取合理的喂饲方法，调整适宜的环境条件，采取综合性卫生防疫措施，满足肉鸡的生长发育和生活需要，创造达到最佳的生产性能的条件。肉鸡的生长速度和健康都与饲养管理技术有关，在生产中常见的肉鸡猝死综合征、腹水综合征、腿部疾患等问题，都可以通过改善饲养管理技术加以解决。

（七）科学把握市场需求变化

养殖业是我国跨入市场调节机制最早的行业，生产效益在很大程度上是由产品的市场价格所决定的。对于肉鸡生产和经营者来说，在进行投资之前需要对市场需求进行广泛的调查，了解市场对某种产品的需求量和供应情况。

任何一种商品的市场供应情况不会一直稳定不变，都处于波动的变化过程之中，而这种变化通常体现在商品的价格上。同时，这种变化是有一定规律的，对于经营者来说需要通过分析市场行情来把握市场变化规律，决定饲养的时间和数量等，使产品的主要供应市场阶段与该产品的高价格时期相吻合。

目前，我国已经由一些大型肉鸡生产企业组成了肉鸡产业联盟，对于进口祖代肉种鸡都制订有计划，及时了解祖代种鸡的进口情况，有助于分析肉鸡市场变化。

第二章
白羽肉鸡的生产设施与设备

现代肉鸡养殖业就是用现代工业设备装备肉鸡产业，用现代科学技术改造肉鸡业，用现代互联网技术支持肉鸡业，用现代科技知识提高肉鸡业从业者的素质。现代肉鸡业的重要特征就是养殖设施与设备的现代化，良好的设施和设备有利于肉鸡场卫生防疫、环境条件控制，有助于提高劳动生产效率和改善劳动环境。

第一节　肉鸡场选址与规划

安全的防疫卫生条件和减少对外部环境的污染，是现代集约化肉鸡场规划建设与生产经营所要重视的两个方面。场址选择不当或规划不合理，不但得不到理想的生产效果和经济效益，而且有可能因为对周围的大气、水、土壤等环境污染而遭到周边企业或居民的反对，甚至被诉诸法律。因此，场址选择时必须综合考虑自然环境、社会经济状况、肉鸡的生理和行为需求、卫生防疫条件、生产流通及组织管理等各种因素，科学和因地制宜地处理好相互之间的关系。

一、场址选择

（一）场址选择需要考虑的自然因素

1. 地势地形 地势是指场地的高低起伏状况；地形是指场地的形状、范围，以及地物（山岭、河流、道路、草地、树林、居民点等）的相对平面位置状况。肉鸡场的场址应选在地势较高、干燥平坦、排水良好和向阳背风的地方。在不同地区选择场址所需要注意的事项也有差异（图2-1）。

图 2-1 肉鸡场俯瞰

（1）平原地区：一般场地比较平坦、开阔，场址应注意选择在较周围地段稍高的地方，以利排水，有助于保持场区的相对干燥。地下水位要低，以低于建筑物地基深度 0.5 米以下为宜。

（2）靠近河流、湖泊的地区：场地要选择在地势较高的地方，应比当地水文资料中最高水位高 1~2 米，以防涨水时受水淹没。如果该区域是水源保护地，则不能在相距河流或湖泊 3 千米以内建场。

（3）山坡和丘陵地区：建场应选在稍平缓的坡上，坡面背风向阳，场区内总坡度不超过 25%，建筑区坡度应在 2.5% 以内。坡度过大，不但在施工中需要大量填挖土方，增加工程投资，而且在建成投产后也会给场内运输和管理工作造成不便。山区建场还要注意地质构造情况，避开断层、滑坡、塌方的地段。也要避开坡底和谷地以及风口，以免受山洪和暴风雪的袭击（图2-2）。

图2-2　靠近山坡建设的肉鸡场

2. 水源水质　水源水质关系着生产和生活用水与建筑施工用水，是肉鸡场正常生产运行不可缺少的条件，总体要求是水源足、水质好。要了解水源的情况，如地面水（河流、湖泊）的流量，汛期水位；地下水的初见水位和最高水位，含水层的层次、厚度和流向。对水质情况需了解其酸碱度、硬度、透明度，有无污染源和有害化学物质等；并应提取水样做水质的物理、化学和生物污染等方面的化验分析。了解水源水质状况是为了便于计算拟建场地地段范围内的水的资源，供水能力，能否满足肉鸡场生产、生活、消防用水要求。

在仅有地下水源的地区建场，第一步应先打一眼井。如果打井时出现任何意外，如流速慢、泥沙或水质问题，最好是另选场址，这样可减少损失。对肉鸡场而言，建立自己的水源，确保供水是十分必要的。

在肉鸡生产中，水质是非常关键的，它不仅影响水中微生物的含量和鸡群健康，也影响饮水免疫的效果、水管内污垢的沉积以及饮水乳头是否会堵塞。因此，水质不符合饮用水卫生标准的地方饲养肉鸡常常会出现一些意想不到的问题。

3. 土壤　要了解施工地段的地质状况，主要是收集工地附近的地质勘查资料，地层的构造状况，如断层、陷落、塌方及地下泥沼地层。对土层土壤的了解也很重要，如土层土壤的承载力，是否是膨胀土或回填土。膨胀土遇水后膨胀，导致基础破坏，不能直接作为建筑物基础的受力层；回填土土质松紧不均，会造成建筑物基础不均匀沉降，使建筑物倾斜或遭破坏。遇到这样的土层，需要做好加固处理，不便处理的或投资过大的则应放弃选用。此外，了解拟建地段附近土质情况，对施工用材也有意义，如砂层可以作为砂浆、垫层的基料，可以就地取材节省投资。

4. 气候因素 主要指与建筑设计有关和影响肉鸡场小气候的气候气象资料，如当地气温、风力、风向及灾害性天气的情况。拟建地区常年气象变化包括平均气温、绝对最高与最低气温、土壤冻结深度、降水量与积雪深度、最大风力、常年主导风向、风频率、日照情况等。

气温资料不但在畜舍热工设计时需要，而且对畜牧场防暑、防寒措施及畜舍朝向、遮阴设施的设置等均有意义。风向、风力、日照情况与畜舍的建筑方位、朝向、间距、排列次序均有关系。

（二）场址选择需要考虑的社会因素

1. 地理位置 肉鸡场场址应尽可能接近饲料产地和加工地，靠近产品销售地，确保其有合理的运输半径。肉鸡场要求交通相对便利，场外应通有公路，但不应与主要交通线路交叉。为确保防疫卫生要求，避免噪声对健康和生产性能的影响，肉鸡场与国道、省际公路距离在500米以上；距省道、区际公路300米以上；一般道路100米以上。距村镇居民区、学校、医院、市场等人员密集的地方1 500米以上。

2. 水电供应 供水及排水要统一考虑，水源水质的选择前面已谈到，拟建场区附近如有地方自来水公司供水系统，可以尽量引用，但需要了解水量能否保证，设计时按照每千只商品肉鸡每天需水量1~1.5吨计算。也可以本场打井修建水塔；采用深层水作为主要供水来源或者作为地面水量不足时的补充水源。

肉鸡场生产、生活用电都要求有可靠的供电条件，一些生产环节如孵化、供水、加热、机械通风、喂料、照明等的电力供应是必须保证的，否则就会影响生产的正常运行，导致生产事故。因此，需了解供电源的位置、与肉鸡场的距离、最大供电允许量、是否经常停电、有无可能双路供电等。通常，建设畜牧场要求有Ⅱ级供电电源。供电电源在Ⅲ级以下时，则需自备发电机，以保证场内供电的稳定可靠。为减少供电投资，应尽可能靠近输电线路，以缩短新线路敷设距离。

3. 疫情环境 为防止畜牧场受到周围环境的污染，选址时应避开居民点的污水排出口。不能将场址选在化工厂、屠宰场、制革厂等容易产生环境污染企业的下风向或附近；不同畜牧场，尤其是具有共患传染病的畜种，两场间必须保持安全距离。这些安全隔离距离均不宜小于2 000米。

二、场区规划

（一）场区规划的原则

肉鸡场规划应遵从以下原则：

（1）根据不同生产性质的肉鸡场（种鸡场、商品肉鸡场）生产工艺要求，结合当地气候条件、地形地势及周围环境特点，因地制宜做好功能分区规划。合理布置各种建（构）筑物，满足其使用功能，创造出合适的生产环境。

（2）充分利用场区原有的自然地形、地势，建筑物长轴尽可能顺场区的等高线布置，尽量减少土石方工程量和基础设施工程费用，最大限度地减少基本建设费用。

（3）合理组织场内、外的人流和物流，创造最有利的环境条件和低劳动强度的生产联系，实现高效生产。

（4）保证建筑物具有良好的朝向，满足采光和自然通风条件，并有足够的防火间距。

（5）利于肉鸡生产的粪尿、污水及其他废弃物的处理和利用，确保其符合清洁生产的要求。

（6）在满足生产要求的前提下，建（构）筑物布局紧凑，节约用地，少占或不占耕地。并应充分考虑今后的发展，留有余地。特别是对生产区的规划，必须兼顾将来技术进步和改造的可能性，可按照分阶段、分期、分单元建场的方式进行规划，以确保达到最终规模后总体的协调和一致。

（二）肉鸡场的功能分区及其规划

肉鸡场的功能分区是否合理，各区建筑物布局是否得当，不仅影响基建投资、经营管理、生产组织、劳动生产率和经济效益，而且影响场区的环境状况和防疫卫生。

1. 功能分区　肉鸡场通常分为生活管理区、辅助生产、生产区和隔离、粪污处理区。各区的布局原则是：生活管理区和辅助生产区应位于场区常年主导风向的上风处和地势较高处，隔离、粪污处理区位于场区常年主导风向的下风处和地势较低处；生产区处于中间位置（图2-3）。

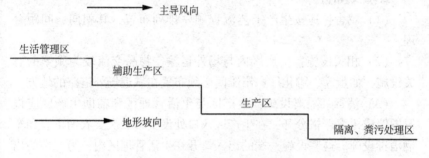

图2-3　按地势、风向分区的规划

（1）生活管理区：主要包括办公室、接待室、会议室、技术资料室、化验室、食堂餐厅、职工值班宿舍、厕所、文体活动室、传达室、警卫值班室以及围墙和大门，外来人员第一次更衣消毒室和车辆消毒设施等。生活管理区应在靠近场区大门内侧集中布置。

（2）辅助生产区：主要包括供水、供电、供热、维修、仓库、种鸡场的蛋库等设施，这些设施要紧靠生产区布置，与生活管理区没有严格的界限要求。对于饲料仓库，则要求仓库的卸料口开在辅助生产区内，仓库的取料口开在生产区内，杜绝外来车辆进入生产区，保证生产区内、外运料车互不交叉使用（目前，大型肉鸡场采用自动化喂料系统，由散装物料罐车将饲料从饲料厂运送到鸡舍一端的室外料塔中，车辆进入生产区需要对其外表进行消毒）。

（3）生产区：主要布置不同类型的鸡舍等建筑。大型种鸡场的孵化室一般另选地方修建，不与鸡场建在一起；一些中小型肉种鸡场的孵化室常常建在靠近生活管理区附近。

（4）隔离、粪污处理区：隔离、粪污处理区内主要是兽医室、隔离鸡舍、尸体解剖室、病尸高压灭菌或焚烧处理设备及粪便、污水储存与处理设施。隔离区应处于全场常年主导风向的下风处和全场场区最低处，并应与生产区之间设置适当的卫生间距和绿化隔离带。隔离区内的粪便污水处理设施也应与其他设施保持适当的卫生间距。隔离区内的粪便污水处理设施与生产区有专用道路相连，与场区外有专用大门和道路相通。

2. 规划布置

（1）鸡舍：应按生产工艺流程顺序排列布置，其朝向、间距合理。

（2）相关设施：生产区内与场外运输、物品交流较为频繁的有关设施，如蛋库、孵化厅、出雏间必须布置在靠近场外道路的地方。

（3）消毒、隔离设施：生产区与生活管理区和辅助生产区应设置围墙或树篱严格分开，在生产区入口处设置第二次更衣消毒室和车辆消毒设施。这些设施一端的出入口开在生活管理区内，另一端的出入口开在生产区内。

（三）鸡舍布局

1. 鸡舍朝向　鸡舍朝向的选择与当地的地理纬度、地段环境、局部气候特征及建筑用地条件等因素有关。适宜的朝向，一方面，可以合理地利用太阳辐射能，避免夏季过多的热量进入舍内，而冬季则最大限度地允许太阳辐射能进入舍内以提高舍温；另一方面，可以合理利用主导风向，改善通风条件，以获得良好的畜舍环境。

我国地处北纬20°~50°，太阳高度角冬季小、夏季大，为确保冬季舍内获得较多的太阳辐射热，防止夏季太阳过分照射，鸡舍宜采用东西走向或南偏东或西15°左右朝向较为合适。对于采用自然通风的鸡舍，从室内通风效果看，若风向入射角（鸡舍墙面法线与主导风向的夹角）为零时，舍内与窗间墙正对这段空气流速较低，有害空气不易排除；风向入射角改为 30°～60° 时，舍内低速区（涡风区）面积减少，改善舍内气流分布的均匀性，可提高通风效果。从冬季防寒要求看，若冬季主导风向与鸡舍纵墙垂直，则会使鸡舍的热损耗最大。因此，鸡舍朝向要求综合考虑当地的气象、地形等特点，抓住主要矛盾，兼顾次要矛盾和其他因素来合理确定。目前，大多数肉鸡场的鸡舍朝向为向南略偏东。由于密闭式肉鸡舍的使用越来越多，这种鸡舍内的环境条件受外界气候的影响较小，鸡舍的朝向问题已经不是重点关注的内容，而应更多地关注如何有效利用场地。

2. 鸡舍间距 具有一定规模的肉鸡场，生产区内有一定数量的鸡舍。除个别采用连栋形式的鸡舍外，排列时鸡舍之间均有一定的距离要求。若距离过大，则会占地太多、浪费土地，并会增加道路、管线等基础设施投资，管理也不便。若距离过小，会加大各舍间的干扰，对鸡舍采光、通风防疫等不利。适宜的鸡舍间距应根据鸡舍结构类型（有窗式、密闭式等）、采光、通风、防疫和消防等方面综合考虑。在我国采光间距（L）应根据当地的纬度、日照要求以及室外地坪至鸡舍檐口高度（H）求得，采光一般以 $L=1.5～2H$ 计算即可满足要求。纬度越高的地区，系数取值越大。

通风与防疫间距要求一般取 $3～5H$，可避免前栋排出的有害气体对后栋的影响，减少互相感染的机会。畜禽舍经常排放有害气体，这些气体会随着通风气流影响相邻畜禽舍（表2-1）。

表2-1 鸡舍防疫间距（米）

类别		同类鸡舍	不同类鸡舍	距孵化场
祖代鸡场	种鸡舍	30～40	40～50	100
	育雏、育成舍	20～30	40～50	50以上
父母代鸡场	种鸡舍	15～20	30～40	100
	育雏、育成舍	15～20	30～40	50以上
商品场	蛋鸡舍	10～15	15～20	300以上
	肉鸡舍	10～15	15～20	300以上

防火间距要求没有专门针对农业建筑的防火规范，但现代畜禽舍

的建造大多采用砖混结构、钢筋混凝土结构和新型建材围护结构，其耐火等级在二级至三级，所以可以参照民用建筑的标准设置，一般取2~3H。耐火等级为三级和四级的民用建筑间最小防火间距是8米和12米，所以畜禽舍间距如在3~5H之间，可以满足上述各项要求。

对于现代规模化肉鸡场所修建的鸡舍形式，主要是密闭式鸡舍并采用纵向通风方式，相邻鸡舍之间的相互影响较小，鸡舍的间距相对来说也可以缩小，在一些养殖基地内鸡舍的间距一般在10米左右。

第二节　肉鸡舍建设

一、肉鸡舍的类型

根据鸡舍内外环境的联系情况可以将肉鸡舍分为密闭式和有窗式两种类型。

(一) 密闭式鸡舍

这类鸡舍没有窗户，外界的气流、光照和温度变化对鸡舍内的相应环境因子影响较小。鸡舍内的各种环境因素主要靠人为控制。在大多数规模化肉鸡场内的肉仔鸡舍和种鸡舍一般都采用这种鸡舍建造方式。

根据鸡舍结构和材料，密闭式鸡舍也分多种类型，其中有的塑料棚屋顶鸡舍也属于这一类（图2-4、图2-5）。

图2-4　密闭式肉鸡舍外景

图2-5　密闭式肉鸡舍内景

（二）有窗式鸡舍

这类鸡舍多数采用"A"形屋顶，前后墙上设置有窗户用于采光和通风，鸡舍内环境在一定程度上受外界环境条件的影响。但是，在合适的日子和时间可以利用自然风和自然光，减少电力消耗。一般在中小型肉鸡场采用这种类型鸡舍的较多（图2-6、图2-7）。

图2-6　有窗式肉鸡舍外景

图2-7　有窗式肉鸡舍内景

（三）塑料大棚鸡舍

塑料大棚肉鸡舍以钢管或以小毛竹为骨架，覆以单层或双层塑料薄膜，有的双膜夹层中填充草类软性秸秆，有增强防寒和隔热效果。在大棚四周设50~100厘米高的竹（网）围篱，然后再铺挂薄膜，整个大棚应设防风绳固定。棚内可用水泥地面，也可用压实的土层或定期加干土层的方法。鸡棚的结构如图2-8所示。

也可以修建高度约1.3米的前后墙，每间隔3~5米设置一个窗

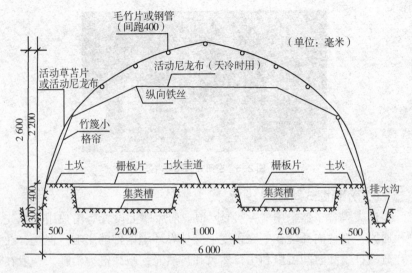

毛竹片或钢管
（间跑400）

（单位：毫米）

活动草苫片
或活动尼龙布

活动尼龙布（天冷时用）

纵向铁丝

竹篾小
格帘

土坎　栅板片　土坎圭道　栅板片　土坎　排水沟

集粪槽　集粪槽

2 600　2 200　400　300

500　2 000　1 000　2 000　500

6 000

图 2-8　肉鸡棚舍结构

户（高度约0.5米、宽度约0.8米）用于通风和采光；两端山墙的顶高约2.7米，山墙的中间修建宽度约1米、高度约2米的门。墙的上部按照上述方法修建塑料棚（图 2-9、图 2-10）。

图 2-9　肉鸡棚舍外景

图 2-10　肉鸡棚舍内景

二、肉鸡舍规格

鸡舍规格主要指鸡舍的大小，包括宽度、高度和长度。鸡舍规格大小决定了其容量的大小（图 2-11）。

（一）鸡舍宽度

鸡舍宽度主要受场地大小与形状、饲养方式、建筑结构与形式、生产设备运行参数、饲养规模等因素的影响。肉仔鸡和肉种鸡基本都是采用平养方式。

目前，在肉仔鸡生产中，不同的鸡场鸡舍的宽度差异很大，小型鸡舍的宽度不足 10 米，大型鸡舍的宽度能够达到 25 米。当鸡舍宽度超过 10 米时常常需要在鸡舍内设置 1 列或多列立柱（钢筋水泥立柱或砖柱等）用于支撑屋架。

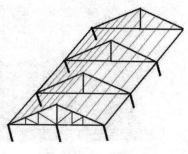

图 2-11　鸡舍框架

（二）鸡舍高度

目前，鸡舍屋顶常常采用 "A" 形结构。采用平养方式的鸡舍要求前后墙的高度为 2.3~2.8 米；屋顶的高度受鸡舍宽度的影响较大，如宽度 10 米的鸡舍屋顶高度为 4.5~5.0 米，宽度 15 米的鸡舍屋顶高度为 5.0~5.5 米。

（三）鸡舍长度

鸡舍的长度主要受场地和规模的影响，一般在 50~100 米之间，也有的大型肉鸡场的鸡舍长度会超过 100 米。但是，鸡舍过长可能带来的问题是风机的通风效率下降、鸡舍内前后部的温差偏大、喂料系统的动力需要加大等。

三、通风设计

（一）机械通风设计

机械通风主要有三种形式，即负压通风、正压通风和联合通风。

1. 负压通风　是利用风机将鸡舍内的污浊空气强制排到舍外，使舍内空气的压力小于舍外大气压力，舍外空气因而通过进气口流入舍内，形成舍内外的空气交换。负压通风设计比较简单，投资较少，管理方便，是以前肉鸡舍中应用最广泛的一种形式。根据通风机安装的位置，负压通风又可分为屋顶排风、侧墙排风和纵向排风（图 2-12、图 2-13）。

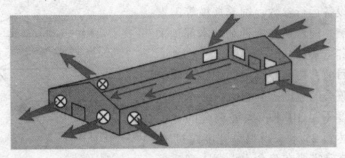

图 2-12　鸡舍负压（纵向）通风

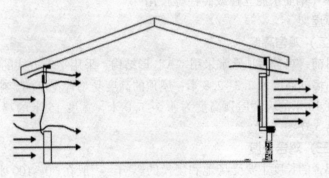

图 2-13　鸡舍负压（横向）通风

2. 正压通风　是利用风机将新鲜空气强制送入舍内，使舍内压力大于外界大气压，迫使舍内污浊空气经排气口流出舍外，从而形成舍内外的空气交换。正压通风便于对进入鸡舍的空气进行加热、冷却和过滤等预处理，能有效地保证舍内的适宜环境状态，空气分布也比较均匀。但这种通风形式造价高，运行复杂，管理费用较大，一般用于种鸡舍、幼鸡舍及冬季通风舍较多。根据风机安装的位置，正压通风又可分为侧壁送风和屋顶送风（图 2-14）。

3. 联合通风　是一种同时采用机械送风和机械排风的联合形式，常用于条件要求较高、上述两种形式不能单独满足的情况。联合通风设计就是在鸡舍前端采用风机将风送入鸡舍，在鸡舍末端用排风机将

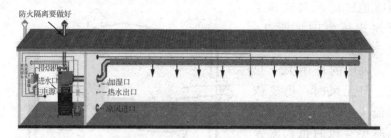

图2-14 鸡舍正压通风（热风炉送风）

舍内空气抽出，这种设计能够有效地提高鸡舍的通风效率。进风处还可以通过空气预处理（如加热或冷却、消毒等）再送入鸡舍（图2-15）。

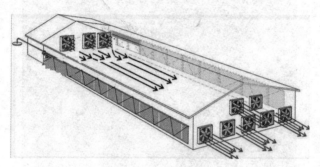

图2-15 鸡舍联合通风

通风控制主要是根据季节和天气变化及昼夜温度的差异，调节控制通风量的大小。目前调控方法主要有三种：一是增减风机开启数量；二是采用可调压风机；三是采用变速风机。三种方式均可通过热感应装置进行自动调控或采用继电器来控制风机的启闭，以实现对畜禽舍通风量的控制。

（二）自然通风设计

自然通风是通过热压和风压的作用，驱使空气流动而形成的通风换气方式。由于不需要消耗动力而能获得可观的通风换气量，对于跨度较小的鸡舍，采用自然通风是经济有效的。但是自然通风受季节变化、天气状况及鸡舍构造等因素影响较大，且不易进行调控。仅用于

温暖地区的开放式和半
开放式鸡舍中（图 2 -
16、图 2-17）。

风压的作用大于热
压，但无风时，仍要依
靠温差作用进行通风，
为避免有风时抵消温差
作用，应根据当地主风
向，在迎风面（上风向）
的下方设置进气口，背

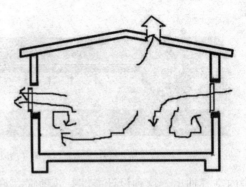

图 2-16　利用风压进行自然通风

图 2-17　自然通风鸡舍的窗户和天窗

风面（下风向）的上部设置排气口。在房顶设天窗是有利的，在风
力和温差各自单独作用或共同作用时均可排气，特别在夏季舍内外温
差较小的情况下。设计时天窗排风口要高出屋顶 60~100 厘米，其上
应有遮雨风帽，天窗的舍内部分应安装保温调节板，便于随时启闭。

四、温度控制设计

（一）保温加热设计

1. 保温设计　选择适当的建筑材料，使围护结构总热阻值达到基本要求，这是鸡舍保温隔热的根本措施。为了技术可行、经济合理，在建筑热工设计中，一般根据冬季低限热阻来确定围护结构的构造方案。

在选择墙和屋顶的构造方案时，尽量选择导热系数小的材料。如选用空心砖代替普通红砖，墙的热阻值可提高 41%，而用加气混凝土块，则可提高 6 倍。现在一些新型保温材料已经应用在鸡舍建筑上，如中间夹聚苯板的双层彩钢复合板、透明的阳光板、钢板内喷聚乙烯发泡等，设计时可结合当地的材料和习惯做法确定。

2. 加热设计　肉鸡饲养需要较高的舍内温度，一年中有较多的时间需要采取加热措施。

（1）水暖加热系统：在大型肉鸡场使用较多，与民用锅炉和暖气系统相似，只是在散热片后面加装小风扇向室内吹暖风。

（2）燃气加热系统：也用于大型肉鸡场，在鸡舍内横梁下间隔性地安装燃气加热器，利用燃气的燃烧加热炉丝并通过反射罩向下散热。

（3）热风炉加热系统：由火炉、自动控制系统、送风机和送风管道组成。火炉开始工作后热空气被风机送入送风管，通过位于鸡舍内的送风管下方的出风口向鸡舍内送热风。

（4）火炉加热：适用于小型肉鸡场，由火炉和排烟管组成，根据鸡舍内的温度要求，决定使用火炉的数量。

还有保姆伞、地下火道、热风机等加热方式可以选用。

（二）降温设计

目前用于畜禽舍的蒸发冷却方法主要有湿垫-风机降温系统和喷雾降温系统两种。湿垫-风机降温系统由湿垫、风机、循环小路与控制装置等组成。其降温原理为，由纸质或多孔材料制成的湿垫经水淋湿后形成湿润表面，通过强制通风的作用，湿垫与进风热空气进行湿热交换，达到降温的目的，一般可使舍内温度降低 3~7℃。湿垫-风机降温系统设备简单，成本低廉，降温冷负荷大，运行经济，是目前应用最广泛的一种畜禽舍降温措施。喷雾降温系统是将水喷成雾滴，使水迅速汽化以吸收畜禽舍或进风空气中热量的一种降温措施。通常由水箱、水泵、过滤器、喷头、管路及自动控制器件等组成，一般可降低舍内温度 2~3℃。该系统设备简单，效果显著，但造成畜禽舍的湿度较大，必须注意间歇操作。此外，利用冷风机、空气能地源热泵技术以及空调技术，也能把舍内温度降下来。

第三节　肉鸡生产设备

一、环境控制设备

（一）温度控制设备

1. 保温伞　保温伞也称保姆伞，由伞罩和内伞两部分组成。伞罩用镀锌铁皮或纤维板制成，也有用防火布制成的；内伞为隔热材料，以利保温。热源用电阻丝、电热管、红外线灯或煤炉燃气等，安装在伞内壁周围，伞中心安装电热灯泡。直径为 2 米的保温伞可养 1 周龄内的肉鸡 250~350 只。使用保温伞时要求室温 24℃以上，伞下距地面高度 5 厘米处温度 35℃，雏鸡可以在伞下自由出入。此种方法一般用于平面垫料育雏（图 2-18、图 2-19、图 2-20）。

图 2-18　保温伞

图 2-19　保温伞

2. 红外线灯　利用红外线灯泡散发出的热量育雏，简单易行，被广泛使用。为了增加红外线灯的取暖效果，可在灯泡上部制作一个

图 2-20　保温伞

大小适宜的保温灯罩，红外线灯泡的悬挂高度一般离地 25~30 厘米。一只 250 瓦的红外线灯泡在室温 25℃时一般可供 110 只 1 周龄内的肉仔鸡保温，20℃时可供 90 只鸡保温（图 2-21、图 2-22）。

图 2-21　红外线灯泡

图 2-22　使用红外线灯加热

3. 暖气加热　使用专门的锅炉、管道和散热装置，对室内进行加热。这种方式在容量大的肉鸡舍内使用得比较多（图 2-23）。

4. 热风炉　由室外火炉、室内送风等部分组成，烟和清洁空气各行其道，空气通过炉体加热到 150℃，经过高温净化的空气进入鸡舍，升温与换气同步进行，有效解决低温季节肉鸡舍的通风与保温的矛盾。适用于大型肉鸡舍。

室外火炉部分由炉膛、风机、烟囱、自动控制系统等组成，燃料可以使用煤炭、木材、燃气等。室内送风部分由风机、送风管组成，送风管的朝下部分有出风口，热空气通过出风口进入鸡舍，并使鸡舍

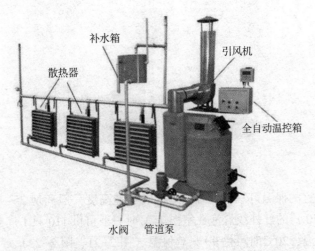

补水箱

引风机

散热器

全自动温控箱

水阀　管道泵

图2-23　鸡舍暖气加热系统

内形成正压，舍内空气通过门窗等排出鸡舍（图2-24）。

图2-24　全自动燃煤热风炉（左：室外热风炉；右：室内热风管）

5. 湿帘降温设备　湿帘纸采用独特的高分子材料与木浆纤维分子间双重空间交联，并用高耐水、耐腐性材料胶结而成。既保证了足够的湿挺度、高耐水性能，又具有较大的蒸发比表面积和较低的过流阻力损失。波纹纸经特殊处理，结构强度高，耐腐蚀，使用周期长。具有优良的渗透吸水性，可以保证水均匀淋透整个湿帘墙（特定的立体空间结构，为水与空气的热交换提供了最大的蒸发面积）。

使用时将湿帘安装在鸡舍的前端，将大流量轴流风机安装在鸡舍末端。风机启动时室外空气通过湿帘进入鸡舍，在空气经过湿帘的过程中发生热交换，空气温度降低3~5℃（图2-25、图2-26、图2-27）。

图2-25 湿帘纸安装

a.横向水帘降温系统　　　　　　b.纵向水帘降温系统

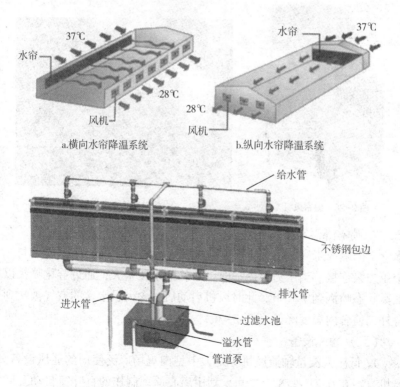

图2-27 湿帘安装

6. 湿帘风机 由表面积很大的特种纸质波纹蜂窝状湿帘、高效节能风机、水循环系统、浮球阀补水装置、机壳及电器元件等组成。其降温原理是：当风机运行时冷风机腔内产生负压，使机外空气流进多孔湿润有着优异吸水性的湿帘腔内，湿帘上的水在绝热状态下蒸发，带走大量潜热，迫使过帘空气的干球温度比室外干球温度低 5 ~ 12℃（干热地区可达 15℃），空气愈干热，其温差愈大，降温效果愈好。它是无氟利昂、无污染的环保型空调。运行成本低，耗电量少，只有 0.5 千瓦·时；降温效果明显；空气新鲜，时刻保持室内空气清新凉爽；风量大、噪声低，静音舒适，使用环境可以不闭门窗（图 2-28、图 2-29）。

图 2-28　湿帘风机

图 2-29　安装在鸡舍一侧的湿帘风机

7. 喷雾降温系统 在鸡舍内的屋梁上沿鸡笼上方安装水管，在水管上间隔 3 米安装 1 个十字雾化喷头，水管的末端封闭，前端与一个压力泵连接。当压力泵启动时，水管的水压增大，通过雾化喷头以细雾状态喷洒到空气中。此时风机启动后，含大量水雾的空气被吹到舍外，使舍内温度降低（图 2-30）。

（二）通风设备

1. 低压大流量轴流风机 是大中型肉鸡场广泛使用的通风设备。风机直径在 0.71 ~ 1.8 米之间。利用离心原理制作的百叶窗自动开闭系统，可保证百叶的完全打开，使风机一直在最高效率下运行，既降低了能耗、增强了空气流量，又在停机时百叶窗在钢制弹簧的控制下关闭更加严密，防止任何空气的渗漏。电动机装置于顶端，清洁和维护更安全方便。这种风机主要技术参数性能指标见表2-2。

图2-30　喷雾降温系统

表2-2　低压大流量轴流风机技术参数

型号规格	风叶直径（毫米）	风叶转速（转/分）	风量（米³/时）	全压（帕）	噪声（分贝）	输入功率（千瓦）	额定电压（伏）	电机转速（转/分）	外形尺寸（长×宽×厚）（毫米）
QCHS-71	710	560	17 700	55	≤70	0.37	380	≥1 400	800×800×350
QCHS-90	900	525	26 700	60	≤70	0.55	380	≥1 400	1 000×1 000×350
QCHS-100	1 000	560	32 000	62	≤70	0.75	380	≥1 400	1 100×1 100×350
QCHS-125	1 250	325	40 000	55	≤70	0.75	380	≥1 400	1 400×1 400×400
QCHS-140	1 400	325	52 000	60	≤70	1.1	380	≥1 400	1 550×1 550×400
QCHS-160	1 600	300	60 000	65	≤70	1.5	380	≥1 400	1 750×1 750×400
HR-1000	1 000	560	35 000	55	≤70	0.75	380	≥1 400	1 100×1 100×400
HR-1250	1 250	440	44 000	55	≤70	1.1	380	≥1 400	1 380×1 380×400
HR-1400	1 400	440	55 800	60	≤70	1.5	380	≥1 400	1 530×1 530×400
HR-1800	1 800	300	70 000	65	≤70	2.2	380	≥1 400	1 950×1 950×500
HR-2000	2 000	300	88 000	65	≤70	2.2	380	≥1 400	2 150×2 150×500

轴流风机及其安装位置如图 2-31、图 2-32。

2. 环流风机 环流通风机（图 2-33）广泛应用于温室大棚、畜禽舍的通风换气，尤其对封闭式棚舍湿气密度大、空气不易流动的场所，按定向排列方式作接力通风，可使棚舍内的混杂湿热空气流动更加充分，降温效果极佳。该产品具有低噪声、风量大且柔和、低电耗、效率高、重量轻、安装使用方便等特点，是理想的纵向、横向循环风流、通风降温设备。环境风机主要技术参数见表 2-3。

图 2-31　低压大流量轴流风机

图 2-32　安装在鸡舍一端的轴流风机

图 2-33　环流风机

表 2-3　环流风机主要技术参数

型号/规格	风叶直径（毫米）	转速（转/分）	风量（米³/时）	功率（瓦）	电压（伏）	外形尺寸（外径×长度）（毫米）
HLF-300	300	1 380	1 800	120	380/220	325×360
HLF-400	400	1 380	2 900	150	380/220	430×360
HLF-500	500	1 380	5 500	250/370	380	530×400
HLF-600	600	1 380	9 000	370/550	380	630×400

　　HLFS 系列环流风扇是针对室内温度较高，空气流动很少，而且环境要求封闭性强的场所。主要防止高温、湿度大造成各种病虫害及霉菌产生而设计开发的一种环流风扇。该风扇噪声小、风量大、压力

低、应用方便（表2-4）。

表2-4 HLFS系列环流风扇技术参数

规格	转速（转/分）	风叶直径（毫米）	风量（米³/时）	电压（伏）	功率（瓦）	外形尺寸（毫米）
HLFS-3	≥1 400	300	2 100	380/220	≤120	φ325×250
HLFS-4	≥1 400	400	3 600	380/220	≤150	φ430×310
HLFS-5	≥1 400	500	7 000	380/220	≤250	φ530×350
HLFS-6	≥1 400	600	9 500	380	≤370	φ630×350
HLFS-7	≥950	700	13 800	380	≤0.55	φ730×380

3. 屋顶无动力风扇 屋顶无动力风扇是靠自然风力吹动风帽，带动舍内空气外排，起到了换气及降温的作用（图2-34）。

图2-34 屋顶无动力风扇　　　　图2-35 密闭式鸡舍进风调控窗

4. 进风调控窗 一般使用在密闭式肉鸡舍，安装在屋檐下进风口的内侧。通过调控装置可以调节进风量和气流方向（图2-35）。

（三）光照设备

1. 白炽灯 是最常用的照明灯，价格低廉，但是其发光效率较低。肉鸡舍内使用的白炽灯功率为15~40瓦。

2. LED（发光二极管）灯 是近年来在鸡舍内逐渐推广应用的照明灯具，发光效率高，寿命长。有灯泡和灯带等形式。

3. 光照自动控制仪 该系统包括时间设定和亮度设定。时间设定部分能够根据生产需要调整开灯和关灯的时间；亮度设定可以根据光敏探头测定外界的光照强度，在设定阈值以上的时间段内不亮灯（图2-36）。

图2-36　鸡舍光照控制仪

二、喂料设备

（一）链板式喂饲机

链板式喂饲机普遍应用于平养和各种笼养鸡舍。它由料箱、链环、长饲槽、驱动器、转角轮和饲料清洁器等组成，链环经过饲料箱时将饲料带至饲槽各处。

链式喂料机适用于各鸡场大中型鸡舍的喂料作业。该机具有结构简单、工作可靠、安装方便、零件互换性能好、链片承载能力大、转动灵活、使用寿命长等特点，是我国目前使用最广的一种喂料机，平养或笼养都可使用（图2-37）。

图2-37　链板式喂饲机

链片领料线速度不能太快，否则易上下跳动，一般选用7~12米/分，输料量160~340千克/小时。平养鸡舍使用清洁器，以除去混入饲料中的鸡粪、鸡毛等杂物。它放置在喂料机的回料端，去除杂物的饲料再回到料箱。

（二）螺旋弹簧式喂料机

螺旋弹簧式喂料机广泛应用于平养鸡舍。电动机通过减速器驱动输料圆管内的螺旋弹簧转动，料箱内的饲料被送进输料圆管，再从圆管中的各个落料口掉进圆形食槽。

螺旋弹簧式喂料机由料箱、螺旋弹簧、输料管、盘筒式料槽、带料位器的料槽和传动装置等组成。螺旋弹簧和盘筒式料槽是其主要工作部件。螺旋弹簧为锰钢材质，多数采用矩形断面，也有圆形断面，前者推进效率高，矩形断面尺寸为 8 毫米×3 毫米，圆形断面直径为 5 毫米。螺旋弹簧外面套有输料管，输料管的上方安装防栖钢丝，下方等距离地开设若干个落料口，落料口直径与盘筒式料槽相连，输料管末端安装带料位器的盘筒式料槽，其料位器采用簧管式（图 2-38、图 2-39）。

图 2-38　螺旋弹簧式喂料系统

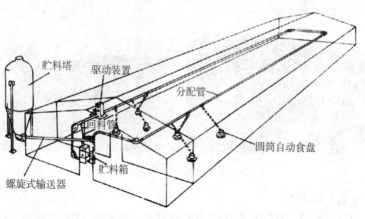

图 2-39　螺旋弹簧式喂料系统安装

（三）塞盘式喂饲机

塞盘式喂饲机是由一根直径为 5~6 毫米的钢丝和每隔 7~8 厘米一个的塞盘组成（塞盘是用钢板或塑料制成的），在经过料箱时将料带出。优点是饲料在封闭的管道内运送，一台喂饲机可同时为 2~3 栋鸡舍供料。缺点是当塞盘或钢索折断时，修复麻烦且安装时技术水平要求高。

该机主要是作为平养肉种鸡的快速喂料和限制饲喂的专用饲养系统，具有结构简单、重量轻、牵引阻力小、运转噪声低、通用性能好等特点。

整个系统由快速流重衡、输料斗、饲料传输管道、转角器、驱动器和料盘等组成。

（四）喂料槽

喂料槽平养成鸡应用得较多，适用于干粉料、湿料和颗粒料的饲喂，根据鸡只大小而制成大、中、小长形食槽。

料槽（图 2-40）的外侧面略向外倾斜并比内侧面稍高，以便于在添加饲料的时候减少饲料的抛洒。内侧壁垂直，顶部向内卷曲，可以防止鸡采食过程中将饲料钩到槽外。使用料槽要注意连接缝要密封良好，如果脱开很容易使饲料漏出；料槽的两端要安装堵头，防止饲料从两端漏出。

图 2-40　塑料料槽

（五）喂料桶

喂料桶是现代养鸡业常用的喂料设备。由塑料制成的料桶、圆形料盘和连接调节机构组成。料桶与料盘之间有短链相接，留一定的空隙。料桶的容量 2~10 千克不等，分别适用于不同日龄和不同饲养方式的肉鸡或种鸡（图 2-41）。

图 2-41 塑料料桶

（六）行车式自动喂料系统

行车式自动喂料系统主要用于笼养鸡群，用于向不同笼层的料槽内同时添加饲料。

1. 跨笼喂料系统 为"A"或"H"形结构，分别适用于阶梯式鸡笼和叠层式鸡笼。其由支架、料箱、布料控制器、驱动系统、滑轮与轨道等组成。与室外料塔输送系统结合使用，输送系统将饲料从料塔中定量输入喂料系统的料箱内。在喂料系统运行的过程中料箱内的饲料落入料槽中，行进速度和落料量都可以调整（图 2-42、图 2-43）。

图 2-42 跨笼喂料车（1）

图 2-43 跨笼喂料车（2）

2. 航车式喂料系统 由支架、料箱、下料管及控制器、滑轮与轨道、驱动系统等组成。通过支架将料箱水平安放。每个料箱对应一组鸡笼的一侧，有3~4个长短不一的下料管分别与不同层的料槽接触，为其供料（图2-44、图2-45）。

图2-44 航车式喂料机（1）

图2-45 航车式喂料机（2）（为两列鸡笼使用）

三、饮水设备

（一）乳头式饮水器

乳头式饮水器是当前肉鸡生产中使用最普遍的饮水设备。乳头式饮水器的组成包括水箱及其控制阀、水管、饮水乳头和调压阀。

1. 水箱及其控制阀 自来水管中的水通过水管进入水箱（图2-46），并通过水箱中的球阀控制水的流入。水箱有盖，平时要盖严以防灰尘进入。

图2-46 安装在鸡笼一端的水箱

2. 饮水乳头 在塑料水管上间隔一定距离安装一个饮水乳头,饮水乳头为不锈钢材料。当鸡喙部接触到饮水乳头时,水管中的水就会沿不锈钢柱流下;当鸡喙部离开饮水乳头则水停止下流。

乳头式饮水器的类型比较多,如图2-47~图2-50所示。

图2-47 25号圆管夹锥阀式饮水器　图2-48 25号锥阀半圆胶粘式饮水器

使用乳头式饮水器具有以下优点:①节水。据实验,乳头式饮水器比水槽常流水可节约用水75%~80%,在水资源大量缺乏的今天,应用乳头式饮水器具有十分重要的意义。②减少疾病。由于乳头式饮水器管道系统密封性能好，水不直接暴露在鸡舍内，避免灰尘、病原菌进入水中，也避免鸡因饮水而造成交叉感染，有利于鸡群防疫，减少疾病传播。③减轻劳动强度。使用乳头式饮水器，省去人工涮水槽的工作，也便于人工投料，提高了劳动生产率。④节省饲料。据上海市农业机械研究所试验，与水槽供水相比，1万只肉鸡舍每天能节水4吨左右，节省饲料30千克，每年能节省开支2.1万元。

图2-49　带水盘的乳头式饮水器

图2-50　安装在网床上的乳头式饮水器

在选用乳头式饮水器时应注意下列问题：

（1）以肉鸡的种类确定乳头式饮水器的性能。开阀力40克左右，适用于成年鸡；开阀力10克左右，雏鸡、成鸡都能用。

（2）选购正规并有跟踪服务的厂家的产品。

（3）检验产品质量。我国多数饮水器生产厂家产品都设计有密封垫，密封垫的内在质量是个很关键的问题。相当一部分厂家采用天然橡胶制造，这种垫一般寿命只有半年左右，在夏季高温环境里会变软并粘在密封口上，造成供水不足甚至不出水。冬季太冷时变硬，易老化，常常漏水，这样的产品会给用户带来不少麻烦。检验密封垫质量的办法很简单，用火柴或打火机烧一下，凡表面变黏的不能使用。

关于笼养方式的乳头式饮水器安装问题，目前主要是三种形式：一是安装在笼子上方，在成年肉种鸡笼养时最常用；二是安装在笼子前边，食槽的上方；三是安装在鸡笼内，可以升降，一般的肉仔鸡笼养时常用。装在笼子前边的因水滴滴在食槽里，可保证鸡粪干燥，而且维修方便，但饮水器下面的饲料易被浸湿。乳头式饮水器的安装一定要规范，否则容易造成供水量不匀等问题。乳头式饮水器安装完毕后应立即给水，原因是刚装上饮水器，鸡觉得新鲜，会用喙去啄，结果一啄就出水，它就形成了条件反射，渴了就去啄。如果装好后不及时给水，鸡啄不出任何东西，就不啄了，给了水也不知道去饮。

3. 乳头式饮水器调压阀　调压阀（图2-51）安装在饮水线的末端，通过调节水线内的压力，确定合适的出水量。水线内压力小则出水不畅，压力大则出水量大而且流速快，容易漏水。其开关是冲洗水线管路专用，平时应关闭。

图2-51　乳头式饮水器调压阀

（二）真空饮水器

真空饮水器由聚乙烯塑料筒（水球）和水盘组成，筒倒扣在盘上。水由壁上的小孔流入饮水盘，当水将小孔盖住时即停止流出，适用于笼养雏鸡、平养肉鸡和肉种鸡。优点是供水均衡，使用方便，但清洗工作量大，饮水量大时不宜使用。水球的容量是1~10升，分别用于不同的饲养方式和不同周龄的鸡群（图2-52）。

（三）普拉松饮水器

普拉松饮水器也称为吊盘式饮水器（图2-53），除少数零件外，

图 2-52　真空饮水器

其他部位用塑料制成，主要由上部的阀门和下部的吊盘组成。阀门通过弹簧自动调节并保持吊盘内的水位。一般都用绳索或钢丝悬吊在空中，根据鸡体高度调节饮水器高度，故适用于平养，一般可供 50 只鸡饮水用。优点为节约用水，清洗方便。这种饮水器的饮水卫生状况不如乳头式饮水器和真空饮水器，尤其是当鸡舍内空气质量不佳的时候，水盘内的饮水更易受污染。

图 2-53　普拉松饮水器

（四）过滤器

　　为了保证良好的饮水质量，在大中型肉鸡场不仅重视水源的质量，而且在水管进入鸡舍的操作间后常常在水管上面安装一个过滤器

（图 2-54），用于过滤掉水中的杂质。

图 2-54　水管过滤器

四、卫生消毒设备

1. 车辆消毒　在肉鸡场入口处供车辆通行的道路上应设消毒设施，一般为门廊形。底部为消毒池，消毒池的深度约 18 厘米，宽度应与道路宽度相同，长度不少于 4 米，两端为斜坡形以便于车辆通过。池内放入 2%~4% 的氢氧化钠溶液，常 2~3 天更换 1 次。在门廊的两侧和顶部安装喷雾设备，当车辆经过时设备启动向车辆表面喷洒消毒药（图 2-55）。

2. 人员消毒　在肉鸡场生产区大门入口处应设人员消毒通道。消毒通道可设为巷道式或封闭式，巷道式消毒通道内有消毒池和气雾消毒装置，封闭式消毒通道也可作为消毒室，配置沐浴、紫外线消毒、气雾消毒、消毒池等设备，消毒更彻底。

在生产区入口处要设置更衣室与消毒室。更衣室内设置淋浴设备，消毒室内设置消毒池、紫外线消毒灯或气雾消毒装置。工作人员进入生产区要淋浴，更换干净的工作服、工作靴，并通过消毒池对靴子进行消毒，同时要接受紫外线消毒灯照射 5~10 分钟或进行气雾消毒（图 2-56）。

图 2-55　鸡场车辆消毒系统

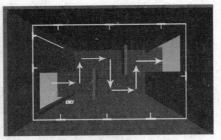

图 2-56　人员消毒通道设置

3. 移动式冲洗消毒设备　孵化场一般采用高压的水枪清洗地面、墙壁及设备，肉鸡舍在鸡群出栏后也需要冲洗鸡舍地面和墙壁。目前有多种型号的国产冲洗设备，如喷射式清洗机（图 2-57），很适于孵化场的冲洗作业。它可转换成 3 种不同压力的水柱："硬雾""中雾""软雾"。"硬雾"用于冲洗地面、墙壁；"中雾"用于冲洗屋顶、笼网等；"软雾"可冲洗风机、喂料系统内部。

图 2-57　喷射式清洗机

图 2-58　火焰消毒器

4. 火焰消毒器　是利用液化石油气或煤油燃烧产生的高温火焰对鸡舍设备及建筑物表面进行消毒的机器。火焰消毒器的杀菌率可达97%，一般用药物消毒后，再用火焰消毒器消毒，可达到鸡场防疫的要求，而且消毒后的设备和物体表面干燥。而只用药物消毒，杀菌率一般仅达84%，达不到规定的必须在93%以上的要求（图2-58）。

火焰消毒器主要用于鸡群淘汰后舍内金属笼网设施的消毒，常用的是手压式喷雾器，它主要由贮油罐、油管、阀门、火焰喷嘴、燃烧器等组成。该设备结构简单、易操作、安全可靠，消毒效果好，喷嘴可更换，主要是使用液化石油气、煤油和柴油，手压式工作压力为205~510千帕，喷孔向外形成锥体，便于发火。操作时，最好戴防护眼镜，并注意防火。

5. 病死鸡焚烧炉 用于日常病死鸡的焚烧处理，防止病原体的扩散。使用的燃料类型有煤炭、天然气、燃油、木材等（图2-59）。

图2-59 病死鸡焚烧炉

五、其他设备

1. 网床 网上平养方式需要架设网床，网床由支架、拉丝和塑料网组成。支架的材质有金属、木材、竹子等，大多数都做成立柱和板框形，每个板框长度约3米、宽度约2米，需要根据鸡舍的宽度确定。板框中间用铁丝拉紧，如同钢丝床一样，使用时在上面再铺一层菱形孔塑料网（图 2-60）。

图 2-60　肉鸡网床　　　　　　图 2-61　鸡只周转筐

2. 周转筐　通常为塑料材质，宽度约 70 厘米、高度约 50 厘米、长度约 1 米。顶部有一个带扣的门。当肉鸡出栏时将肉鸡装入筐内，装车运输（图 2-61、图 2-62）。

3. 平板推车　用于肉鸡出栏时运送周转筐。平时可以运送一些小体积的物品（图 2-63）。

图 2-62　向周转筐内装鸡　　　　图 2-63　平板推车

第三章
白羽肉鸡的品种与繁育

当今世界各国的白羽肉鸡品种（配套系）的种源和育种方法基本相同。父本品系是从白色科尼什品种中选育出的高产品系，母本品系则是从白洛克品种中选育的高产品系。绝大多数配套系都采用四系配套模式。

第一节　主要的肉鸡配套系

一、世界主要肉鸡育种公司介绍

近年来，国际上的家禽育种公司不断地重组与整合，公司规模越来越大，而公司的数量却在逐年减少。目前世界上生产性能领先、市场占有率高的家禽品种都集中在几个大的集团公司。

（一）EW 集团

EW 集团目前是世界上最大的家禽育种集团，集团旗下拥有全球市场份额最大的三家蛋鸡育种公司（罗曼、海兰、尼克）及三家肉鸡育种公司（爱拔益加、罗斯、印度安河）等。

EW 集团旗下的安伟捷集团是世界家禽育种业领头人，旗下拥有爱拔益加、罗斯、印度安河三大肉鸡品牌。公司在全球四大洲分别拥有四个相同的育种程序，其产品遍及世界 85 个国家和地区，优良的产品质量得到了全球客户的广泛认可。

（二）荷兰汉德克动物育种集团

汉德克动物育种集团总部位于荷兰的博克斯梅尔，其拥有四个育种公司，即伊沙家禽育种公司（蛋鸡育种）、海波罗家禽育种公司（肉鸡育种）、海波尔种猪育种公司和海波利特火鸡育种公司，另外拥有一个国际家禽贸易公司。

（三）美国泰森集团

美国泰森集团位于美国阿肯色州，目前是全球最大的鸡肉、牛肉供应商及生产商，在美国鸡肉市场占有率为 25%。其家禽业务主要以肉鸡生产和鸡肉深加工为主。在肉鸡和肉鸭育种业务中，其肉鸡品种有艾维茵、科宝、海波罗，肉鸭品种为萨索肉鸭。

科宝公司是美国泰森集团下属的全资子公司，在 1999 年收购了艾维茵农场后，旗下拥有艾维茵和科宝两大肉鸡品牌，在肉鸡市场中与安伟捷公司处于竞争地位。据不完全统计，安伟捷公司和科宝公司占全球肉鸡市场总量的 90% 左右。

（四）法国克里莫集团

法国克里莫集团位于法国卢瓦尔河地区的南特市附近，以肉鸭（奥白星、番鸭、骡鸭）、鹅（朗德鹅、莱茵鹅）、兔（伊普吕）、鸽（欧洲肉鸽）、珍珠鸡育种为主，其中水禽育种在国际上处于领先地位；与我国水禽界有广泛联系，供应奥白星、番鸭、骡鸭父母代种鸭和商品肉鸭，国内所有填饲用朗德鹅，基本上都是引入该公司种鹅繁育的后代。目前克里莫公司正在大力拓展肉鸡市场，在收购法国哈伯德公司后，在肉鸡市场确立了自己的地位。

法国哈伯德公司具有 85 年以上历史，原为美国哈伯德肉鸡育种公司，20 世纪 90 年代中后期与法国依莎公司对等合并成立哈伯德-依莎家禽育种公司，2004 年法国克里莫集团收购了哈伯德-依莎公司肉鸡部分，继续保持哈伯德品牌，法国和美国白羽肉鸡品种（FLEX，CLASSIC，YIELD）得到进一步发展，同时也保持了法国黄鸡特有的品牌（红宝、JA57 等）市场地位。

（五）其他育种公司

卡比尔国际育种公司是以色列与意大利合资的家禽育种公司，拥有以色列卡比尔公司庞大的基因库。20世纪70年代，卡比尔公司曾向中国提供了隐性白、安卡红等祖代肉种鸡，为我国黄羽肉鸡业发展提供了重要的育种素材，我国培育成功的黄羽肉鸡配套系中，很多都导入了隐性白血统。目前卡比尔国际育种公司主要致力于黄羽肉鸡育种工作，是除中国外国际上为数不多的黄羽肉鸡育种公司之一。

二、当前主要饲养的肉鸡配套系

我国白羽肉鸡的祖代全部是从国外引进的品种，属于快大型肉鸡。目前我国饲养的白羽肉鸡主要包括艾拔益加（AA+）、罗斯（Ross308）、科宝（Cobb）三个品种，约占整个肉鸡产量的80%，而海波罗和哈伯德两个品种，市场份额较小。安伟捷公司的AA+的市场占有率约为45%，罗斯308约为27%；科宝公司的AV48约为21%，AV500约为5%；海波罗约为1%，哈巴德约为1%。

（一）AA肉鸡

1. 概述　AA种鸡是安伟捷公司最早的品牌，拥有80多年的进化历史，也是最早进入中国的品种之一。从原来的常规系到现在的宽胸系，无疑是最适应中国饲养环境的品种，目前国内占比达到50%以上。很多客户对AA鸡的评价就是能适应各种养殖环境，父母代拥有稳定的生产性能，商品鸡生长速度快，拥有优秀的产肉性能。肉鸡全身羽毛白色，体形大，胸宽腿粗，肌肉发达，尾羽短。蛋壳颜色很浅；种鸡为四系配套。祖代父本分为常规型和多肉型（胸肉率高），均为快羽，生产的父母代雏鸡翻肛鉴别雌雄。祖代母本分为常规型和羽毛鉴别型。常规型父系为快羽，母系为慢羽，生产的父母代雏鸡可用快慢羽鉴别雌雄；羽毛鉴别型父系为慢羽，母系为快羽，生产的父母代雏鸡需翻肛鉴别雌雄，其母本与父本快羽公鸡配套杂交后，商品代雏鸡可以快慢羽鉴别雌雄（图3-1、图3-2）。

图 3-1　AA 肉鸡父母代种鸡

图 3-2　AA 肉鸡商品代仔鸡

2. 生产性能

（1）产蛋与繁殖性能：父母代种母鸡的繁殖性能见表 3-1。

表 3-1　AA 肉鸡父母代种母鸡主要性能

项　目	常规系	羽速自别系
全期平均日产蛋率（%）	66	65
高峰期日平均产蛋率（%）	87	86
5%~10% 产蛋率的周龄（周）	25	25
全期平均存活率（%）	91	90
入舍母鸡每只产种蛋数（枚）	185	182
入舍母鸡每只产雏鸡数（只）	159	155
5%~10% 产蛋率时的体重（千克）	2.83 ~ 3.06	2.83 ~ 3.06
产蛋结束时体重（千克）	3.54 ~ 3.85	3.54 ~ 3.85

（2）AA 肉鸡的产肉性能：商品肉仔鸡的生产性能见表 3-2。

表 3-2　AA 肉仔鸡的生产性能

周龄	活重（千克）		料肉比	
	常规系	改进型（AA+）	常规系	改进型（AA+）
5		1.810		1.56
6	2.145	2.440	1.75	1.73
7	2.675	3.040	1.92	1.90

（二）罗斯肉鸡

1. 概述　罗斯系列有 308、708、PM3，针对不同的系列突出不同的市场需求，罗斯 308 的性能和 AA 类似，也是突出综合性能的一种。该鸡全身羽毛均为白色，体形呈丰满的元宝形；单冠，冠叶较小，冠、脸、肉垂与耳叶均为鲜红色；皮肤与胫部为黄色。该鸡种为四系配套，商品代雏鸡可根据羽速鉴别雌雄。

2. 生产性能

（1）父母代种鸡生产性能：罗斯 308 父母代种鸡生产性能见表 3-3。

表 3-3　罗斯 308 父母代种鸡生产性能

生产周期	25 周入舍	23 周入舍
饲养期（周龄）	64	62
入舍母鸡累计产蛋数（枚）	180	180
入舍母鸡累计产合格蛋数（枚）	175	173
入舍母鸡总产健雏数（只）	148	147
平均孵化率（%）	84.8	84.8
达 5% 产蛋率（周龄）	25	23
高峰期日平均产蛋率（%）	85.3	85.3
25/23 体重（克）	2975	2760
母鸡饲养期末体重（克）	3 960～4 050	3 960～4 050
育雏育成期累积死淘率（%）	4～5	4～5
产蛋期累计死淘率（%）	8	8

（2）商品代肉鸡生产性能：罗斯308商品代生长性能见表3-4。

表3-4　罗斯308商品代生长性能

公鸡			母鸡			混养		
日龄	体重（克）	料肉比	日龄	体重（克）	料肉比	日龄	体重（克）	料肉比
36	2 272	1.59	36	1 950	1.672	36	2 111	1.628
42	2 867	1.701	42	2 436	1.811	42	2 652	1.751
49	3 541	1.83	49	2 986	1.937	49	3 264	1.895

（三）科宝肉鸡

1. 概述　科宝种鸡是美国科宝公司的主打品牌，其拥有出色的料肉比和较大的胸肉，在美国市场占比很高，达60%，有500、700、SASSO等几个品种。科宝500配套系是一个已有多年历史的较为成熟的配套系。体形大，胸深背阔，全身白羽，鸡头大小适中，单冠直立，冠髯鲜红，虹彩橙黄，脚高而粗。

2. 生产性能

（1）父母代生产性能：父母代24周龄开产，体重2 700克；30~32周龄达到产蛋高峰，产蛋率86%~87%；66周龄产蛋量175枚。全期受精率87%，平均孵化率87%。每只中母鸡可产商品代雏鸡117.88只。

（2）商品代肉鸡生产性能：商品代生长快，均匀度好，肌肉丰满，肉质鲜美。据目前测定，35日龄公鸡体重2.3千克、母鸡2.08千克，42日龄公鸡体重3.04千克、母鸡2.67千克。全期成活率95.2%。屠宰率高，45日龄公母鸡平均半净膛率85.5%，全净膛率79.38%，胸腿肌率31.57%。

（四）哈巴特肉鸡

1. 概述　哈巴特（也有称为哈巴德）四系配套杂交鸡，该肉鸡商品代羽毛白色，生长速度快，抗逆性强。商品代肉仔鸡出壳后可以根据羽速自别雌雄，出壳雏鸡公鸡为慢羽型，即主翼羽与覆主翼羽长度相等或短于覆主翼羽；母鸡为快羽型，即主翼羽长于覆主翼羽。哈巴特肉鸡有传统型和高胸肉型两种，国内饲养的主要为高胸肉型。

2. 生产性能

（1）父母代生产性能：父母代24周龄开产，体重2 920克；30~32周龄达到产蛋高峰；64周龄产蛋量182枚。每只中母鸡可产商品代雏鸡148只。

（2）商品代肉鸡生产性能：35日龄公鸡体重2.27千克、母鸡1.97千克，饲料效率为1∶1.62；42日龄公鸡体重2.97千克、母鸡2.52千克，饲料效率为1∶1.77。

（五）艾维茵肉鸡

1. 概述 艾维茵肉鸡为三系配套白羽肉鸡品种。为显性白羽肉鸡，体形饱满、胸宽、腿短、黄皮肤，具有增重快、成活率高、饲料报酬高的优良特点。生产中养殖的有AV2000和超级AV2000。

2. 生产性能

（1）父母代生产性能：入舍母鸡产蛋5%时成活率不低于95%，产蛋期死淘率不高于8%~10%；高峰期产蛋率86.9%，41周龄可产蛋187枚，产种蛋数177枚，入舍母鸡产健雏数154只。父母代种鸡育成期成活率95%；开产日龄175~182天，平均开产体重2 900克；31~32周龄达产蛋高峰，高峰产蛋率86%；66周龄入舍母鸡平均产蛋187枚，平均产合格种蛋176枚，平均产雏153只；产蛋期成活率90%~92%。

（2）商品代肉鸡生产性能：商品鸡42日龄公母鸡平均体重2 180克，料肉比1.84∶1；49日龄公母鸡平均体重2 680克，料肉比1.98∶1；56日龄公母鸡平均体重3150克，料肉比2.12∶1。

（六）海波罗

1. 概述 为四系配套，全为白色羽毛。其母本带有宽胸型的血缘。海波罗肉鸡很早就是一个优秀的肉鸡品种。早在1975年我国就引进过祖代种鸡。该鸡种的主要特点是持续高产，饲料消耗低，生产成本低。肉仔鸡的生长快，均匀度好，腹脂率低，抗病力强，能在各种不同的饲养管理条件下健康成长。海波罗-PN是在这样的基础上进一步选育提高而形成的，其主要特点是生长速度快，胸肉率高，料肉比低，经济效益好。

2. 生产性能

(1) 繁殖性能：海波罗-PN 父母代种鸡的主要性能为：23 ～ 65 周龄入舍母鸡平均产蛋数 185 枚，其中种蛋数为 178 枚，可孵出雏鸡 148 只。

(2) 肉用仔鸡的生产性能：肉用仔鸡的生产性能见表3-5。

表3-5　海波罗-PN 肉用仔鸡生产性能

饲养日龄（日）	平均体重（克）	料肉比
28	1 261	1.45∶1
35	1 833	1.61∶1
42	2 418	1.74∶1
49	2 970	1.85∶1

(3) 产肉性能：海波罗肉鸡的产肉性能，可通过一个较早期在德国进行的屠宰试验来加以说明（表3-6）。

表3-6　几种肉鸡产肉性能比较

品种	胴体重（克）	占胴体的百分比（%）			胸肌蛋白质（%）
		胸肉	腿肉	腹脂	
海波罗（荷兰）	1 319	27.3	30.9	2.5	23.7
罗曼（德国）	1 300	26.6	30.3	2.8	23.4
哈伯德（美国）	1 298	26.8	29.5	2.7	23.5
阿莎（丹麦）	1 235	27.9	30.6	2.5	23.6
AA（美国）	1 274	25.4	29.7	2.9	23.6

第二节　肉鸡的良种繁育体系

　　培育和组配一个商品杂交鸡，包括品种资源、纯系培育、配合力测定和曾祖代、祖代、父母代等环节，把这些环节有机地联系起来，形成一套完整的体系，就叫作鸡的良种繁育体系。它包括保种、育种和制种三个基本环节，由品种场、育种场、原种场、祖代场、父母代场、商品代场组成。这些鸡场具有不同的作用。目前，我国的肉鸡良种繁育体系仅仅是具备了制种体系，即由原种场、祖代场、父母代场、商品代场组成。

一、肉鸡配套杂交模式

肉仔鸡生产都是采用配套系杂交进行的，种鸡包括父本品系和母本品系。生产中常见的为四系配套杂交模式，个别的是三系配套杂交模式，基本没有两系杂交的。父本品系在选育过程中突出的是早期生长速度、胸部发育良好、腿粗壮等肉用性状；母本品系则兼顾良好的早期生长速度和较高的繁殖力。在采用四系配套杂交模式的时候，A和B系是以白科尼什品种为基础选育出的高产品系，C和D系则是以白洛克品种为基础选育出的高产品系。

（一）四系配套杂交模式

四系配套杂交模式是指通过品系培育和配合力测定，最终形成的由4个品系组成的配套系，在曾祖代和祖代两个代次都是4个品系，分别为2个父本品系（父本父系和父本母系）和2个母本品系（母本父系和母本母系）。其制种模式如图3-3所示。

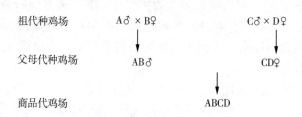

图3-3　四系配套制种模式

（二）三系配套杂交模式

三系配套杂交模式即在曾祖代和祖代阶段只有3个品系，制种模式如图3-4所示。

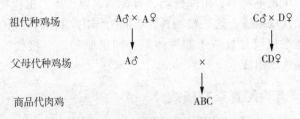

祖代种鸡场   A♂×A♀   C♂×D♀

父母代种鸡场   A♂ ×   CD♀

商品代肉鸡   ABC

图3-4 三系配套制种模式

二、良种繁育体系模式

(一) 良种繁育体系

良种繁育体系是培育现代鸡种的基本组织形式。它包括保种、育种和制种三个基本环节，由品种资源场、育种场、原种场、祖代场、父母代场、商品代场组成。这些鸡场具有不同的作用。

1. 品种资源场 其任务是收集、保存品种资源，包括引进品种、品系和国内地方良种，为育种场提供育种素材。

2. 育种场 其任务是利用品种资源场提供的育种素材，培育专门化、高产品系，并进行品系间杂交配合力测定，根据测定结果，拟定杂交配套方案，供原种场使用。育种场是良种繁育体系的核心。

3. 原种场 也叫纯系场或曾祖代场。其任务是将育种场提供的配套用专门化高产品系进行单系纯繁，并不断进行选育提高，为一级繁殖场提供单性别的祖代鸡。如果是四系配套，即提供 A 公、B 母、C 公和 D 母。

4. 祖代场 也叫一级繁殖场。其任务是饲养配套祖代鸡，按照育种要求进行第一次杂交制种，向父母代场提供配套父母代种苗、种蛋。

5. 父母代场 也叫二级繁殖场。其任务是接受一级繁殖场提供的父母代配套系进行第二次杂交，为商品鸡场提供商品雏鸡。

6. 商品代场 其任务是接受父母代场的终端杂交种进行生产，为市场提供商品肉仔鸡。

（二）我国肉鸡良种繁育体系建设

我国肉鸡的良种繁育体系建设尚不完善，一是原有的技术水平不够，二是育种的投入资金不足，加上国外主要育种公司的技术和产品垄断，导致目前我国白羽肉鸡的祖代种鸡一直需要通过国外的育种公司引进。

1. 缺少财力雄厚的育种场 尽管我国曾经有一些种鸡场引进曾祖代肉种鸡，但是在提纯复壮、选育提高方面没有取得较好的进展而不得不停止繁育，或虽然坚持繁育但是没有占据市场较大份额。这主要是因为选育过程的资金投入较大，而国内企业缺少资金造成的。另外，一些企业负责人也认为与其投入巨额资金进行育种，尚不如直接从国外育种公司引种更快捷。

2. 技术水平尚处于提高阶段 国内专家在白羽肉鸡育种方面也进行了大量探索，但是至今尚没有培育出能够与引进的配套系相媲美的国产配套系。

3. 育种规划 国家已经开始从战略层面重视肉鸡育种，农业部设置了肉鸡产业技术体系岗位，汇集了大量人才、投入了较多的资金，对于肉鸡业发展起到了一定的促进作用；同时制订了《全国肉鸡遗传改良计划（2014—2025）》，为我国肉鸡育种制定了发展目标。

4. 良种繁育体系不完整 目前，国内肉鸡的良种繁育体系缺少规范化的品种资源场和育种场，无法为市场提供专门化配套系，导致每年大量从国外引进祖代种鸡。

5. 缺乏宏观管理机制 目前，国内一些祖代种鸡场从国外进口祖代种鸡虽然向现农业农村部进行了申报，但是基本处于半自由状态，造成每年引种数量远超国内实际需求量（除2015年由于美国和欧洲先后发生禽流感而被限制引种），进而导致国内肉鸡产能超过需求，行业整体在大多数时间内处于亏损状态。

三、引种要求

1. 制订切合实际的引种计划 根据生产需求和目的，制订切实可行的引种计划和方案，所引品种（配套系）用途明确，需求一致。所引肉鸡的育种地的环境和自然条件与当地的环境自然条件大体一致，并了解本地区同类肉种鸡的引种饲养效果。父母代种鸡在国内引种一般不受太多限制；祖代种鸡如果从国外引种则需要向农业部申请。

2. 做好引种前的准备 包括人员、设施设备、饲料、药物、疫苗、引种后的生产管理方案等。

3. 与生产目的相符 根据市场需求确定在当地养鸡的生产目的，引入品种的生产性能特性必须要与生产目的相符，与生产地的家禽产品消费习惯或产品的销售渠道相符。

4. 生产性能高而稳定 对各品种的生产特性进行正确比较，如从肉鸡生产角度出发，既要考虑其生长速度、出栏日龄和体重、胸腿肉的产量等，又要考虑肉种鸡的繁殖能力，降低雏鸡的单位生产成本。

5. 要同时引入技术资料 引种前必须有引入品种的技术资料，绝对不能盲目引种。对引入品种的生产性能、体重发育、饲料营养和卫生防疫要求有足够的了解，掌握其外貌特征、遗传稳定性、饲养管理特点和抗病力等资料，以便引种后参考。

6. 选择好引种季节 最好在两地气候差异较小的季节进行引种，使引入品种能逐渐适应气候的变化。一般从寒冷地区向温热地区引种以秋季为好，而从温热地区向寒冷地区引种则以春末夏初为宜。

7. 严格检疫制度 引种时必须认真检疫，办齐一切检疫手续。严禁进入疫区引种，引入品种必须单独隔离饲养，经观察确认无病后方可入场。有条件的可对引入品种及时进行重要疫病的检测，发现问题，及时处理，减少引种损失。

8. 注意引种过程安全 搞好引种运输组织安排，选择合理的运输途径、运输工具和装载物品，缩短运输时间，减少途中损失。如夏季引种尽量选择在傍晚或清晨凉爽时运输，长途运输时应加强途中检查。

9. 供种场的要求 目前，国内肉种鸡祖代场主要有 10 余家公司，其他的祖代场鸡群存栏量很少，要从这些规模较大的企业引种。供种场必须有种畜禽生产经营许可证和畜禽防疫条件合格证。

10. 报告登记和凭证运输　引种时要对当地的动物防疫监督机构提出引种申请和登记，取得当地动物防疫监督机构的同意；同时要报告输出地的动物防疫监督机构，经过输出地动物防疫监督机构对所引品种进行产地检疫，对合格的动物出具《产地检疫证明》，持产地证明换取《出县境动物运输检疫证明》，并持《动物及其产品运载工具消毒证明》《重大动物疫病无疫区证明》进行运输。

第四章

白羽肉鸡的饲料

大型肉鸡生产经营企业都在集团公司内部设置有饲料公司为本企业提供饲料；一些中小型的肉鸡场会从专业化的饲料企业购买全价饲料或浓缩饲料。目前，无论大小型肉鸡场已经很少有自己配制饲料的。因此，对于肉鸡养殖者了解饲料的类型和如何科学选用即可。大型饲料厂的外观如图4-1所示，生产车间如图4-2所示。

图4-1 大型饲料厂的外观

图4-2 饲料厂生产车间

一、商品饲料的类型

（一）从饲料的主要成分分类

1. 全价配合饲料 又称全日粮配合饲料。该饲料所含的各种营养成分和能量均衡全面，能够完全满足动物的各种营养需要，不需加任何成分就可以直接饲喂，并能获得最大的经济效益，是理想的配合饲料。它是按照不同类肉鸡的营养需要由能量饲料、蛋白质饲料、矿物质饲料，以及各种饲料添加剂所组成。这种饲料在配制过程中对所用的各种原料都进行了成分测定，并使用计算机进行配方设计，加工工艺和设备比较先进，产品质量可靠。在肉鸡生产上这是最终让鸡只采食的饲料类型。

2. 混合饲料　又称基础日粮或初级配合饲料。该饲料是根据不同类型肉鸡的营养需要，由能量饲料、蛋白质饲料、矿物质饲料按一定比例组成的，多数情况下所使用的各种原料没有全面进行营养成分测定，而是使用估测值或书本上提供的营养成分价值表进行配制，基本上能满足动物营养需要。但营养不够全面，会存在一定的营养不足或比例不恰当的问题。这种饲料常常是一些中小规模的养殖场自己配制的饲料。

3. 蛋白质补充饲料　又称浓缩饲料，或称平衡用混合饲料。该饲料是指以蛋白质饲料为主，加上矿物质饲料和添加预混合饲料配制而成的混合饲料。蛋白质补充料含蛋白质 30% 以上，矿物质和维生素也高于饲料标准规定的要求，因此不能直接饲喂。但按一定比例添加能量饲料就可以配制成营养全面的全价配合饲料。一般情况蛋白质补充饲料占全价配合饲料的 30%~40%，使用时既方便又能保证配合料的饲料质量，还可以减少饲料中主原料的往返运输和损耗。有许多中小型肉鸡场会从专业化的饲料厂购买浓缩料，回去后再按照规定比例添加能量饲料（主要是玉米），搅拌均匀后即可使用。

4. 添加剂预混合饲料　这种饲料是由营养物质添加剂和非营养物质添加剂等组成，并以玉米粉、豆饼粉以及面粉等饲料作为载体，根据动物的不同品种和生产方式均匀配制成的一种饲料半成品。根据其成分的不同，在全价配合饲料中的用量一般为 0.5%~5%。

（二）从饲料的外观形状分类

1. 颗粒料　是以粉状为基础经过蒸汽加压处理而制成的块状饲料（图 4-3），其形状有圆筒状和角状。这种饲料密度大，体积小，改善了适口性和消化效率，防止饲料被微生物污染，并保证了全价饲料报酬高的特点。在商品肉仔鸡生产中普遍使用。

图4-3 颗粒饲料

2. 粉状饲料 一般是把按一定比例混合好的饲料原料粉碎成颗粒大小比较均匀并经过充分搅拌的一种料型（图4-4）。细度大约在2.5毫米以上。这种饲料养分含量和动物的采食较均匀，品质稳定，饲喂方便、安全、可靠。但容易引起动物的挑食，造成浪费。一般在肉种鸡生产过程中使用较多。

图4-4 粉状饲料

3. 碎粒料 是用机械方法将颗粒料再经破碎加工成细度为 2～4 毫米的碎粒，也称为肉鸡花料。其特点与颗粒料相同，就是由于破碎而使动物的采食速度稍慢或方便采食。主要用于 7 日龄前的肉鸡。

二、饲料的选用

对于大型集团化肉鸡企业，饲养肉鸡所使用的饲料都来自本集团内的饲料公司，饲料原料和饲料配方都由公司自己确定。对于中小型肉鸡场主要是购买饲料，在购买饲料方面需要注意以下几个方面：

1. 考虑性价比 目前饲料企业之间的竞争主要集中在产品的价格和性能两方面，都是相同质量比价格或相同价格比质量。因此，在购买饲料时不能仅考虑单一方面，要从性价比上做决策。例如，某饲料公司的肉鸡颗粒饲料每吨价格 3 000 元，喂养肉鸡在 42 日龄出栏时平均体重能够达到 2.3 千克，肉料比为 1∶1.9；另一个公司产品的相应数据为每吨 3 150 元，42 日龄肉鸡平均体重 2.4 千克，肉料比 1∶1.8。在肉鸡销售价格为每千克 8 元的情况下，42 日龄出栏肉鸡每只所需的饲料成本，第一家公司为 13.11 元，第二家为 13.61 元，每只鸡的售价，使用第一家公司的为 18.4 元，第二家为 19.2 元；除去饲料成本每只鸡的毛收入，使用第一家饲料的为 5.29 元，第二家为 5.59 元。这样来看，第一家的饲料价格略低，但是最终的使用效果却不如价格略高的第二家饲料厂的产品。

2. 考虑饲料的稳定性 饲料质量的稳定取决于所使用各种原料的类型、质量，饲料配方所设定的各种营养指标，饲料加工设备与加工工艺等，对于同一品名的饲料产品其营养成分应该是相同的，要求上述三种因素不能与以往的生产批次存在显著差异。同一种饲料产品，如果上述三种因素中任何一个发生变化都会造成最终产品质量的变化。如某公司为了降低饲料生产成本，使用部分菜籽粕代替豆粕，尽管通过添加氨基酸、油脂等使得各种营养素含量保持不变，但是由于菜籽粕的消化率低于豆粕，加上菜籽粕中含有抗营养因子，这种饲料的使用效果就可能偏低。

很多肉鸡养殖场都会十分重视饲料质量的稳定性，一旦饲料质量出现问题，就会对鸡群生产性能甚至健康状况产生较大影响。

3. 考虑饲料中所用成分的合法性　在肉鸡生产中有些饲料添加剂是禁止使用的（可以参考农业农村部的相关文件），对于饲料加工企业来说必须及时了解农业农村部关于饲料添加剂使用方面的相关文件要求，坚决不能使用违禁添加剂。有的饲料厂因为某种原因使用了这些违禁添加剂进行饲料加工，而其用户的肉鸡采食这样的饲料，将来有可能在质量检查的时候检测到违禁添加剂，有可能要负法律责任。

4. 考虑所饲养鸡群的类型和阶段　不同阶段的肉鸡所使用的饲料无论是营养素含量方面或是饲料形状方面都有差异，不能用错。商品肉仔鸡的饲料除第一周使用碎粒料外，其他时期基本上都是颗粒饲料；按照营养素含量多少分为前期饲料（4周龄前使用）和后期饲料（5周龄至出栏期间使用），前期饲料中蛋白质含量相对较高（在21%~22%），代谢能水平相对后期略低（12.55兆焦/千克），后期饲料中蛋白质含量略低（19%），代谢能水平较高（13兆焦/千克）。有的肉鸡场使用三段制饲料，14日龄前为前期，15~30日龄为中期，31日龄至出栏为后期，饲料中蛋白质含量逐渐由22%降至18%，代谢能水平由12.5兆焦/千克逐渐升高至13.1兆焦/千克。而且，后期饲料中不允许添加任何抗生素及其他抗球虫药物。

肉种鸡饲料一般分为4种：21周龄前为青年鸡饲料，22~25周龄使用预产阶段饲料，26周龄后使用产蛋期饲料，25周龄后的种公鸡使用种公鸡专用饲料。肉种鸡基本都是使用干粉料。

三、饲料质量管理

良好的饲料质量是保证肉鸡健康、高产的基础，也是保证鸡肉质量安全的重要条件。任何一个饲料厂都必须从原料选购、贮存、清理，加工过程、产品贮存和运输等环节严格监控；任何一个肉鸡场在肉鸡饲料的选择、贮存和使用过程也需要定期进行检查、分析和评价。

1. 建立完善的质量检测制度　对于饲料厂要求必须建设独立的

化验室，配备必要的检测设备，能够准确地分析饲料中的主要化学成分，能够判定饲料原料和商品饲料的质量。对每次检测的结果要做好记录并归入生产档案保存。

2. 实行批批检验制度 每次接收的各种饲料原料都要针对其关键性成分指标进行化验（图4-5），杜绝劣质、掺假、污染的原料进厂，从源头上把好质量关。对于每个批次生产的饲料产品也要进行化验，了解其主要营养素的含量是否达标。严格按照饲料卫生标准 GB 13078—2001 的要求进行饲料原料质量把关，加强对饲料原料中农药残留、有毒有害物质、霉菌毒素等严重影响质量安全指标的检测，坚决杜绝不合格饲料原料入厂。严格执行《饲料和饲料添加剂管理条例》，严禁超量、超范围使用。

图4-5 饲料化验

3. 杜绝违规使用各种药物和添加剂 按照农业农村部关于在肉食动物饲料中禁止添加的药物和添加剂目录中所列项目，在肉鸡饲料生产中绝对禁止使用。防止由于使用这类药物和添加剂而造成其在鸡肉中的残留。

4. 原料贮藏过程的控制 饲料在贮藏过程中要尽量避免阳光直接照射，原料应分类堆放，防止相互掺混，发生交叉污染，保证先进先出，且要定期对饲料进行品质检测。对于需要低温保存的原料如酶制剂、维生素、益生素等要存放在专门的低温库内。

5. 定期检查和清理加工设备 饲料加工设备需要定期检修，防止某个部件出现故障或松动而影响饲料加工质量；定期检查物料混合的均匀度，保证各种饲料成分在规定时间内达到最高的混合均匀度。物料输送管道内壁要定期清理，防止以往加工批次的饲料成分黏附在管道内壁，并混入下一批饲料中而改变新加工饲料的成分组成。

6. 设备定期清洗　每当一个品种的饲料加工结束后要用碎玉米或麸皮作为清洗料从原料投入口添加到出料口接收，使其在加工设备内通过一次，将上批饲料加工过程中黏附在管道内壁的残留物带出来。清洗用的物料要单独放置，待下次加工同品种饲料的时候作为饲料原料加入。对于加工含有药物添加剂的饲料，也需要在加工后进行清洗，清洗的物料不能用于不含药物添加剂的饲料中。

7. 原料和成品饲料的库存管理　各种饲料原料和成品饲料要分别存放在原料库和成品库中。原料库中的各种原料、成品库中的各种成品饲料必须分开码垛，并在每个垛上或垛前标示产品名称，防止堆存和取用过程中出现错误（图4-6）。

图4-6　成品饲料库

8. 定期检查，果断处理　要合理制定和严格遵守定期检查制度，发现问题（如发热、发霉、过期等）要及时处理。发现过热，应及时晾晒降温，发霉原料要报废，过期添加剂要报废，已过保质期的成品也不能出厂。

第五章
白羽肉鸡的生产

第一节　生长期肉种鸡的管理

肉种鸡从孵化出壳后到性成熟前这一阶段统称为生长期。根据不同周龄鸡只的生理特点和饲养管理措施，将生长期又分为育雏期、限饲期和预产阶段。

生长期父母代肉种鸡的培育要点：第1周龄体重要达标，达到或略高于150克；3~4周龄时所有雏鸡称重，全群按照体重进行分群；4周龄末体重达到600克；每天的采食时间维持在50~60分钟，据此相应地调整限饲程序（如5/7制或4/7制）；首次加光既要参照体重和耻骨的开放度，还要评估胸肌的丰满度。

一、育雏期的饲养管理

4周龄前的阶段称为育雏期，也有的种鸡场把30日龄之前称为育雏期。这个阶段的饲养管理目标主要是提高成活率，提高免疫接种效果。

（一）接雏准备

（1）雏鸡到场前检查所有机器设备能够正常运转。

（2）准确计算出所要饲养的雏鸡数量及必要设备。

（3）根据育雏套数和各栋区域温度特点制定各栋育雏区域及围

栏面积，每栏要求 500~1 500 只，或设置 0.5 米高的育雏围栏，用三合板做成围栏，直径 3~4 米，每栏 500 只。

（4）预温、预湿：提前启动供暖设备，雏鸡到场时，温差育雏法要求垫料温度达 29~31℃，伞下温度达 32~35℃，舍内温度达 26~27℃；整舍取暖育雏法要求垫料温度 29~31℃，舍内温度 31~33℃。冬季 48 小时前预温，夏季 24 小时前预温。相对湿度要求 65%~70%，可采取加热蒸发水汽来提高湿度。

（5）预备温开水：在雏鸡到场 2 小时前，将饮水器注满饮用水，水温达 25℃。

某肉鸡公司种鸡场的接雏前准备工作规程如下：

1. 清理、消毒

（1）清理鸡舍内剩余的死鸡、淘汰鸡。

（2）将料塔中剩余的饲料排出后送到其他鸡舍。

（3）将料线中的残料清理干净。

（4）将鸡舍所有工器具整理到操作间。

（5）清粪要全面、干净，集中送往堆积发酵场，清粪后要打扫和冲洗鸡舍、道路、工具等。

（6）彻底清洗鸡舍内外墙壁、天花板、地面和所有设备、工器具（水线、料线、风机、隔栏、挡鼠板、围栏、棚架等），清洗完成后由场长根据《清洗栋舍排查表》进行验收，不合格的进行返工。

（7）鸡舍消毒按照《养鸡业生物安全规范》执行。

2. 设备检修和调试

（1）检修鸡舍房顶、墙壁、门、窗、通风口等。

（2）检修供热、通风、水帘降温系统。对环控电脑、报警装置进行调试，校正温度探头。

（3）检修供水、供电系统。检查风机、小窗、料线、幕帘，调试水线，要求水线平直、无漏水。

（4）维修结束后由场长根据《栋舍维修排查表》进行验收，不合格的进行返工。

3. 工器具、物料的准备

（1）垫料：将垫料消毒后运进鸡舍，厚度要求 10~15 厘米。

（2）垫纸：准备垫纸，垫纸铺设面积占整个育雏面积的 100%。

（3）隔栏（围栏）：每栋鸡舍做 3 道隔断（1 大、2 中、1 小四栏）；500~600 只/围栏，围栏高度 40~50 厘米。

（4）饮水器：1.5 升小饮水器 30~40 只/个，乳头饮水器 8~10 只/个。

（5）饲喂用具：开食盘 30 只/个。

（6）温度计：温度计每栋鸡舍 1 个，干湿度计每栋鸡舍 1 个。

（7）其他：准备采血用品、断喙器及报表等。

4. 育雏用饲料、药物、疫苗的准备　根据种鸡饲养管理手册提前准备育雏料，入雏前向开食盘、垫纸上加料。根据《养鸡业免疫动保管理规范》准备所需疫苗、药品及辅助用品。

5. 预温　鸡舍应提前预温（夏季提前 2 天，冬季提前 3 天），使舍内温度达到 33~35℃，垫料温度达到 32℃，相对湿度达到 60%~75%。

6. 加水　用背式电动加水器给雏鸡加水时，注意保证每个滴水杯均匀加到。准备水桶小饮水器中加水。水提前进舍预热，使入雏时水温达到 20~25℃，提前 2 小时将盛满水的饮水器放入围栏中。

7. 检查确认　进鸡前 4 小时，场长对设备、垫料、饮水、饲料、温度、湿度、卫生防疫等准备工作逐一检查，填写《进鸡前检查验收表》。

（二）雏鸡安置

（1）鸡到后，按性别、体别清点鸡盒，确认公、母鸡数后，放到预定的围栏边，鸡盒码高不得超过 2 盒。

（2）称重记录（2%抽样），获得最初龄体重。

（3）小心抓放雏鸡，准确记录存栏数量。

（4）质量记录：给育雏室负责人发放有关表格，如"育雏记录表""种鸡称重单""种鸡生长日报表""环境卫生监测报告""失水率测定表""合格证""不合格标签""雏鸡抽样记录"等。

某公司的雏鸡接收管理规程如下：

（1）门卫负责车辆、人员按照《养鸡业生物安全规范》清洗消毒后方可进入场区，并填写《人员、车辆出入登记消毒记录表》。

（2）场长按照雏鸡采购合同，索取检疫合格证、发货单、引种证明，并对车厢内鸡苗状况进行初步确认。

（3）卸车时，由统计、库管和栋长逐盒清点入舍种鸡数量。每车随机抽查3%~5%的鸡苗个体重，填写《入雏抽样称重表》。

（4）合格雏鸡的标准：精神状态良好，叫声洪亮，站立稳健有力，行动自如，对光、声音反应灵敏；卵黄吸收良好，腹部平坦，脐部愈合良好，无血痕，无大肚脐，无脐炎，无脐丁，无肚脐外翻；绒毛洁净，肛门部位绒毛柔软，无粪便糊肛；无脱水，无畸形（腿、喙、眼有残疾及歪脖等现象）。

（5）雏鸡验收结果由场长和供方共同确认。

（6）入雏结束后，采集鸡只的粪便、血样及时送检。

（三）合理分群

1. 公母分群　肉种鸡有父本品系和母本品系（如父母代肉种鸡的父本品系为 AB，只饲养其公雏；母本品系为 CD，只饲养其母雏）。由于公雏和母雏的生长速度不一样，采食量也不相同，一些管理要求也不一样。因此，在鸡舍内需要把公雏圈和母雏圈分开（图5-1），不能把公雏和母雏混养。

图5-1　分栏饲养

2. 群量大小　父母代肉种鸡在育雏阶段，每个小圈（小群）内鸡只的数量公雏为150~200只，母雏为200~300只。

3. 强弱分群　在用围网进行鸡舍内空间分隔的时候，要注意在靠近热源的地方留出若干个小圈用于饲养弱雏。因为，在大群饲养的情况下，尽管在孵化场已经对雏鸡进行挑选，在育雏室内依然会逐渐出现一些弱雏。如果让弱雏和健壮的雏鸡混合饲养，则会导致弱雏采食不足、容易受伤，进而导致死亡率升高和合格率下降。

（四）环境条件控制

1. 温度控制　育雏期鸡舍内的温度对肉种鸡雏鸡生长发育和健康的影响很大。一日龄时，如果采用保姆伞加热方式，要求垫料温度达 29~31℃，伞下温度达 32~35℃，舍内温度达 26~27℃；整舍取暖育雏法要求垫料温度 29~31℃，舍内温度 31~33℃，每隔 2~3 天育雏的温度降低 1℃。也可以按照表 5-1 提供的温度标准加热。

表 5-1　肉种鸡育雏期温度控制标准

日龄	1~3	4~7	8~12	13~18	19~24	25~28
温度（℃）	35~34	34~32	32~30	30~27	27~25	25~22

雏鸡身体周围的温度受室温高低的影响很大，两者之间是正相关的关系，一般测定室温是在距室内垫料上方 1 米处测得的温度。采取保姆伞加热或红外线灯加热方式，靠近垫料处的温度高于其他部位。如果采用水暖加热系统则雏鸡身体周围温度与室温接近，采用燃气加热系统（悬挂式），由于加热器悬挂在横梁上，室温常常会高于雏鸡身体周围的温度。

雏鸡身体周围的温度要保持相对稳定，不能出现短时间内的大幅度升降，这是保证雏鸡健康的重要环境条件。尤其是在通风的时候，雏鸡身体周围的温度下降是很常见的问题，应注意使室温变化幅度增大。

看雏施温是了解温度是否适宜的重要措施之一。温度适宜的时候雏鸡在栏内均匀分布，温度偏高则靠近栏的边缘以离开伞下高温区，温度偏低则雏鸡集中到伞下取暖，有贼风或噪声雏鸡则躲在一边（图 5-2）。

2. 相对湿度控制　育雏期间室内的相对湿度对垫料的含水率影响较大，一般要求垫料中的含水率应控制在 35%~45% 之间，含水率低则育雏室内的粉尘浓度会增高，含水率高则垫料潮湿，容易出现发

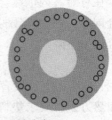

a. 温度太高
雏鸡不鸣叫
雏鸡张嘴、喘气、低头、翅膀下垂
雏鸡远离育雏伞

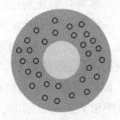

b. 温度正常
鸡只分布均匀
鸡只的鸣叫声意味着舒适

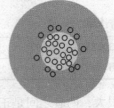

c. 温度太低
雏鸡拥向保护伞
雏鸡鸣叫声大，受惊吓的鸣叫

d. 贼风
这种状况需要调查
受贼风的影响
光照不均匀
外界噪声

图 5-2　种雏鸡对温度的反应

霉，增加疾病的发生率。通常在第一周将室内相对湿度控制在 65% 左右，不能低于 60%；第二周以后控制在 60% 左右，不能低于 56%，也不宜超过 68%。

3. 通风控制　育雏期间第一周以保温为主，少量通风即可，第二周以后要兼顾保温与通风，不能让室内有害气体含量超标。鸡舍可以经常开启 1~2 个较小功率的风机（开启数量取决于鸡舍的大小和舍内育雏的数量），保持鸡舍内空气的缓慢流动。低温季节的中午前后可以适当增加风机的开启数量，但不能造成进风口附近温度下降幅度超过 4℃，这与进风口的布局设计有关。风机开启数量逐渐（逐个、间隔性）增加，不能一次开启数量过多。温暖季节白天保持多台风机开启，夜间开启 1~2 台；炎热季节风机开启数量可以适当增加，尤其是 15 日龄以后。

4. 光照控制　肉种鸡的育雏阶段，1 日龄每天的光照时间控制在 24 小时；2 日龄每天的光照时间控制在 23 小时，夜间黑暗 1 小时；3 日龄每天的光照时间控制在 22 小时，夜间黑暗 2 小时；4~7 日龄每天的光照时间控制在 16 小时，夜间黑暗 8 小时；8~14 日龄每天的光照时间控制在 12 小时，夜间黑暗 12 小时；15 日龄后每天的光照时间控制在 8 小时。光照强度第一周略高，雏鸡身体周围约为 30 勒克斯，第二周以后控制为 15 勒克斯。

不同配套系父母代肉种鸡的环境条件控制要求大同小异，表 5-2 是哈巴德肉种鸡父母代 14 日龄前各项环境条件控制的参考要求。

表 5-2　哈巴德肉种鸡父母代环境条件控制标准

日龄	光照时间（小时）	光照强度（勒克斯）	喂料量［克/（只·日）］	使用育雏伞的温度控制（℃）			整栋鸡舍取暖的室温（℃）	相对湿度（%）
				伞下温度（℃）	围栏区内温度（℃）	围栏外室温（℃）		
0	24	60		34~35	28	22~23	31~32	55~60
1	22	60		34~35	28	22~23	30~31	55~60
2	20	60		34~35	28	22~23	29~30	55~60
3	18	40		34~35	27	22~23	28~29	55~60
4	18	40		31~33	26	22~23	28~29	55~60
5	18	40		31~33	25	22~23	26~27	55~60
6	16	30	自由采食至每只每日 30 克	27~28	25	22~23	26~27	55~60
7	16	30		27~28	22~23	22~23	24~25	50~55
8	14	20		27~28	22~23	22~23	24~25	50~55
9	14	20		27~28	22~23	22~23	24~25	50~55
10	12	15		27~28	22~23	22~23	24~25	50~55
11	12	15		27~28	22~23	22~23	24~25	50~55
12	10	10		27~28	22~23	22~23	24~25	50~55
13	10	10		27~28	22~23	22~23	24~25	50~55
14	8	5		27~28	22~23	22~23	24~25	50~55

5. 饲养密度　第一周密度按公雏 35 只/米²、母雏 40 只/米²，第二周密度按公雏 20 只/米²、母雏 25 只/米²，第三周密度按公雏 10 只/

米²、母雏 15 只/米²，第四周密度按公雏 5 只/米²、母雏 7 只/米²。

（五）饮水管理

1. 开水　也称初饮，指雏鸡进入育雏室后第一次饮水。把雏鸡接入育雏室之前 1 小时就应该把真空饮水器放到小圈内，每个小圈放 2~3 个，使用凉开水或经过消毒和过滤处理的深井水。雏鸡放入小圈后，饲养员用手指敲击饮水器水盘引诱雏鸡饮水或抓住雏鸡将其喙部浸入水盘内然后放开，雏鸡也能学会饮水。

2. 饮水管理　开水后 3 小时将饮水器中的水倒掉，更换新的饮水。新的饮水中添加葡萄糖（5%）和电解多维（按使用说明添加），水的用量按每只鸡 10 毫升确定。饮用约 2 小时后更换为普通饮水。添加葡萄糖和电解多维的饮水每天上午、下午各饮用 1 次，不能连续饮用。饮水管理要注意以下几点：

（1）饮水量要充足：有光照的时间内要保证饮水器内有足量的饮水供应，满足肉种鸡的随时饮用。缺水对于肉种鸡雏鸡是一种强烈的应激。

（2）饮水要清洁：水源的质量符合饮用水卫生要求，饮水要做过滤和消毒处理，饮水器要定期清洗消毒，减少灰尘和异物进入水中。

3. 水温　育雏期间，鸡群的饮水温度应控制在 20~26℃。

4. 水线高度　乳头饮水器高度要随时进行调整。最初两天，乳头饮水器应置于鸡只眼部高度；第 3 天将饮水系统提升，使鸡只以 45°角饮水；第 4 天开始逐渐将水线提高，使鸡只到第 10 天时伸直脖颈饮水。如果使用普拉松饮水器，则要求水盘边缘的高度与雏鸡背部的高度相当或略高（表 5-3）。

表 5-3　育雏期饮水乳头高度（厘米）

日龄	1	3	5	7	9	11	13	15	17
乳头高度	8	12	14	17	19	20	21	23	25
日龄	19	21	23	25	27	29	31	33	35
乳头高度	26	27	29	30	31	32	33	34	35

10日龄前饮水乳头的高度如图5-3所示。10日龄后饮水乳头的高度如图5-4所示。普拉松饮水器饮水盘的高度如图5-5所示。

图5-3　10日龄前饮水乳头的高度

图5-4　10日龄后饮水乳头的高度

图5-5　普拉松饮水器饮水盘的高度

5. 饮水位置　真空饮水器，按每只鸡占有水盘边缘的长度1.5厘米计算，乳头式饮水器按每个出水乳头供10只鸡计算。

（六）喂饲管理

1. 开食　雏鸡接入育雏室安顿，在开水后可以马上进行开食。开食可以把肉种鸡育雏期饲料（一般为干粉料）撒在开食盘或塑料布上，并用手指轻轻敲击饲料盘引诱雏鸡采食，一旦有几只雏鸡学会采食，其他雏鸡会通过模仿而学会采食。开食所使用的饲料量按照每只雏鸡4克给予（图5-6）。

图 5-6 雏鸡的开水与开食

2. 喂饲管理 雏鸡开食约需持续 2 小时，待 2 小时后撤去开食盘或塑料布并清洗晾干待用。大约间隔 1 小时，开食使用干净的开食盘或塑料布，按照每只鸡 3 克的饲料量撒上，让雏鸡自由采食。第 1 天要注意那些没有采食行为的个体，如果发现要挑出。

（1）7 日龄前：采用自由采食方式，一般按照每天喂饲 5 次，每次的喂料量要以所饲养的肉种鸡配套系提供的参考喂料量标准。但也要注意，每次喂饲后约经过 30 分钟，雏鸡能够把饲料吃完。8~14 日龄每天喂饲 2 次。

（2）15~21 日龄：每天喂料 1 次，喂料量按照标准提供。喂料量以喂饲后 50~60 分钟吃完为准。公鸡和母鸡的喂料量不同，必须分群饲养，分别喂饲。

（3）22~28 日龄：每天喂料 1 次，喂料量按照标准提供。喂料量以喂饲后 50~60 分钟吃完为准。如果此期间鸡群的采食时间短于 35 分钟，就应该考虑采用 "6/7 限饲方式"（即本周 7 天的饲料平均到 6 天内喂饲，周末停料 1 天）。

3. 采食情况观察 前 2 天需要按时检查雏鸡嗉囊的充盈度以了解雏鸡的采食情况，要求见表 5-4。

表5-4 雏鸡嗉囊饱满率的要求

入舍后嗉囊饱满度检查时间（小时）	嗉囊饱满率指标 （嗉囊饱满的个体所占比例）（%）
2	70
8	>80
12	>85
24	>90
48	100

如果嗉囊饱满率低于指标要求，则说明喂饲或饮水存在问题，要及时检查和纠正。

4. 采食位置 育雏期间如果采用料桶或螺旋推进式喂料系统，每只鸡占有料盘边缘的长度为5厘米；如果采用链板式自动喂料系统，则每只鸡占有料槽（单侧）的长度为6厘米。这样能够保证喂料后鸡群同时采食。

（七）断喙

肉种鸡需要在7日龄开始断喙，不能迟于12日龄。断喙早，雏鸡的喙较软，不容易控制，对雏鸡造成的应激大；断喙时间晚，喙变得比较坚硬，造成的应激也大（图5-7）。

图5-7 雏鸡断喙处理

1. 断喙的目的 由于肉种鸡在4周龄后需要采取限制饲养措施，实际喂料量远远低于其自由采食量，有时在停饲日内全天不喂料，鸡只经常处于半饥饿状态，很容易出现啄癖，严重时会发生大量的伤残甚至死亡现象，断喙是减少啄癖造成的鸡只死伤现象的重要措施；断喙后也改变了鸡只的啄食行为，不容易把饲料从料槽或料盘中钩到外面，可以减少饲料浪费和污染。

2. 断喙器　目前，一般采用台式断喙器进行断喙（图5-8）。

图5-8　台式断喙器

3. 断喙方法　断喙器电源接通后，其刀片的温度能够达到680℃左右，切短雏鸡喙部尖端后通过高温烧烙可以止血，还能够造成局部组织坏死，防止喙尖的继续生长。一般要求上喙断去一半、下喙断去1/3，如图5-9~图5-12所示。

图5-9　握雏鸡头部的方法

图5-10　断喙操作

图 5-11　断喙后雏鸡的喙部　　　　图 5-12　断喙后青年鸡的喙部

4. 注意事项　为了保证断喙效果和减少对雏鸡的伤害，断喙应注意以下事项：

（1）断喙器刀片应有足够的热度，切除部位掌握准确（上喙应在喙尖发白与中间暗红接触处切断），确保一次完成。切断喙尖后让断面在刀片上烧烙 1～2 秒。

（2）断喙前后的 2 天应在雏鸡饲粮或饮水中添加维生素 K（2 毫克/千克）或复合维生素，有利于止血和减轻应激反应。

（3）断喙后立即供饮清水，3 天内饲槽中饲料应有足够深度，避免采食时喙部触及料槽底部而使喙部断面感到疼痛。

（4）鸡群在非正常情况下（如疫苗接种、患病）不进行断喙。

（5）公雏上喙断去的长度略短于母雏。如果公雏像母雏一样上喙断去一半，将来在繁殖期会影响交配的成功率。

（6）断喙后要注意观察鸡群，发现断面有渗血、出血者，要及时将其喙部断面在断喙器刀片上再烧烙 1～2 秒。如果没有及时发现和处理，这样的雏鸡有可能因失血造成死亡或成为弱雏。

（八）剪冠

对于公雏需要进行剪冠（如饲养父母代肉种鸡的场，要对父本雏鸡做剪冠处理），目的在于方便区别父本和母本的鸡只，即使在饲养中出现混群问题也能够从鸡冠的情况进行区分。此外，剪冠还有助于鉴别雌雄出现的误判个体。如鸡只饲养到 10 周龄以后，父本（已经剪冠）中个体小、鸡冠基部窄的就是被误判的母鸡；母本（未剪冠）中个体大、鸡冠大的则是误判的公鸡。为了保证制种效果，所有误判的个体都应淘汰。鸡冠剪去后也方便成年公鸡的采食。

1. 剪冠的时间　在接雏的当天（1 日龄）雏鸡接入育雏室后就要进行剪冠处理。处理得越早对雏鸡造成的应激越小。

2. 剪冠方法　用左手握住雏鸡，大拇指和食指固定住雏鸡头部，暴露鸡冠。必要时用清水将头顶绒毛抹湿，更方便暴露鸡冠。右手持剪刀，在贴近头皮的地方将鸡冠剪掉。

剪冠方法及剪后效果如图 5-13~图 5-16 所示。

图 5-13　固定雏鸡头部

图 5-14　小心地剪掉鸡冠

图 5-15　剪掉鸡冠后的雏鸡

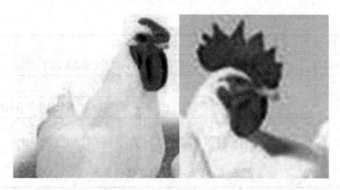

a. 剪冠的　　　　　　　　b. 未剪冠的

图 5-16　成年公鸡

3. 注意事项　每次操作注意不要将头皮剪破，如果剪冠后冠的基部有渗血可以用酒精棉球擦拭。

（九）各周龄的管理要点

1. 日常管理要点　以罗斯 308 父母代肉种鸡为例，各周龄的管理要点见表 5-5。

表 5-5　罗斯 308 父母代肉种鸡育雏期管理要点

日龄	管理要点
接雏当天	达到最佳环境温度，这对刺激雏鸡的食欲和活动很关键
	执行最小通风量，确保为雏鸡提供足够的新鲜空气，有助于保持舍内的温度和相对湿度以及足够的换气量，防止有害气体集聚
	观察雏鸡行为表现，确保合适的温度
	群体抽样称重
1~7 日龄	通过良好的育雏管理，建立雏鸡良好的食欲
	确保适当的采食和饮水位置，通过高质量饲料，保持合适温度
	评估雏鸡嗉囊的饱满度，以此作为雏鸡食欲建立的指标
	观察雏鸡的行为
8~14 日龄	体重达到目标要求
	抽样称重：7 日龄与 14 日龄分别进行群体称重；每栏抽样 2% 或不少于 50 只雏鸡进行称重；尽可能在 10 日龄时将光照时间固定（8 小时以内）；开放式鸡舍的光照时间取决于雏鸡入舍时间及自然光照时间
	如果前几批鸡群 14 日龄体重一直不达标，8 小时光照时间可以延长至 21 日龄，以刺激雏鸡采食量和改进增重

续表

日龄	管理要点
15~21 日龄	14 和 21 日龄抽样称重后计算体重均匀度（变异系数,%）
22~28 日龄	28 日龄对公鸡和母鸡进行分栏
	分栏后重新制定体重增长曲线，确保鸡群在 63 日龄时体重符合标准

2. 育雏期日常工作规程　育雏期日常工作规程见表 5-6。

表 5-6　育雏期每日工作安排表

时间	工作内容
8：30~10：00	喂料、选鸡
10：00~12：00	选鸡、备料、维修鸡床、隔拦、料线等设备
12：00~13：00	吃饭、休息
13：00~14：00	维修饮水器、带鸡消毒
14：00~16：00	选鸡、匀垫料
16：00~17：00	*周工作安排
17：00~17：30	做报表，洗刷鸡舍内胶鞋等，整理工作间，做鸡舍外、风扇等卫生
*周工作安排：	①周一、周四冲水线、翻垫料；②周二、周五做料线、水线、隔栏、风扇等舍内卫生；③周三、周六做灯泡卫生，翻垫料；④周日称鸡，做舍外水帘房、水沟等卫生
	注意事项：①加强选鸡工作，每次选进或选出鸡只数应平衡；②若有其他工作安排应以实际工作安排执行；③每周按规定时间称鸡；④及时扩栏，三、四周全群称重分栏

（十）卫生防疫管理

1. 严格执行隔离制度　肉种鸡场的生产区严禁外来人员和车辆进入，本公司技术和管理人员进入生产区也必须经过严格的更衣、淋浴和消毒。

2. 加强消毒管理　育雏室每天喷雾消毒 1 次，鸡舍周围、道路每 2~3 天消毒 1 次；所有进入生产区的物品都需要经过消毒。

3. 合理使用药物预防疾病　根据常见病的发病规律、本场以往疾病发生情况确定药物使用程序，尤其是把大肠杆菌病、沙门杆菌病、球虫病的药物预防工作落到实处。

4. 做好免疫接种工作 按照公司确定的免疫程序及时接种相应的疫苗，要确保疫苗的质量、接种的效果，并及时对接种效果进行监测。

5. 病弱雏和死鸡的处理 饲养过程中经常观察鸡群，发现病弱个体及时隔离、诊断和治疗，视情况决定是否对大群进行用药。死亡的雏鸡要及时检查并进行焚烧处理。

（十一）观察鸡群

在育雏工作的日常管理中，饲养员和技术员要经常观察鸡群状态，以便于及时了解鸡舍内的环境条件、饲料和饮水、分群管理、保健、设备运行等方面是否存在问题，对于发现的问题要及时处理，防止对雏鸡的健康和生长产生不良影响，育雏中出现的问题分析及处理方法见表5-7。

表5-7　育雏出现问题分析

鸡苗分布状态及表现	可能原因分析	处理方法
1. 鸡苗在伞中央打堆	温度太低	提高温度；缩小围栏，防止贼风
2. 第1周育雏死亡率太高：①鸡苗比较弱，打堆；②鸡苗拉稀；③脐部细菌感染，腹部软	孵化场卫生消毒没有做好；饲养员操作不卫生，饲养设备不卫生	淘汰弱雏，注意鸡舍卫生防疫要符合要求；需要投服抗菌药物
3. 鸡苗分散呼吸困难	孵化中缺氧，运输中灰尘大、缺氧，鸡舍缺氧	通知孵化场改变运输路线，加强通风换气
4. 鸡苗分布于某一角落	有贼风	控制贼风
5. 鸡苗分布于围栏板周围	温度太高	增加保温伞高度，或调低保温伞温度，降低鸡舍温度
6. 鸡苗呼吸困难，打瞌睡，不精神	运输中太热	给雏鸡多喝水，饮水设备要分布均匀
7. 鸡苗到场后，打堆，不喝水，不吃料	运输中温度低或受凉	增加保温伞温度1~2℃，降低保温伞高度，引诱鸡苗喝水及吃料
8. 到场后鸡苗张嘴呼吸	福尔马林气味大，霉菌超标，细菌感染	用1%硫酸铜喷洒地面控制霉菌，饲喂抗生素，防止漏水、垫料潮湿，以控制霉菌生长繁殖

鸡苗分布状态及表现	可能原因分析	处理方法
9. 鸡苗弱，鸡腿爪干燥	脱水	增加50%的饮水设备，同时增加矿物质
10. 在3~5日内鸡苗死亡率高，消瘦	育雏温度太高或太低，进场前鸡苗均匀度太差	确保保温伞温度准确，及时校正温度计探头和探头位置
11. 在3~5日内死亡率高，肛门、鼻孔潮湿	温度太高，细菌感染	调整保温伞温度，添加抗生素
12. 部分鸡苗走路困难，跗关节有外伤	孵化中大小头位置放错	避免孵化中小头朝上
13. 在2~3日龄，鸡苗打喷嚏	疫苗反应	适当调高保温伞温度，直到该症状消失
14. 第7日龄，鸡苗均匀度差，其他状况正常	温度不均匀有死角，扩围栏速度太快，饲养面积太大	调整饲养面积，使大小合适；调整温度，确保均匀合适
15. 鸡苗均匀度开始下降	鸡群太大；消化不良，吸收不好；保温工作做得不好	调整鸡苗数量，做好各项保温工作
16. 育雏后期鸡苗打堆拥挤	垫料潮湿，有氨气，鸡苗拥挤到较干燥处，张嘴呼吸，脱水，且容易被细菌感染	确保垫料不潮湿，提供足够饲养面积

二、限饲期的饲养管理

5~20周龄期间为了控制肉种鸡的生长速度，防止体重过大、体内脂肪沉积过多，需要采取限制饲养措施（即限饲）。

（一）限饲期的饲料

限饲期间要使用育成期饲料，育成期饲料的代谢能含量不宜高，通常不超过11.09兆焦/千克，粗蛋白质含量约为16%。较低能量水平的饲料有助于改善鸡群的肠道健康与采食行为。

在28~35日龄期间将育雏期饲料逐渐过渡为育成期饲料，使用干粉状饲料。

限饲期间应该为鸡群提供非水溶性细砂粒（直径3~4毫米），用量按每周每只鸡3~5克。同时按照每只鸡每天3克的量，提供破碎的玉米或整粒小麦，撒在垫料上让鸡群刨食。

（二）限饲方法及应用

1. 限饲方法

（1）每日限饲：即每天都按照特定配套系种鸡推荐的喂料量标准给鸡群提供饲料。

（2）5/7限饲：即在一周内将7天的饲料平均到5天喂给鸡群，有2天不喂饲料。不喂饲料的2天要间隔开，如可以在每周龄内的第3天和第7天停料。

（3）4/7限饲：这种方法也称为隔日限饲法，即在一周内将7天的饲料平均到4天喂给鸡群，有3天不喂饲料。如可以在每周龄内的第2天、第4天和第7天停料。这种方法对鸡群产生的应激程度略高。

2. 限饲方法的应用　在29~35日龄期间可以采用5/7限饲，36~126日龄期间可以采用4/7限饲，127~154日龄期间可以采用5/7限饲或每日限饲。

（三）限饲程序

1. 分群　一般要求在一个鸡舍内将鸡群分成若干小群，小群之间用围网隔开，每个小群内鸡只的数量不宜超过1 500只，而且数量要相同、稳定，这样有利于确定每个周龄每个小群饲料的用量。一般留出一个调整群，当其他小群内的鸡只有死亡或淘汰的时候，从这个小群内挑出同样数量的鸡只，补充到相应的小群内。

分群要注意与体重测定结果相结合，可以在一个鸡舍内的多个小圈中确定一个体重偏大的群、一个体重偏小的群，其他为体重正常的群，同一个群内鸡只的体重尽可能相似。

2. 按照喂料量参考标准提供饲料　最初两周按照所饲养的配套系相应的喂料量参考标准为鸡群提供饲料。体重偏大的群可以将喂料量减少5%，体重偏小的群可以将喂料量增加5%。

3. 抽样称重，及时调群　每周龄末要在喂料前进行抽样称重，每个小群抽取的数量不少于 50 只，了解本群的实际体重。通过称重，进行调群，即将正常体重群内体重偏大的个体调整到体重偏大群，将体重偏小的个体调整到体重偏小群；将体重偏小群内体重较大的个体调整到体重正常的群内，将体重偏大群内体重较小的个体调整到体重正常的群内。维持每个小群内鸡只的体重相近。

一些大型肉种鸡场的鸡舍内安装有自动称重系统，相对而言肉鸡的体重测定和监控就方便多了。但是，需要每两周对该系统进行校对，以保证其称重的准确性。

4. 根据体重确定下周喂料量　各配套系肉种鸡提供的各周龄喂料量为参考标准，实际喂料量应根据每周龄末测得的实际体重，与标准体重进行对比，作为确定下一周龄鸡群供料量调整的依据。如果整体的体重大于标准体重，则下周喂料量要适当减少；实际体重整体小于标准体重，则下周喂料量要适当增加。因此，无论饲养哪个配套系都要把各周龄末的体重标准作为限制饲养的主要依据。不同鸡种的饲喂量及限饲程序见表 5-8~表 5-13。

表 5-8　艾维茵种鸡育成期的标准体重和饲喂量

| 周龄 | 体重（千克） | | 饲喂量 | | 饲喂方式 |
	公鸡	母鸡	公鸡（累计千克/只）	母鸡 [克/(只·天)]	
1~3	—	—	自由采食	自由采食	全天饲喂
4	0.68	0.5~0.625	1.5	50	每天限饲
6	0.94	0.66~0.805	2.6	62	5~12 周龄隔日限饲
8	1.20	0.835~0.985	3.8	65	
10	1.42	1.015~1.165	5.2	71	
12	1.64	1.195~1.345	6.5	76	
14	1.86	1.375~1.525	8.1	82	13~19 周龄每周喂料 5 天，禁料 2 天
16	2.08	1.555~1.705	9.7	87	
19	2.41	1.826~1.975	12.2	96	
21	2.95	2.165~2.315	14.1	105	20~24 周龄每天限饲
24	3.49	2.57~2.72	17.0	125	

表5-9 艾拔益加肉用种母鸡体重和限饲程序（逆季）[①]

周龄	体重（克）		饲喂料量（克/只）[②]			喂料量（克/只）	
	体重	周增重	每天	隔日限饲	5/7限饲	每周	累计
1	91		24	自由采食	自由采食	168	168
2	180	89	26	自由采食	自由采食	182	350
3	318	138	28	56		196	546
4	409	91	31	62		217	763
5	449	90	34	68		238	1 001
6	590	91	37	74	52	259	1 260
7	681	91	40	80	56	280	1 540
8	772	91	43	86	60	301	1 841
9	863	91	46	92	64	322	2 163
10	953	90	49	98	69	343	2 506
11	1 044	91	52	104	73	364	2 870
12	1 135	91	56	112	78	392	3 262
13	1 249	14	61	122	85	427	3 689
14	1 362	113	66	132	92	462	4 151
15	1 476	114	71	142	99	497	4 648
16	1 589	113	76	152	106	532	5 180
17	1 703	114	82	164	115	574	5 754
18	1 816	113	88	176	123	616	6 370
19	1 930	114	94	188	132	658	7 028
20	2 043	113	100	200	140	700	7 728
21	2 202	159	105	210	147	735	8 463
22	2 361	159	112	224	157	784	9 247
23	2 520	159	122	244	171	854	10 101
24	2 679	159	132			924	11 025
25	2 838	159	142			994	12 019
26	2 951	113	152			1 064	13 083

周龄	体重（克）		饲喂料量（克/只）[2]			喂料量（克/只）	
	体重	周增重	每天	隔日限饲	5/7 限饲	每周	累计
27	3 042	91	160			1 120	14 203
28	3 133	91	160			1 120	15 323
29	3 201	68	160			1 120	16 443
30	3 246	45	160			1 120	17 563
31	3 254	8	160			1 120	18 683
32	3 262	8	160			1 120	19 803
33	3 270	8	160			1 120	20 923
34	3 279	9	160			1 120	22 043
35	3 287	8	159			1 113	23 156
36	3 295	8	159			1 113	24 269
46	3 377		154			1 078	35 189
56	3 458		149			1 043	45 159
66	3 540		144			1 008	55 979

注：①赤道以北 8~12 月孵化的鸡群、赤道以南 2~6 月孵化的鸡群，遮黑式鸡舍。
②24℃时大约喂料量。

表 5-10　艾拔益加肉用种母鸡体重和限饲程序（顺季）[1]

周龄	体重（克）		饲喂料量（克/只）[2]			喂料量（克/只）	
	体重	周增重	每天	隔日限饲	5/7 限饲	每周	累计
1	91		24	自由采食	自由采食	168	168
2	180	89	26	自由采食	自由采食	182	350
3	318	138	28	56		196	546
4	409	91	31	62		217	763
5	449	90	34	68		238	1 001
6	590	91	37	74	52	259	1 260
7	681	91	40	80	56	280	1 540
8	772	91	43	86	60	302	1 841

续表

周龄	体重（克）		饲喂料量（克/只）②			喂料量（克/只）	
	体重	周增重	每天	隔日限饲	5/7 限饲	每周	累计
9	863	91	46	92	64	322	2 163
10	953	90	49	98	69	343	2 506
11	1 067	114	53	106	74	371	2 877
12	1 180	113	58	116	81	406	3 283
13	1 294	114	63	126	88	441	3 724
14	1 408	114	59	136	95	476	4 200
15	1 544	136	74	148	104	518	4 718
16	1 680	136	80	160	112	560	5 278
17	1 816	136	87	174	122	609	5 887
18	1 952	136	95	190	133	665	6 552
19	2 111	159	103	206	144	721	7 273
20	2 270	159	111	222	155	777	8 050
21	2 429	159	116	232	162	812	8 862
22	2 588	159	123	246	172	861	9 723
23	2 747	159	133	266	186	931	10 654
24	2 906	159	143			1 001	11 655
25	3 065	159	153			1 071	12 726
26	3 178	113	164			1 148	13 874
27	3 269	91	171			1 197	15 071
28	3 360	91	171			1 197	16 268
29	3 428	98	171			1 197	17 465
30	3 473	45	171			1 197	18 662
31	3 483	10	171			1 197	19 859
32	3 494	11	171			1 197	21 056
33	3 504	10	171			1 197	22 253
34	3 515	11	171			1 197	23 450

周龄	体重（克）		饲喂料量（克/只）②			喂料量（克/只）	
	体重	周增重	每天	隔日限饲	5/7限饲	每周	累计
35	3 525	10	170			1 190	24 640
36	3 536	11	170			1 190	25 830
46	3 641		165			1 155	37 520
56	3 745		159			1 113	48 839
66	3 850		154			1 078	59 794

注：①日照时间从长变短，在中国指从农历夏至到冬至。

②24℃时大约喂料量。

表5-11　艾拔益加肉用种公鸡体重和限饲程序（逆季）①

周龄	体重（克）		饲喂料量（克/只）②			喂料量（克/只）	
	体重	周增重	每天	隔日限饲	4/7限饲	每周	累计
1	135		25	自由采食	自由采食	1	175
2	300	165	32	自由采食	自由采食	224	399
3	490	190	40	自由采食	自由采食	280	679
4	715	225	48	自由采食	自由采食	336	1 015
5	815	100	53	106		371	1 386
6	915	100	54	108	95	378	1 764
7	1 015	100	55	110	96	385	2 149
8	1 125	110	56	112	98	392	2 541
9	1 245	120	57	114	100	399	2 940
10	1 365	120	59	118	103	413	3 353
11	1 495	130	61	122	107	427	3 780
12	1 625	130	63	126	110	441	4 221
13	1 760	135	65	130	114	455	4 676
14	1 895	135	68	136	119	476	5 152
15	2 030	135	71	142	124	497	5 649
16	2 170	140	74		130	518	6 167

续表

周龄	体重（克）		饲喂料量（克/只）[2]			喂料量（克/只）	
	体重	周增重	每天	隔日限饲	4/7限饲	每周	累计
17	2 310	140	77		135	539	6 706
18	2 455	145	80		140	560	7 266
19	2 605	150	85			595	7 861
20	2 760	155	90			630	8 491
21	2 930	170	96			672	9 163
22	3 105	175	102			714	9 877
23	3 285	180	108			756	10 633
24	3 465	180	116			812	11 445
25	3 650	185	125			875	12 320
26	3 795	145	133			931	13 251
27	3 951	120	133			931	14 182
28	4 030	115	133			931	15 113
29	4 210	90	133			931	16 044
30	4 180	60	134			938	16 982
31	4 195	15	134			938	17 920
32	4 210	15	134			938	18 858
33	4 225	15	134			938	19 796
34	4 240	15	135			450	20 741
35	4 225	15	135			945	21 686
36	4 270	15	135			945	22 631
46	4 420	15	138			966	32 186
56	4 520	10	140			980	41 916
66	4 620	10	142			994	51 814

注：①赤道以北 8~12 月孵化的鸡群、赤道以南 2~6 月孵化的鸡群，遮黑式鸡舍。
　　②24℃时大约喂料量。

表 5-12 艾拔益加肉用种公鸡体重和限饲程序（顺季）[1]

周龄	体重（克）		饲喂料量（克/只）[2]			喂料量（克/只）	
	体重	周增重	每天	隔日限饲	4/3限饲	每周	累计
1	135		25	自由采食	自由采食	175	175
2	300	165	32	自由采食	自由采食	225	399
3	490	190	40	自由采食	自由采食	280	679
4	715	225	48	自由采食	自由采食	336	1 015
5	815	100	53	106		371	1 386
6	915	100	54	108	95	378	1 764
7	1 015	100	55	110	96	385	2 149
8	1 125	110	57	114	100	399	2 548
9	1 245	120	59	118	103	413	2 961
10	1 365	120	61	122	107	427	3 388
11	1 495	130	64	128	112	448	3 836
12	1 635	140	67	134	117	469	4 305
13	1 780	145	70	140	123	490	4 795
14	1 925	145	73	146	128	511	5 306
15	2 070	145	76		133	532	5 838
16	2 220	150	79		138	553	6 391
17	2 370	150	82		144	574	6 965
18	2 525	155	86			602	7 567
19	2 685	160	90			630	8 197
20	2 850	165	96			672	8 869
21	3 030	180	102			714	9 583
22	3 215	185	108			756	10 339
23	3 405	190	115			805	11 144
24	3 595	190	122			854	11 998
25	3 790	195	131			817	12 915
26	3 935	145	140			980	13 895

续表

周龄	体重（克）		饲喂料量（克/只）[2]			喂料量（克/只）	
	体重	周增重	每天	隔日限饲	4/3限饲	每周	累计
27	4 055	120	140			980	14 855
28	4 170	115	140			980	15 855
29	4 260	90	140			980	16 935
30	4 320	60	141			987	17 822
31	4 335	15	141			987	18 809
32	4 350	15	141			987	19 796
33	4 365	15	141			987	20 783
34	4 380	15	142			494	21 777
35	4 395	15	142			994	22 771
36	4 410	15	142			994	23 765
46	4 560	15	145			1 015	33 810
56	4 660	10	147			1 029	44 030
66	4 760	10	149			1 043	54 418

注：①日照时间从长变短，在中国指从农历夏至到冬至。

②24℃时大约喂料量。

表5-13　罗斯308父母代种鸡标准体重和喂料量标准

周龄	母鸡体重（克）	公鸡体重（克）	母鸡料量[克/（只·天）]	公鸡料量[克/（只·天）]
1	115	150	26	35
2	215	320	32	42
3	335	525	36	48
4	450	755	40	52
5	560	945	43	56
6	660	1 130	45	60
7	760	1 280	47	63
8	860	1 420	49	66

周龄	母鸡体重（克）	公鸡体重（克）	母鸡料量[克/（只·天）]	公鸡料量[克/（只·天）]
9	960	1 545	50	69
10	1 060	1 670	52	72
11	1 160	1 795	54	75
12	1 260	1 920	57	78
13	1 360	2 045	59	81
14	1 460	2 170	62	84
15	1 560	2 295	66	88
16	1 670	2 420	71	92
17	1 790	2 560	76	96
18	1 915	2 715	83	101
19	2 025	2 875	90	106
20	2 195	3 035	98	111
21	2 345	3 195	104	115
22	2 500	3 355	113	120
23	2 660	3 515	122	123
24	2 820	3 675	131	127
25	2 975	3 825	138	129
26	3 120	3 960	148	131
27	3 245	4 035	158	132
28	3 340	4 090	168	134

（四）限饲过程中注意的问题

（1）确定鸡只数量，准确提供喂料量：无论是采用分圈饲养或是全舍不分群饲养，在上一周龄末必须准确统计实有鸡只的数量，以便确定下一周所提供的饲料量。鸡只死亡或淘汰，或调出本群都要确切记录数据，根据鸡只数量减少情况在标准喂料量的基础上减少实际给料量。防止由于鸡只减少而饲料量没有相应减少所造成的实际喂料量增加、体重出现超标的问题。

（2）保证足够的采食位置：29~70 日龄期间如果采用料桶或螺旋推进式喂料系统，每只鸡占有料盘边缘的长度公鸡为 9 厘米、母鸡为 8 厘米；如果采用链板式自动喂料系统，则每只鸡占有料槽（单侧）的长度为 10 厘米。71~105 日龄期间如果采用料桶或螺旋推进式喂料系统，每只鸡占有料盘边缘的长度公鸡为 11 厘米、母鸡为 10 厘米；如果采用链板式自动喂料系统，则每只鸡占有料槽（单侧）的长度为 15 厘米。这样能够保证喂料后鸡群同时采食。

（3）按体重调整鸡群：限饲期间最主要的目标之一就是提高鸡群发育的整齐度，分栏管理的情况下于各周龄末通过称重进行调群，并按体重调整喂料量。

（4）在遇到鸡群健康出现问题、接种疫苗、转群等情况的时候要适当减小限饲强度。

（5）同一个群（栏）内的喂饲速度要快，保证群内所有鸡只在 5 分钟内都能够吃上饲料，小群（栏）内的鸡群同时吃上饲料。如果加料速度慢则会造成采食量不匀的问题。

（五）限饲期的环境控制

1. 光照控制　在 29~154 日龄期间每天的光照时间控制在 8 小时或 6 小时，光照强度控制为 5 勒克斯，采用弱光照明，饲养员进入鸡舍后经过 3 分钟左右就能够适应这种弱光照，可以正常落实饲养管理和观察鸡群。

在此期间使用短光照的目的在于减少肉种鸡的活动时间，减少啄癖的发生；采用弱光照的目的也主要是为了减少啄癖，并弱化对生殖系统的刺激。

2. 温度控制　在育雏期结束后，如果当时的外界日平均温度不低于 15℃，就可以在白天停止使用加热设备，夜间根据情况开启适量的加热器，保证鸡舍内的温度不低于 16℃。如果育雏结束时处于冬季和早春，则需要根据具体情况随鸡群周龄增大逐渐减少加热器的开启数量。当鸡群达到 8 周龄的时候羽毛已经长齐，对环境温度的适应性较好，只要鸡舍的保温隔热效果良好就可以停止使用加热器。但是要保证鸡舍内的温度不低于 13℃，一般来说鸡群自身产生的热量足以维持这一温度水平。

3. 鸡舍湿度 要求鸡舍内的相对湿度控制在 55% 左右。防止垫料潮湿。

4. 通风 通风的核心是保证鸡舍内良好的空气质量，即有害气体（氨气、硫化氢、一氧化碳等）、粉尘和微生物浓度不能超标。同时，要注意低温季节通风的时候不能造成鸡舍内温度的显著下降；高温季节要加大通风量以缓解热应激。

5. 饲养密度 进入限饲期后鸡群的饲养密度要调整为：公鸡 3～4 只/米²，母鸡 4～6 只/米²。控制饲养密度的另一个主要目的在于保证鸡群有足够的采食和饮水位置（表 5-14）。

表 5-14 限饲期间采食和饮水位置要求

	温和气候	炎热气候
真空或普拉松饮水器	80 只/个	70 只/个
乳头式饮水器	8～10 只/个	6～8 只/个
链式喂料设备（料槽）	15 厘米/只	15 厘米/只
圆形（料桶）料盘	12 只/个	12 只/个
上料时间	≤4 分钟	≤4 分钟

（六）限水管理

（1）在喂料日，通常在喂料开始前 30 分钟提供饮水，在采食结束 2～3 小时后开始限水。如果采用"4/7 限饲"或隔日限饲程序，在喂料日鸡只采食后的嗉囊会比较充盈，在当天的 6 小时或 8 小时内不必限水。

（2）在停料日，可以在上午、下午各安排不少于 1 小时的饮水时间，如果是炎热天气可以适当延长供水时间。在极度炎热的天气或在饮水中添加药物时不要限水。

（3）在停止供水前，随机抽查若干鸡只的嗉囊，鸡只的嗉囊应该是柔软的。

（七）使用栖架

为了训练鸡只的跳跃能力，为产蛋期种母鸡能够进入产蛋箱产蛋，在限饲期间应在鸡舍内安放栖架，为每只鸡提供 5 厘米的栖息空间。

栖架的形式有多种，包括平式、立式、斜式等，如图 5-17。可以用竹木制作，也可以用金属作材质。

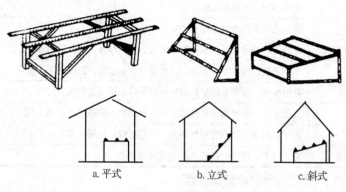

a. 平式　　　　　b. 立式　　　　　c. 斜式

图 5-17　栖架的样式

（八）提高鸡群均匀度

限饲期鸡群的均匀度与繁殖期鸡群的生产性能呈正相关。因此，提高群体均匀度是限饲期后备种鸡群的重要管理目标之一。

1. 分栏管理　将一个鸡舍用围栏分隔成多个圈栏，每个圈栏内鸡只的数量控制在 500~1 000 只之间。每个栏内鸡只的体重和体格大小相似。

2. 抑大促小　分栏后体重大的鸡集中在 1~2 个栏内，体重偏小的集中在另外 1~2 个栏内，体重中等的在若干栏内。确定下周喂料量的时候，体重正常的按照正常增量计划执行喂料量，体重大的保持原有喂料量不变，体重偏小的喂料量比标准适当增加（每只鸡每天的喂料量比标准喂料量的增加幅度不超过 5 克）。通过喂料量的调整，能够使体重大的鸡增重减慢而接近正常标准，体重小的通过增加喂料量使体重增长幅度略高，也能在一段时间后体重达标。

3. 影响均匀度的因素　有些因素的存在会影响到育成期肉种鸡的群体均匀度，需要在管理中认真对待（表 5-15）。

表5-15　影响肉种鸡均匀度的因素

影响因素	主要表现
雏鸡质量	不是来自同一鸡群，雏鸡大小不一，严重脱水，弱雏过多等
鸡舍环境	环境温度忽高忽低，通风不良，垫料潮湿、板结等
光照	光照不均，太强或太弱
饲料质量	饲料营养不均衡，发霉、酸败、板结等
饲料分配	采食空间不足，饲喂器高度不适宜，饲料厚度不均，限饲程序不合理
饮水	水质不好，饮水空间不足，饮水器高度不适宜，限水程序不合理
疾病	各种疾病，特别是球虫和其他导致肠道系统损害的疾病
断喙	去喙太多或断喙器刀片温度太高，日后出现软嘴或"肿瘤"嘴
应激	称重、采血、挑鸡等操作不当，引起应激；注射疫苗反应太强烈
饲养密度	密度过大，鸡群太拥挤，影响吃料和饮水

（九）限饲期各阶段管理要点

限饲期内各阶段的管理要点见表5-16。

表5-16　限饲期内各阶段的管理要点

日龄	管理要点
28~63	必要时调整各公鸡栏与母鸡栏的料量以达到重新制定的体重目标，并保持较高的均匀度
	每周抽测体重并了解体重增重情况是否符合标准
	该阶段主要观测点在于：各栏鸡群要获得均匀一致的体重和骨架发育均匀度，控制正确的体重增长曲线
63	重新检查各栏鸡群的体重是否与标准体重一致，将体重与料量相似的鸡群合并
	如果某些栏的鸡群体重与标准不一致，则需要重新制定新的体重增长曲线
	对于那些体重超过标准的鸡群，重新制定新的体重增长曲线，使新的体重增长曲线平行于标准体重增长曲线
	对于那些体重低于标准的鸡群，应逐渐地使体重在105日龄时达到标准
	各栏之间鸡群的调换应停止
63~105	必要时调整各公鸡栏与母鸡栏的料量以达到标准体重或重新制定的体重目标，并保持较高的均匀度
	每周观察和记录体重
	该阶段主要观测点在于：准确控制各栏鸡群体重按标准增长

日龄	管理要点
105	重新检查各栏鸡群的体重是否与标准体重一致，与制定63日龄体重目标的方法一样，如有必要重新制定体重目标
	淘汰鉴别错误的鸡只
105~161	特别注意105日龄以后一定要确保适当的喂料量以达到正确的周增重
	光照刺激时各栏鸡群的体重应该一致；该日龄如果各栏鸡群体重有明显差异，产蛋期会影响生产性能
	观察和记录每周体重
	18~21周龄再次淘汰鉴别错误的鸡只
140	计算鸡群的均匀度（变异系数%）以决定光照刺激程序
	如果鸡群的均匀度好（变异系数小于10%），执行正常的光照刺激程序
	如果鸡群的均匀度差（变异系数大于10%），光照刺激时间应该推迟7~14天

限饲期内的日常工作日程见表5-17。

表5-17 限饲期每日工作安排表

时间	工作内容
8：30-10：00	喂料、选鸡
10：00-12：00	选鸡、备料、维修鸡床、隔栏、料线等设备
12：00-13：00	吃饭、休息
13：00-14：00	维修饮水器、带鸡消毒
14：00-16：00	选鸡
16：00-17：00	*周工作安排
17：00-17：30	做报表，洗刷鸡舍内胶鞋等，整理工作间，做鸡舍外、风扇等卫生

*周工作安排：①周一、周四冲水线，翻垫料；②周二、周五做料线、水线、隔栏、风扇等舍内卫生；③周三、周六做灯泡卫生，翻垫料；④周日称鸡，做舍外水帘房、水沟等卫生

注意事项：①加强选鸡工作，每次选进或选出鸡只数应平衡；②若有其他工作安排应以实际工作安排执行；③每周按规定时间称鸡

三、预产阶段的饲养管理

21~25 周龄也称为预产阶段，这个阶段内的肉种鸡骨骼和体形发育接近完成；生殖器官对光照和饲料营养的敏感性增强，并进入快速发育时期。应该说这个阶段是为即将到来的繁殖期做准备的一个过渡阶段。

（一）预产阶段鸡群的生理变化

1. 生殖系统快速发育 进入 21 周龄后母鸡的卵巢和公鸡的睾丸开始进入快速发育阶段，如果在这个阶段光照时间延长、饲料营养水平升高，就会在短短的 4 周内使母鸡卵巢的重量比 20 周龄增加 10 倍以上，公鸡睾丸重量增加 4 倍以上。如果要控制种鸡的性成熟期，即控制性腺的发育，则这个阶段的重点是控制光照时间和饲料中的蛋白质含量。

2. 生殖激素分泌增多 预产阶段的后备种鸡随着性腺的发育，体内性激素（促卵泡素、排卵诱导素、雌激素、雄激素等）的分泌量迅速升高。短时期内部分激素分泌的迅速增加对于机体来说会造成一些生理应激，使鸡只对各种外界因素变化的反应更敏感。

3. 骨骼重量增加 这个阶段种母鸡骨骼重量增加约 14 克，其中约 6 克为髓质骨，这是在雌激素刺激下形成的，是性成熟母鸡所特有的。髓质骨在繁殖期间可以为蛋壳的形成提供钙的来源。如果形成受阻，会造成产蛋早的个体出现缺钙问题。

4. 法氏囊逐渐萎缩 在雌激素和雄激素的作用下，母鸡和公鸡的法氏囊开始萎缩。这样等于鸡只失去一个免疫器官，在这个阶段可能会使鸡只的免疫机能下降。

（二）预产阶段的环境条件控制

1. 光照控制 这个阶段的后备鸡群在加光刺激后经过 3 周时间就会开产，一般要求母鸡加光时的体重要达到 2 600 克以上（不同配套系的体重略有差异），因此，在考虑加光时间的时候需要充分考虑鸡群的实际体重发育情况，尤其是要注意小体重栏内鸡只的体重。此外，加光时间还需要考虑鸡只的鸡冠发育情况，如果鸡冠小而且颜色发黄则说明体内雌激素含量不足，不适宜加光，群内约有 80% 的鸡只鸡冠发红则是加光的合适时机；耻骨间距也是判断鸡只性成熟度的指标，鸡群中耻骨开放度达到 3 厘米以上的个体比例超过 8% 的时候也是开始加光的重要参考标准。

在鸡群体重和体格发育符合标准的情况下，通常从 22~23 周龄开始加光。加光的幅度控制，第一次加光应在原有光照时间（6~8 小时）的基础上增加 2 小时，以后连续 3 周每周光照时间递增 1 小时，此后每周递增 30 分钟，当日光照时间达到 15 小时保持稳定。

从第一次增加光照时间开始，将光照强度从 5 勒克斯逐渐（4 周内）升高到 60~80 勒克斯。增强光照强度也能够对种鸡的生殖系统产生刺激。

增光刺激与成熟体重的一致性，是实施增光措施的基本要求。过早会使鸡体失去对光照刺激的敏感性，导致延迟开产。如果鸡群出现体成熟推迟或成熟提前时，应推迟 1~2 周进行增光刺激，而在性成熟和体成熟同步提前的鸡群，则应提前增加光照刺激。另外，开放式鸡舍饲养的肉种鸡，一般逆季生长鸡群提早进行增光刺激，防止开产过迟；顺季生长鸡群则应推迟 1~2 周，以防止开产过早。

（1）顺季鸡群预产期光照控制：3~8 月白昼时间逐渐延长，此阶段开产的鸡群属于顺季鸡群，半开放式鸡舍比较难控制光照，可以考虑在开产前推迟加光或不加光，以防止鸡群早产；对封闭式鸡舍而言，则可以根据原来的光照制度，在 21~22 周进行加光，在开产时，光照时间达到 13.5 小时即可。

（2）逆季鸡群预产期光照控制：9 月至翌年 2 月白昼时间逐渐缩短，此阶段开产的鸡群属于逆季鸡群，可以完全使用自然光照，在 21 周时再进行加光，使开产时光照时间也要达到 13.5 小时。

2. 其他环境条件控制　鸡舍温度应在 15~27℃ 之间，不能出现短时间内温度的突然变化；鸡舍内的相对湿度控制在 55% 左右；合理组织通风换气，保证鸡舍空气质量良好。

（三）预产阶段的饲料与喂饲

1. 限饲方式　种鸡进入预产期后，为了满足鸡群快速发育的需要，限饲力度逐步降低，由前期的 3/7 限饲、2/7 限饲等过渡到每天饲喂，放料速度加快，料量逐步增加；周增加料量控制在 5~8 克/只鸡比较适宜，一般每周加料 2~3 次，每次不超过 3 克/只鸡，逐步达到适宜的开产料量（开产料量为预设高峰料量的 80%~83% 比较适宜），因为此阶段如果限饲过严，会导致性成熟极度推迟；19~20 周后如果超量饲喂，则会直接导致种鸡子宫结构异常，产蛋期蛋品质差，脱肛鸡增多。

2. 后备料逐步过渡到预产料　种鸡预产期快速发育的特点要求必须提高饲料中的营养水平，后备料中粗蛋白水平低（15%~16%），粗纤维含量高，氨基酸水平低，钙含量低，各种指标均达不到预产期的营养需要；因此，在 20 周左右必须由后备料过渡到预产料，以促进卵泡的发育，髓骨的形成（髓骨是钙的贮备库），让母鸡产前在体内贮备充足的营养和体力，同时经过预产阶段预产料的使用，可以提高初产期种鸡对高钙饲料的适应性，最大限度地减少营养性腹泻的发生。对于发育状况较差的鸡群，预产料饲喂应延长 1 周，以促进其生长发育。

3. 对鸡群中不同体型的日采食量进行重新调整　根据体型大小采取不同的料量标准，大体型鸡采食大料量、小体型鸡采食小料量，各体型之间的料量差异控制在 2~3 克/只鸡之间。因为此阶段鸡体骨架已发育完成，如果小体型鸡采用大体型一样的料量，会导致鸡只过肥。

4. 进入预产后期　临近开产时（一般为 24~25 周），当鸡群产蛋率达到 5% 时，必须过渡种鸡料，最迟不能晚于 10% 的产蛋率，以满足鸡群的营养需要，特别是对钙的需求。

（四）体成熟和性成熟的估测

种母鸡进入预产期后，增重和性腺发育处于最旺盛的阶段，为即将开产做机体上的准备，此时体征和性征都迅速发生变化，利用这些变化可正确估测开产时间，以便实行光照和增料计划。体成熟程度可由体重、胸肌发育和主翼羽脱换三方面综合评定。

1. 体重　体重是体成熟程度的重要标志，育成期体重应符合要求，如果前期体重超过标准，预测开产体重应比标准体重高一些。另外，应考虑生长期的季节不同，顺季鸡群开产体重轻一些，而逆季则重一些。

2. 胸肌发育 肌肉发育状况以胸肌为代表，21周龄时用手触摸鸡的胸部，胸肌应由育成期的"V"形发育成"U"形，但不应过肥（图5-18）。

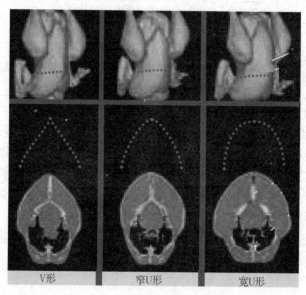

V形	窄U形	宽U形

图5-18 21周龄种鸡胸部发育情况

3. 主翼羽脱换 有关换羽研究表明，20周龄左右的鸡主翼羽停止脱换，此时虽有2~3根尚未更换，但会因性激素分泌量的增加而终止。如果主翼羽脱换根数少，说明鸡的体成熟和性成熟时间将会延迟。

4. 性成熟 母鸡产下第一枚蛋表明生殖系统发育成熟，开产前特征为冠和肉垂开始红润、耻骨开张，此时只要群体体征和特征表现明显集中，即表明鸡群已处于临产状态。

后备种鸡的体形评估参考表5-18。

表 5-18　后备种鸡体形评估

评判部位	评判标准
胸部丰满度	15 周龄时，胸部肌肉应完全覆盖骨骼
	适中呈 "V" 形，太瘦呈 "Y" 形，太肥呈 "U" 形
翅膀丰满度	20 周龄时，肥瘦程度较低，像小拇指尖的含肉量
	25 周龄时，肥瘦程度得到发育，像中指尖
	30 周龄时，肥瘦程度达到最高水平，像拇指尖
腹部丰满度	21 周龄时，耻骨间距约为 2 厘米
	25 周龄时，耻骨间距 3~5 指宽
	从 24~25 周龄开始，耻骨尖的脂肪积累可呈明显发展；29~31 周龄时，脂肪达到最大程度，正好充满一个人呈杯状的手掌

（五）预产阶段的管理

1. 架设网床　在 21 周龄的时候将鸡舍内两侧的垫料清理出去，将网床架设起来，中间 3 米依然作为垫料地面，形成"两高一低"的饲养方式。将母鸡的喂料和饮水系统移到网床上，引导鸡群到网床上活动。清理中间地面上的垫料并更换新垫料，将公鸡的喂饲系统设置在正中间。

如果采用"两段式"饲养工艺，在 18 周龄前安装好产蛋鸡舍的设备并进行消毒。在 19~20 周龄期间将鸡群从青年鸡舍转到成年鸡舍。

2. 放置产蛋箱　网床架设后将产蛋箱固定好，一端的 1/3 放在网床上，另一端悬吊在横梁上（图 5-19）。23 周龄前将产蛋窝前面的踏板抬起来挡在产蛋窝前面，23 周龄后放平，可以让鸡只进入产蛋窝，熟悉产蛋环境。产蛋箱一般为两层两侧式，每侧每层 6 个产蛋窝，一个产蛋箱有 24 个产蛋窝。其配备的数量按每 3.5 只母鸡 1 个产蛋窝为准。

3. 公母混群　限饲期间后备公鸡和母鸡分栏饲养，为了使它们能够在性成熟后顺利配种，通常在 21~22 周龄进行混群。在性成熟前混群的目的在于使公母鸡之间相互熟悉，减少刚混群时的相互适应所产生的应激对母鸡产蛋的影响。

图 5-19　种鸡舍内的产蛋箱

混群时，母鸡仍然处于原来的栏内，公母鸡按照 1∶10 的比例将公鸡放入母鸡栏。

如果是采用"两段式"饲养工艺，在 19 周龄时将公鸡先转入成年鸡舍，1 周后再将母鸡转入。

4. 卫生防疫　在肉种鸡性成熟前应完成主要疫苗接种，各种疫苗的接种时间和方法见第七章相关内容。

5. 转群　如果是采用"两段式"饲养工艺，在 19~20 周龄期间将鸡群从青年鸡舍转到成年鸡舍。

（1）成年鸡舍准备：转群前要将成年鸡舍打扫干净，安装各种设备并调试，进行彻底消毒。

（2）抓鸡：用围网将栏内的鸡群分批围堵，然后再抓鸡。避免在全鸡舍内抓鸡造成鸡只来回跑动所产生的应激。鸡舍灯光要昏暗。

（3）后备鸡的运送：如果用鸡筐运送则将鸡只逐只装入筐内，然后用车辆运送到成年鸡舍；如果是人工运送则需要抓住鸡只的双腿，每次每人只能抓 4 只（每只手 2 只）。

（4）注意事项：转群前至少停料 4 小时、停水 2 小时，以免运送鸡时由于倒提造成食物流入呼吸道；尽可能减少对鸡只造成的应激；所有参与转群的人员和用具必须经过严格消毒；天气情况不好或鸡群健康状况不好应推迟转群时间。

第二节　繁殖期肉种鸡的管理

25 周龄后种鸡群进入繁殖期，产蛋率、蛋重逐渐上升，产蛋率达到 30% 以上就可以作为种蛋使用。繁殖期肉种鸡群饲养管理的主要目标是提高产蛋率、种蛋合格率、受精率，减少死淘率。

一、繁殖期环境条件控制

繁殖期的父母代肉种鸡基本都是采用"两高一低"的饲养方式（图 5-20），大中型种鸡场一般都是使用密闭式种鸡舍，一些中小型种鸡场会使用有窗鸡舍，采用地面垫料饲养方式。

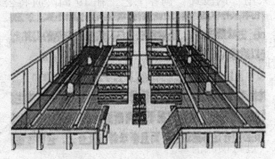

图 5-20　"两高一低"饲养方式

1. 鸡舍温度控制　繁殖期间种鸡生活范围内的最佳温度在 13~23℃ 之间，这个温度范围最有利于鸡群维持高的产蛋率、受精率和饲料效率，也有利于鸡群的健康。由于外界气候环境条件的变化，鸡舍内的温度也会发生变化，一般认为 8~28℃ 的温度范围都是可接受的。温度低于 8℃ 会导致产蛋率、受精率和饲料效率下降；温度高于 28℃ 则会使种鸡产生热应激反应，表现为采食减少、饮水增加、产蛋率和受精率下降。由于肉种鸡体格大、对高温的敏感性更强，温度超过 31℃ 就会出现严重的热应激。因此，夏季要注意采取降温防暑措施，冬季和早春有必要时采取加热措施，以保证鸡舍内合适的温度。

鸡舍内的温度要保持相对平稳，防止短时间内的突然变化，尤其是在低温季节要防止通风的时候早春鸡舍内局部温度的骤降，这是呼吸道疾病的主要诱发因素。

2. 鸡舍湿度控制 鸡舍内的相对湿度应保持在55%左右，防止潮湿。

3. 光照控制 经过预产阶段的加光程序后在产蛋期内每天的光照时间保持14~15小时，开灯和关灯时间要相对固定，淘汰前4周将光照时间延长为16小时。光照强度控制为80勒克斯。哈巴德父母代肉种鸡繁殖期光照控制参考标准见表5-19。

表5-19 哈巴德父母代肉种鸡繁殖期光照控制参考标准

周龄	日龄	光照时间（小时）	光照强度（勒克斯）
3~21	15~153	8	5
22	154	11	≥60
23	161	11	≥60
24	168	13	≥60
25	175	14	≥60
26	182	15	≥60
27	189	15.5	≥60
28周龄至淘汰	196日龄至淘汰	16	≥60

4. 通风管理 在温暖季节要保持鸡舍有若干个风机处于运行状态，使鸡舍内空气缓缓流动以不断进行换气，保持室内空气质量良好；炎热的季节在启用湿帘的同时要开启大多数乃至全部风机，加大舍内气流速度，缓解热应激；低温季节则要处理好鸡舍保温与通风的关系，防止通风造成的鸡舍温度骤降，也要防止为了保温而减少通风造成的舍内空气污浊。

5. 饲养密度 按照每平方米4只的密度。

二、饮水管理

1. 饮水设备 规模化肉种鸡饲养都是采用乳头式饮水器，饮水器的配备按照每 10 只鸡一个饮水乳头，水线的高度要高于种鸡背部 15~20 厘米，让种鸡抬头就能啄到出水乳头，鸡只走动时头部和尾部不会碰到出水乳头。

2. 保证饮水充足 一般情况下要求在有光照的时间内能够让种鸡随时喝到水。

3. 保持饮水清洁 饮水进入鸡舍前要经过过滤处理，水线每周要冲洗一次。

4. 其他 经常检查出水乳头有无堵塞或漏水，通过饮水添加药物或疫苗后 3 小时冲洗水线，在水线前段安装水表以便于了解鸡群的饮水量变化。

三、喂饲管理

1. 喂饲设备 通常种公鸡使用螺旋推进式喂料系统，一般安装在垫料地面的中间部位，为了防止母鸡偷吃公鸡饲料，常常将饲料盘提升到一定高度（高于垫料50~60 厘米），这个高度不影响公鸡采食，而母鸡由于身高不足而无法采食；但是，要注意每次喂料后观察公鸡的采食情况，必要时调整喂料系统的高度。母鸡常用链式喂料系统，设置在网床上面，为了防止公

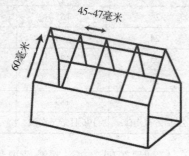

图 5-21　母鸡料槽上栅网的规格

鸡吃母鸡饲料，一般要在料槽上面安装栅网，网格的宽度（4.5~4.7 厘米）能够让母鸡头部出入，公鸡由于头部较大而无法伸进料槽内（图 5-21）；为了便于采食，母鸡的喂料槽通常架高 10~15 厘米（图 5-22）。有的种鸡场还会为公鸡佩戴鼻签，阻碍其偷吃母鸡饲料（图 5-23）。

图5-22　母鸡料槽通常要架高

图5-23　公鸡佩戴鼻签

2. 喂饲　肉种鸡每天喂饲1次，将全天的饲料一次性添加到喂料系统内。通常在上午9时以前完成喂料工作。喂料量按照所饲养的配套系提供的喂料量参考标准，在执行1周后决定是否需要调整。

3. 采食时间　是指产蛋种鸡采食当天饲料量所花费的时间，一般要求为2~4小时。

4. 饲料营养水平　产蛋期种鸡群的营养摄入量要随产蛋量的变化而调整（表5-20~表5-23）。

表5-20　罗斯父母代肉种鸡产蛋期营养摄入推荐标准

日产蛋率（%）	罗斯308			罗斯708		
	日能量摄入[千卡/(只·天)]	饲喂量[克/(只·天)]	饲喂量增加[克/(只·天)]	日能量摄入[千卡/(只·天)]	饲喂量[克/(只·天)]	饲喂量增加[克/(只·天)]
5	386	138	7	354	127	11
10	395	141	3	362	130	3
15	403	144	3	371	133	3
20	410	147	3	379	136	3
25	418	150	3	388	139	3
30	427	153	3	396	142	3
35	434	155	3	404	145	3

日产蛋率（%）	罗斯308			罗斯708		
	日能量摄入[千卡/（只·天）]	饲喂量[克/（只·天）]	饲喂量增加[克/（只·天）]	日能量摄入[千卡/（只·天）]	饲喂量[克/（只·天）]	饲喂量增加[克/（只·天）]
40	441	158	3	413	148	3
45	448	160	3	421	151	3
50	455	163	3	430	154	3
55	462	165	3	438	157	3
60	469	168	3	446	160	3
65	469	168		446	160	
70	469	168		446	160	
产蛋高峰	469	168		446	160	

注：表5-20格内的数据为四舍五入；产蛋量5%之前的饲喂量在115~135克，饲喂计划应做相应调整；均匀度好的鸡群产蛋率上升较快，饲喂量的增加应做相应调整，尽管表格中是每增加5%的产蛋率增加1次饲料，生产中也可以根据每天产蛋率进行加料；本表中喂料量是以饲料代谢能水平为2 800千卡/千克为基础的，如果不是这个水平则需要调整喂料量；如果环境温度高于或低于假定温度（20~21℃），也需要调整喂料量。

表5-21　AA+父母代肉种鸡产蛋期营养摄入推荐标准

日产蛋率（%）	日能量摄入[千卡/（只·天）]	饲喂量[克/（只·天）]	饲喂量增加[克/（只·天）]
5	380	136	7
10	388	139	3
15	397	142	3
20	405	145	3
25	414	148	3
30	422	151	3
35	429	153	2
40	436	156	3
45	443	158	2

续表

日产蛋率（%）	日能量摄入 ［千卡／（只·天）］	饲喂量 ［克／（只·天）］	饲喂量增加 ［克／（只·天）］
50	450	161	3
55	457	163	2
60	464	166	3
65	464	166	
70	464	166	
产蛋高峰	464	166	

注：同表 5-20。

表 5-22　罗斯 308 父母代种鸡标准体重和喂料量标准

周龄	母鸡体重（克）	母鸡料量 ［克／（只·天）］	公鸡体重（克）	公鸡料量 ［克／（只·天）］
29	3 395	135	4 120	168
30	3 435	136	4 150	168
31	3 465	136	4 180	168
32	3 490	137	4 210	168
33	3 510	138	4 240	168
34	3 530	138	4 270	168
35	3 550	139	4 300	168
36	3 570	140	4 330	167
37	3 590	140	4 360	166
38	3 610	141	4 390	166
39	3 630	141	4 420	165
40	3 665	142	4 450	165
41	3 670	142	4 480	164
42	3 690	143	4 510	163
43	3 710	143	4 540	163
44	3 730	144	4 570	162
45	3 750	144	4 600	162
46	3 770	144	4 630	161

周龄	母鸡体重（克）	母鸡料量 [克/（只·天）]	公鸡体重（克）	公鸡料量 [克/（只·天）]
47	3 790	145	4 660	160
48	3 810	145	4 690	160
49	3 830	146	4 720	159
50	3 850	146	4 750	159
51	3 870	147	4 780	158
52	3 890	147	4 810	157
53	3 910	148	4 840	157
54	3 930	148	4 870	156
55	3 950	149	4 900	156
56	3 970	149	4 930	155
57	3 990	149	4 960	155
58	4 010	150	4 990	154
59	4 030	150	5 020	153
60	4 050	151	5 050	153
61	4 070	151	5 080	152
62	4 090	152	5 110	152
63	4 110	152	5 140	151
64	4 130	153	5 170	150

表5-23　产蛋高峰后减料原则

高峰产蛋率	减料原则
产蛋高峰≤79%	①第一、二周，按12千卡/（只·天）减少料量；②第三周开始，每周按1~3千卡/（只·天）开始减少料量，直至减料达到高峰料量10%为止；③如果料量减少，产蛋率下降比预期要快，应恢复到原来水平，在5~7天后再减料
产蛋高峰80%~83%	①第一、二周，按16千卡/（只·天）减少料量；②第三周开始，每周按1~3千卡/（只·天）开始减少料量，直至减料达到高峰料量10%为止；③如果料量减少，产蛋率下降比预期要快，应恢复到原来水平，在5~7天后再减料
产蛋高峰≥84%	维持高峰料量直至产蛋率下降到83%，然后每周按照2.5千卡/（只·天）减少料量，直至减料量达到高峰料量10%为止，时刻关注产蛋率与料量的关系

四、体重监控

在种鸡产蛋期间，可以每间隔 1 周抽测 1 次种鸡体重，与标准体重进行对比，防止体重超标或不达标。通过对比调整喂料量或饲料营养水平。

五、种公鸡的管理

1. 尽量避免公鸡体重超标　刚混群后到 23 周龄前，公鸡可能会偷吃到母鸡饲料（公鸡头部能够伸进母鸡料槽上的栅格），这会造成公鸡的采食量超过标准喂料量，造成体重超标。体重超标会影响公鸡的配种能力，更容易出现腿部疾病。

当然，种公鸡营养不足也是会发生的问题。这种情况主要出现在产蛋的早期阶段，主要原因是公鸡的交配频率高，而公鸡尚未达到体成熟或生理成熟，营养需要量较高。如果公鸡营养不足会显得精神不振、啼鸣减少，鸡冠变软而且颜色变浅，体重不达标，如果不及时发现和处理将会严重影响其配种能力。

2. 公母配比　每只种公鸡能够负担配种的母鸡数量会随周龄大小而有变化，合适的配比可参考表 5-24。

表 5-24　AA+父母代种鸡公母配比参考标准

周龄	日龄	每 100 只母鸡需要的公鸡数量（只）
22~24	154~168	9.5~10
24~30	168~210	9~10
30~35	210~245	8.5~9.75
35~40	245~280	8~9.5
40~50	280~350	7.5~9.25
50 周龄至淘汰	350 日龄至淘汰	7~9

种公鸡数量偏多会出现交配过度的问题，如果发现种母鸡头部及尾根部的羽毛散乱、折断，背部羽毛脱落等，有可能是交配过度的表现。交配过度会造成母鸡体况变差，产蛋率、种蛋受精率下降。过度

交配在 26~27 周龄开始表现，在 30 周龄表现最明显。当发现有过度交配现象时就应该将多余的公鸡挑出。

3. 公鸡评价 每周都要对公鸡的情况进行评价，淘汰不活跃、不交配的公鸡。留下的种公鸡应该是体重合适、比较机警和活跃、体况良好、腿部和脚趾挺直健壮、站姿挺拔、羽毛完整、肌肉结实、鸡冠和肉髯鲜红、肛门湿润。

图 5-24　引起公鸡跛行的脚垫

4. 防止肉用种公鸡脚趾损伤 如果采用棚架饲养，则棚条的间距应不超过 3 厘米，否则会损坏公鸡的脚趾（图 5-24），影响受精率。

5. 制订公鸡替换方案 产蛋期鸡群中公鸡的死亡及病弱淘汰，会使鸡群中的公母比例下降。因此，在鸡群 40~46 周龄时可按比例加入年轻的公鸡，用不同批次的公鸡实行替换。此法可显著提高鸡群后期的受精率。为避免不同批次间鸡只疾病的传播，应对替换的公鸡进行隔离饲养，新公鸡在天黑前 1 小时放入，并均匀地分配在整个鸡舍。

六、配种管理

在父母代肉种鸡繁殖期一般都采用在大群配种，通常以组成 500~1 000 只的配种群为好。所选配的公鸡无论是体重还是性能力，在各配种群间应搭配均衡，在放入母鸡群时，应均匀地分布到鸡舍的各个方位，以保证每只公鸡都能大致均衡地认识相同数量的母鸡。更换替补新公鸡时应在天黑前后进行，避免因斗殴致残。

七、种蛋管理

1. 种蛋收拣 肉种鸡生产中要勤捡蛋，减少蛋在产蛋窝和鸡舍内的停留时间。一般要求上午 10 时和 12 时、下午 2 时和 6 时各捡蛋

1 次。种蛋收集时将不合格的种蛋单独挑出存放。

2. 种蛋早期处理　种蛋收集后及时运送到种蛋库，经过码盘后进行熏蒸消毒（按每立方米消毒空间使用福尔马林 30 毫升、高锰酸钾 15 克，密闭熏蒸 20 分钟），然后在蛋库内存放，等待孵化。

3. 减少窝外蛋　产蛋箱数量要足，至少达到每 4 只母鸡要有一个产蛋窝；产蛋箱（窝）不要放在光线太强的地方；产蛋窝内的垫料要干净、松软，定期更换，以吸引雌性家禽进窝产蛋；注意产蛋窝外的个体并及时将其放入产蛋窝。发现有窝外蛋要及时收拣，防止其他母鸡看到后也模仿在窝外产蛋。

八、日常管理

1. 产蛋期各阶段管理要点　见表 5-25。

表 5-25　产蛋期肉种鸡管理要点

日龄	管理要点
147~161	进行第一次加光（不能早于 147 日龄）
	观察和记录每周体重
47~168	混群——确切的混群时间取决于种公鸡与种母鸡相应的性成熟情况
	未达到性成熟的公鸡绝不能与达到性成熟的母鸡混群
	如果种公鸡性成熟早于母鸡，应该将种公鸡逐渐混入到母鸡群
	观察和记录每周体重
168~175	饲料更换为产蛋鸡饲料，换料不能迟于 5% 产蛋率
161~196	见蛋后根据日产蛋率、日蛋重及体重增加料量
	观察和记录每周体重
210 日龄至淘汰	观察公鸡体况，做好公鸡管理
	淘汰不配种或配种能力差的公鸡并保持适当的公母比例
	观察和记录每周体重
245 日龄至淘汰	产蛋进入高峰后 35 天（大约在 252 日龄）开始减料
	每周应该检查喂料量，根据日产蛋率、日蛋重、总产蛋重及体重决定减料量

2. 产蛋期工作日程 产蛋期工作日程见表5-26。

表5-26 产蛋期每日工作安排

时间	工作内容
8：30~9：00	喂料
9：00~10：00	收蛋
10：00~11：00	维修鸡床、隔拦、料线等设备
11：00~12：00	收蛋
12：00~13：00	吃饭、休息
13：00~14：00	收蛋
14：00~16：00	＊周工作安排
16：00~17：00	收蛋
17：00~17：30	做报表，洗刷鸡舍内胶鞋等，整理工作间，做鸡舍外、风扇等卫生

＊周工作安排：①周四冲水线，翻垫料；②周二、周五做料线、水线、隔栏、风扇等舍内卫生；③周三、周六做灯泡卫生，翻垫料；④周日称重，做舍外水帘房、水沟等卫生

注意事项：①加强捡蛋工作；②若有其他工作安排应以实际工作安排执行；③每周按规定时间称鸡

第六章

商品白羽肉鸡生产

白羽快大型肉鸡是当前生长速度最快的肉用鸡类型，也是提供动物食品效率最高的畜禽类型。在绝大多数发达国家的肉鸡生产中，都是以白羽快大型肉鸡为主要品种类型。我国白羽肉鸡和黄（麻）羽肉鸡的养殖量基本相近，在长江以北各省区养殖较多的是白羽大型肉鸡，在长江以南地区则以黄（麻）羽肉鸡的养殖为主。我国的大型肉鸡产业集团基本都是以白羽肉鸡为主要产品的。

白羽肉鸡生产是国内集约化程度最高的畜禽养殖类型，规模化养殖的比例高达90%以上。而且，主要集中在为数不多的一些大型肉鸡企业集团，如河南永达食业集团、河南大用集团、华英农牧股份、河南双汇集团、福建圣农集团、山东益生农业股份、青岛九联集团股份有限公司、诸城外贸有限责任公司、山东凤祥（集团）有限责任公司、山东六和集团有限公司、山东莱阳春雪食品有限公司、北京华都肉鸡公司、北京大发正大有限公司、正大集团（中国）、天津大成公司、山西粟海集团有限公司、辽宁仁泰食品集团有限公司、吉林德大公司、安徽嘉吉公司、江苏海门京海肉鸡集团公司、陕西华秦肉鸡有限责任公司等，都是国内知名的肉鸡产业化企业。大型肉鸡生产和加工一体化企业生产的鸡肉占我国白羽肉鸡鸡肉总产量的80%以上。

第一节　快大型商品肉鸡的饲养方式

饲养方式就是肉鸡的生活平台。目前，在肉鸡生产中使用的饲养方式有多种，各种方式各有利弊，在选择饲养方式的时候需要结合本场的具体情况进行权衡。

一、地面垫料平养

地面垫料平养是肉仔鸡生产中常用的饲养方式，即在地面铺设10厘米厚的垫料，雏鸡从入舍到出售一直生活在垫料上。肉仔鸡生长迅速，性情温驯，不好活动，特别适合地面饲养（图6-1、图6-2）。而且地面垫料饲养肉鸡，有利于腿部的发育。冬季垫料发酵产热，保持地面温暖。常用垫料有稻壳、碎稻草、碎麦秸、锯末等。优质垫料应具备以下特点：重量轻而不易被吹飞，颗粒大小适中，吸湿性强，易迅速干燥，柔软并有弹性、无尖刺，导热性低，无霉变、无粉尘、无异味，耐用，价廉，适宜作肥料出售。碎稻草和碎麦秸的长度小于10厘米。国外也有用揉碎的废旧轮胎颗粒作为垫料的。国内目前使用最多的是稻壳（图6-3）。

图6-1　地面垫料平养的肉鸡（1）

图6-2　地面垫料平养的肉鸡（2）

图6-3　肉鸡舍内地面摊平的垫料（稻壳）

这种饲养方式的优点：肉鸡活动量较大，喂饲方便，通风和光照容易控制，设备投资少，胸囊肿和腿病的发生率较低。缺点：肉鸡与粪便接触，感染球虫和细菌的概率高，药物使用成本高，垫料成本高，卫生管理难度大，热源利用效率低。

地面垫料平养的管理要点：保持垫料的干燥、松软、厚薄均匀和卫生是日常管理的重点。

在肉鸡接入鸡舍前对鸡舍进行全面清洗和消毒后，铺上 8~10 厘米厚的新垫料，并用高效低毒消毒药喷洒，消毒垫料。使垫料保持 20%~25% 的含水量。当含水量低于 20% 时，垫料中的灰尘就成了严重问题；当含水量高于 25% 时，垫料就变潮湿并结成块状。

二、网上平养

离开地面 50~60 厘米高度设置平网，肉仔鸡整个饲养期都生活在网上，采食、饮水、活动、休息均在网床上，粪便通过网孔掉落在网床下（图6-4、图6-5）。

建造时首先用钢筋、竹片、木板条等搭建架子，然后在架子上铺硬塑料平网。每 1 000 只肉鸡需要 35 千克规格为 3 号的塑料平网。

图 6-4 肉鸡网上平养的网床

图 6-5 网上平养的幼龄肉鸡

网上平养最大的优点是减少了肉鸡和粪便接触的机会，能及时清走粪便，舍内的氨气和尘埃量较少，减少了球虫病、呼吸道病和大肠杆菌病等的发病率，提高了成活率，肉鸡的健康状况和产品的卫生质量更好。这种饲养方式的缺点是如果垫网较硬，肉鸡的腿病和胸部囊

图 6-6 网上平养的后期肉鸡

肿的发病率会较高，如果网床设计不好会使雏鸡掉到床下。网上平养要求使用较多的料桶和饮水器，鸡稍走几步即能有吃有喝；否则，肉鸡可能因为在网上行动不便而减少采食量，从而影响生长与上市体重（图 6-6）。

采用网上饲养方式的肉鸡群其清粪方式有两种：一种是每天定时清粪，另一种是鸡群出栏后一次性清粪。在粪便能够保持干燥、外界温度较高的地区可以采用一次性清粪，在这种情况下可以适当加大通风量，粪便中水分含量低，微生物发酵产生的氨气、硫化氢等较少，粪便不会对鸡舍内环境造成较大影响。而在外界温度低、粪便较稀的情况下，最好是采用每天定时清粪，避免粪便在鸡舍内存放时间稍长而产生较多有害气体。

三、笼养

肉鸡的整个饲养期都在专门的肉鸡笼内饲养。肉鸡笼的结构和蛋鸡的育雏育成一体笼基本相同，只是笼的高度（深度）、铁丝的直径要适当加大，以适应肉鸡体格大、体重大的特点。

1. 阶梯式笼养　是当前笼养方式中使用较多的形式，笼底铺一层菱形孔塑料网，前网为双层，外层可以左右移动以调节栅格的宽度，防止雏鸡外逃并满足采食需要。一般为 3 层。使用乳头式饮水器，可以调节高度，能够满足不同日龄肉鸡的饮水需要。一般采用刮板式自动清粪设备，也有少数采用的是传送带清粪系统（图 6-7）。

图 6-7　阶梯式笼养肉鸡

2. 叠层式笼养　在国内的推广时间较短，应用范围较小，但是具有良好的推广前景。通常为 4 层，上下层之间有传送带用于定时清粪。有的叠层式肉鸡笼的底板是活动的，当肉鸡出栏的时候打开机关，底板打开，肉鸡从笼中掉落到粪便传送带上，通过传送带输送到鸡笼末端，由工作人员抓鸡装筐（图 6-8）。

肉鸡笼养的管理要点：底网上要铺菱形孔塑料网，防止雏鸡腿脚站不稳，减少胸囊肿和腿病；选择合适的出栏时期，不要迟于 6 周龄，因为肉鸡越大发生胸囊肿的概率越高。

肉鸡笼养方式的优点：单位空间内饲养肉鸡数量多，热源利用效

图6-8　叠层式笼养肉鸡

率高，饲养管理和卫生防疫操作方便，便于分群管理，肉鸡不接触粪便，卫生状况好，不用垫草，感染曲霉菌的概率小。缺点：鸡笼投资较大，通风要求严格，如果肉鸡逃出笼外会给免疫造成麻烦，运动量小；如果管理不当，胸囊肿和腿病的发生率较高。

第二节　肉鸡饲养环境控制

环境条件不仅影响肉鸡的生长发育速度、饲料效率，也会影响肉鸡的屠体组成，对肉鸡健康的影响更大。只有在饲养期间为肉鸡群提供良好的环境条件，才能保证肉鸡健康和高产。

一、温度控制

温度是肉仔鸡生产中最重要的环境条件，与成活率、生长速度、饲料转化率关系密切，合适的温度可以使网鸡保持良好的食欲和高的抗病力。

（一）肉鸡养殖温度控制标准

不同日龄（周龄）的肉鸡对环境温度的要求不同，总体是前期较高，随日龄的增大，环境温度逐渐下降。不同品种（配套系）的肉鸡对环境温度的要求基本相同，见表 6-1。

表 6-1　不同日（周）龄肉仔鸡的环境温度控制标准

日龄	鸡身体周围温度（℃）	室温（℃）
1~3	34~35	25~28
4~7	31~33	24~25
8~14	28~30	22~24
15~21	24~27	20~23
22~28	22~25	18~22
29 日龄~出栏	20~24	18~22

　　肉鸡身体周围的温度是指在肉鸡的生活区域内所直接感受到的温度，测定时可以将温度计放在肉鸡背部的高度进行测定。室温则是指肉鸡舍内距离地面 1 米高度所测得的温度；如果是笼养肉鸡舍，则是在走道中间距离地面 1 米高度所测得的温度。室温的高低对肉鸡身体周围的温度影响很大，在通风的时候鸡舍中部的空气会随气流到达鸡身体周围（图 6-9）。

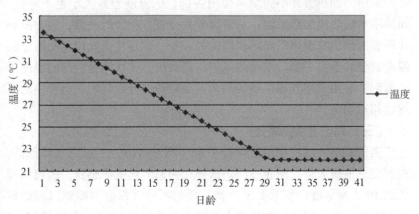

图 6-9　不同日龄肉鸡对温度的要求

（二）肉鸡舍内温度变化

在肉鸡舍内不同区域、部位的温度差别较大，对于大型肉鸡舍这种差异更明显。了解这种差异有助于鸡群的管理。

一般来说，鸡舍内靠近热源的地方温度较高，远离热源的地方温度较低；靠近进风口的地方温度偏低，靠近门窗的地方温度较低。从不同高度的温度分布看，平养鸡舍靠近鸡群的下部温度较高，中间部位略低；靠近上部的温度与外界温度有关，外界温度低则上部温度也低，外界温度高则上部的温度也高（图6-10）。

图6-10　温度测定

采用的加热方式不同则鸡舍内各部位的温度差异大小也不一样。如采用水暖热风加热系统，一般暖气片设置在鸡舍的一侧，通过散热片后部的风机将暖风吹向鸡舍内的另一侧，散热片所处位置及附近的温度就会高于另一侧。采用热风炉送风系统，往往鸡舍后部的温度低于前部。采用天然气加热器的鸡舍只要加热器分布均匀，鸡舍内的温度也相对均匀。

（三）鸡舍温度的管理

肉仔鸡鸡舍温度应尽量保持平稳（图6-11），不可以忽高忽低，夜间要有值班人员，防止夜间炉火熄灭引起雏鸡受凉感冒。肉鸡饲养的前10天对温度的要求非常严格，任何不适宜都会影响到肉鸡的健康和生长速度。因此，在生产上必须重点关注前10天的温度控制。5周龄之后的温度不宜低于20℃，温度低会造成饲料效率的下降，增加饲养成本；温度也不宜超过27℃，温度高会降低肉鸡的采食量，影响生长速度。温度过高还会造成热应激（图6-12）。

图6-11　温度适宜时雏鸡的表现　　图6-12　温度偏高致使部分肉鸡张嘴喘息

　　在整个肉鸡生产的过程中，晚上是温度控制容易出问题的时候，生产中大多数温度控制问题都发生在晚上。这是因为在晚上工作人员容易瞌睡，如果使用火炉地下火道或地上火龙加热，容易出现温度高低变化的问题；其次是晚上肉鸡休息多、活动少，缺少自主寻找合适温度的地方，容易受到高温或低温应激。因此，饲养肉鸡（尤其是前3周的肉鸡）一定要注意观察鸡群在夜间的表现，观察夜间的温度控制是否得当。

（四）低温季节的鸡舍温度控制

　　在肉仔鸡生产中，高温季节可以通过湿帘和纵向通风系统进行降温，其他温暖季节适当进行通风就能够保持适宜的舍温和良好的舍内空气质量。冬季和早春是鸡舍温度较难控制的季节，这个阶段外界温度低，如果进风口设置或管理不当，在通风的时候常常造成舍内靠近进风口处的温度会突然下降，容易造成肉仔鸡受凉而诱发感冒及其他疾病。

（五）看雏施温

　　生产中，不仅要及时查看温度显示（包括温度计、环境控制系统显示屏等）是否符合要求，而且必须根据鸡只的行为表现判断鸡舍温度是否合适。当温度适宜时，鸡只活泼好动，羽毛光顺，食欲良好，饮水正常，在加热器附近分布均匀，粪便正常。如果育雏前期的温度不足，会影响肉鸡正常的生理活动，表现为靠近热源，在加热器下扎堆，行动迟缓，饮水、食欲减退，卵黄吸收不良，易引起消化道疾病，增加死亡率，严重时大量雏鸡会挤压窒息致死；中后期环境温度过低，会降低饲料的利用率。温度过高也会影响肉鸡正常代谢，表现为远离热源，展开翅膀，张口喘气，采食量减少，饮水增加，生长减缓（图6-13）。

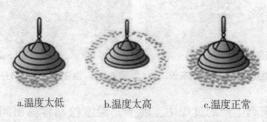

a.温度太低　　　　b.温度太高　　　　c.温度正常

图6-13　雏鸡对不同温度的反应

二、湿度控制

（一）一般控制标准

湿度是肉鸡生产中较为重要的环境条件之一，肉鸡饲养过程中环境相对湿度的控制要求：第一周为65%~70%，第二周为65%，第三周以后为60%左右。

（二）湿度控制不当的问题

环境湿度偏低，肉鸡绒毛容易脱落，前期的肉鸡脚趾干瘪，卵黄吸收不良，呼吸道黏膜干裂，直接造成肉鸡的弱雏或僵雏增多，呼吸道感染增加而使成活率下降。湿度过高，易形成高温高湿环境，影响体热的散发，使肉鸡感到不舒服。对于地面垫料平养的肉鸡，湿度高会使垫料变得潮湿，容易发生球虫病、大肠杆菌病、曲霉菌病等，不利于肉鸡生长，也不利于保证鸡肉的品质安全。

笼养肉鸡舍对湿度的要求范围相对较宽。

（三）鸡舍湿度的控制

实际生产中，湿度偏小的情况比较少见，只有在饲养的第1周而且采用地下火道加热方式的情况下才可能出现。增加湿度比较简单，方法是直接将水洒在墙壁上，另外也可增加喷雾消毒次数，既可增加湿度，又可消毒。

　　肉鸡生产中常见的是湿度偏高的问题（图6-14），尤其是在第3周之后肉鸡的饮水量和排泄量加大，呼吸过程中呼出的水蒸气多，饮水时常将饮水器内的水洒到地面，更容易造成鸡舍内潮湿。湿度过高时可通过增加通风换气来降低，也可在地面撒过磷酸钙粉，并注意饮水器是否漏水，及时更换饮水器周围潮湿垫料等措施来控制。

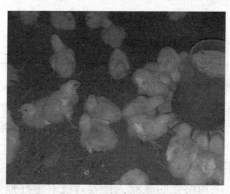

图6-14　垫料的含水率偏高

三、光照管理

　　对于肉仔鸡生产来说，鸡舍内的光照时间和强度会影响鸡群的采食、饮水、运动和休息，也会影响肉鸡的兴奋性。

（一）光照时间控制

1. 长光照　一般有窗式鸡舍经常采用长光照制度。具体为前3天，每天24小时连续照明，4天以后到出栏期间每天光照22小时、黑暗2小时；白天充分利用自然光照，夜间开灯补充光照。长光照能够保证肉鸡有足够的采食时间，随时可以采食和饮水。有的肉鸡场在第2和第3周对光照时间适当限制，控制肉仔鸡的采食量，有助于减少猝死综合征的发生，见表6-2。

表6-2 商品鸡光照程序

日龄	光照时间（小时）	黑暗时间（小时）	光照强度（勒克斯）
1~3	24	0	36
4~7	24	0	27
8~10	23	1	
11~21	22	2	
22~28	21	3	5~8
29~31	每天增加1小时		
32日龄~出栏	24	0	20

2. 间歇光照 密闭式鸡舍可以采用间歇光照制度，照明1小时让肉鸡采食、饮水和适当活动，之后黑暗2小时让肉鸡卧下休息。这种照明和黑暗交替进行，可以保证肉鸡休息，有利于增重，又节省电能。

（二）光照强度控制

前5天可以采用略强的光照，让雏鸡能够更好地熟悉生活环境，鸡舍内每平方米空间用6瓦的普通灯泡，要求鸡舍内的光照强度达到20勒克斯左右（图6-15、图6-16）；1周后光照强度逐渐减弱，每平方米空间有3瓦的普通灯泡就能够满足，光照强度约为12勒克斯。光线以人员能够看清鸡只的状态、饲料和饮水的状态为宜。弱光照可以保持鸡群安静，有利于增重，防止啄癖的发生。

图6-15 肉鸡舍光照设计

图6-16 有窗肉鸡舍的白天自然光照

（三）光线分布

鸡舍内的光线分布要尽可能均匀，避免光照死角。在布局灯泡的时候，要保证喂料系统和饮水系统附近的光线略强于其他位置。

四、通风控制

通风是肉鸡生产中对鸡群生产性能影响比较大、管理方面容易出现失误的环境条件。如果管理不当不仅增加生产成本，还可能使发病率和死亡率升高。

（一）控制标准

1. 鸡舍通风量　在实际生产中，许多饲养者在育雏初期往往只重视温度而忽视通风，造成肉鸡中后期腹水症增多。2~4周龄时如通风换气不良，有可能增加鸡群慢性呼吸道病和大肠杆菌病的发病率。中后期的肉鸡对氧气的需要量不断增加，同时排泄物增多，必须在维持适宜温度的基础上加大通风换气。通风量计算用 3.6~4.0 米³/（小时·千克体重）（表6-3）。冬季气流速度为 0.2 米/秒，夏季加大气流速度到 1 米/秒（表6-4）。

表6-3　肉鸡通风量

鸡只体重（千克）	每1 000只鸡所需的通风量（米³/千克体重）	
	寒冷季节（最多 0.015 5 米³/千克体重）	炎热季节（最少 0.015 5 米³/千克体重）
0.2	7.8	78
0.5	15.6	156
1.0	23.4	234
2.0	31.2	312
2.5	39.0	390
3.0	46.7	467
3.5	54.5	545

表6-4　不同体重鸡只的通风量

日龄	体重（千克）	最小通风量（米³/小时）	最大通风量（米³/小时）
1	0.05	0.074	0.761
4	0.1	0.125	1.28
8	0.2	0.21	2.153
10	0.3	0.285	2.919
13	0.4	0.353	3.621
15	0.5	0.417	4.281
17	0.6	0.479	4.908
19	0.7	0.537	5.510
20	0.8	0.594	6.09
21	0.9	0.649	6.653
22	1	0.702	7.2
25	1.2	0.805	8.255
27	1.4	0.904	9.267
29	1.6	0.999	10.243
32	1.8	1.091	11.189
34	2	1.181	12.109
36	2.2	1.268	13.006
38	2.4	1.354	13.883
40	2.6	1.437	14.42

2. 有害气体与粉尘浓度　鸡舍内的有害气体主要是氨气、硫化氢，这两种气体浓度高的时候会对肉鸡的呼吸道黏膜和眼结膜产生刺激，造成水肿，降低其对病原微生物的抵抗力。二氧化碳含量常常作为鸡舍内空气质量的间接评价指标，当其含量偏高的时候常常说明鸡舍通风不良，有害气体的含量也偏高。

一般要求肉鸡舍内的氨气含量不能超过20毫克/米³，在饲养后期不宜超过28毫克/米³；硫化氢的含量应控制在10毫克/米³以下，饲养后期不宜超过15毫克/米³。

鸡舍内空气中的粉尘含量也会影响鸡呼吸道黏膜的健康，粉尘上常常有微生物的附着，空气中粉尘含量越高则空气中微生物的浓度也越高。粉尘含量超过 450 毫克/米^3 就会影响鸡群的健康。

3. 气流分布　在通风的时候要尽可能地保证气流在鸡舍内的均匀分布，避免出现间隙风。如果气流分布不均匀，会使鸡舍内不同区域在垫料湿度、空气质量等方面出现差异，气流缓慢的区域常常垫料湿度高、有害气体和粉尘浓度高，这些区域内的肉鸡发病率也高。低温季节，在气流速度偏快的区域内容易出现温度下降幅度大，容易诱发呼吸系统疾病。

气流的分布主要受排风扇和进风口的安装位置和数量、风扇功率大小等因素的影响。一般来说，进风口应该设置在鸡舍的前端山墙上，基本上占据整个墙面，这样能够保证风进入鸡舍后的均匀分布，也可以减小局部气流速度过快的问题。风机的开启数量、开启的风机所处位置都会影响到鸡舍内局部的气流分布（图 6-17）。

（二）通风控制措施

1. 低温季节的通风控制　在肉鸡生产中，通风管理的关键在冬季。因为，冬季由于外界温度低，许多肉鸡场关闭鸡舍门窗，减少通风以保持舍内合适的温度。但是，由于注意了保温而忽视了通风，常常造成鸡舍内空气污浊、垫草潮湿、疾病发生较多，尤其是呼吸系统疾病。冬季通风要注意把握通风时间和方法，可以在每天中午前后外界温度较高的时候通风，在进风口设置挡板以避免冷风直接吹到肉鸡身上。如果有条件，可以使用热风炉，使进入鸡舍的空气是热的，就可以避免冬季通风所带来的问题（图 6-18）。

图 6-17　安装在鸡舍末端的风机

图 6-18　安装在鸡舍两侧墙上的进风窗

为了防止低温季节通风时进风口附近温度的快速下降，一些肉鸡场在鸡舍的上部安装了通风管，在管道上有许多小通风孔，通风管的两端位于鸡舍外并能够控制进风量（图6-19）。这样在通风时可以控制进风口的数量、位置，进风量的大小，能够避免通风时气流分布不匀和局部降温过快的问题。

图 6-19 安装在鸡舍上部的通风管

2. 高温季节的通风控制 在高温季节的中午前后，外界温度常常超过30℃，甚至达到35℃，未经处理进入鸡舍的空气温度很高。在鸡舍内由于肉鸡的高密度饲养，自身散发出的总热量很大，当通风过程中进入鸡舍的空气温度偏高的时候，就会造成肉鸡身体周围的温度增高，对于22日龄以后的肉鸡就可能出现热应激，严重时会导致部分肉鸡出现中暑。这也提示生产者高温季节要注意及时调整加热设备的开启时间和数量，防止鸡舍内外温度的叠加影响。在10日龄后鸡舍就需要保持有风机昼夜启动以保证鸡舍内空气的质量，随肉鸡日龄的增大则风机的开启数量应逐渐增加。

7日龄后肉鸡的饲养过程中，要注意在保证温度适宜的前提下适当加大通风量，尤其是在20日龄后、外界温度高的时间段更应注意通风降温。10日龄以后的肉鸡在外界温度超过30℃时，20日龄以后的肉鸡在外界温度超过28℃时，30日龄以后的肉鸡在外界温度超过26℃时，就有必要开启纵向通风和湿帘降温系统。

3. 常温季节的通风控制 在外界温度适宜的暮春和初秋，对于5~15日龄的肉鸡群应在中午前后打开若干风机用于通风；15日龄后的鸡群昼夜都应有一定数量的风机启动，只是白天比夜间开启的风机数量多一些。常温季节的通风控制原则是在保持鸡舍内温度适宜的前提下，通过通风保持良好的空气质量。

除常见的纵向通风和正压送风外，一些鸡舍采用顶部排风管（可以调节风量大小）排风方式，打开不同部位的排风管可以调节相应区域的气流及空气质量（图6-20）。

图6-20 鸡舍顶部的排风管

五、饲养密度

肉鸡的饲养密度会对鸡舍环境造成很大影响，而且也会对鸡群的活动、应激造成一定的影响。合适的饲养密度可以保证均匀采食、生长均匀一致和高的成活率。有人进行实验，将肉鸡群分为高密度组和适中密度组，了解饲养密度对生产效果的影响。实验结果表明，从7~28日龄的肉鸡饲养中，高饲养密度组28日龄的肉鸡的平均体重要低于适中饲养密度组的肉鸡，高密度组肉鸡采食量也有降低的趋势。从29~42日龄的肉鸡饲养中可以看出，高密度组42日龄的肉鸡的日增重低于适中饲养密度组的肉鸡，而料重比、日采食量等有增加的趋势。高饲养密度能够显著提高肉鸡的腹脂率，但对全净膛率、胸肌率、腿肌率没有显著影响。高饲养密度能够显著降低胸肌pH值，同时显著提高胸肉的滴水损失，另外也有降低腿肌中的粗蛋白质的趋势。

不同周龄的肉鸡采用不同的饲养方式时，对饲养密度的要求见表6-5。

表6-5　快大型肉仔鸡各周龄饲养密度

周龄	1	2	3	4	5	6	7
周末平均体重（克）	165	405	730	1 130	1 585	2 075	2 570
垫料地面（只/米^2）	30	28	25	20	16	12	9
网上平养（只/米^2）	40	35	30	25	20	16	11

生产中常见的问题是饲养密度偏高。当密度过大时容易使鸡舍内的垫料潮湿、脏污，肉鸡羽毛脏乱、腿病增多，寄生虫病、大肠杆菌病和呼吸道疾病增加，增重较慢，均匀度低，弱残鸡较多。饲养密度过大还会造成鸡舍内有害气体含量、粉尘浓度升高，夏季还容易导致鸡舍内的温度和湿度偏高。

气候条件也能影响肉鸡的饲养密度，哈巴特公司推荐的肉仔鸡饲养密度标准见表6-6。

表6-6　哈巴特公司推荐的肉仔鸡饲养密度

平均活重（千克）	温和气候		炎热气候	
	只/米^2	千克/米^2	只/米^2	千克/米^2
1.2	26~28	31.2~33.6	22~24	26.4~28.8
1.4	23~25	32.2~35.0	18~20	25.2~28.0
1.8	19~21	34.2~37.8	14~16	25.2~28.0
2.2	14~16	30.8~35.2	11~13	24.2~28.6
2.7	12~14	32.4~37.8	9~10	24.3~27.0
3.2	10~12	32.0~38.4	8~9	25.6~28.8

在实际生产中，有的肉鸡场结合季节特点控制饲养密度：寒冷季节为了降低燃料费用，1～10日龄为25～30只/米^3；11～20日龄为

20~25 只/米³；21~30 日龄为 16~20 只/米³；30 日龄以后扩群完毕，按 12~15 只/米³ 饲养就可以了。如果是夏季育雏，一开始就按 12~15 只/米³。

饲养密度低则会使资源浪费。在生产实践当中，饲养密度的控制原则一般是：当鸡群卧下休息的时候地面或网上要有 1/4 的空闲部分。

目前，在肉鸡生产实践中有很多肉鸡养殖场和养殖户追求高密度饲养（图6-21），希望在固定的空间内饲养更多的肉鸡、产出更大量的鸡肉。而这往往带来的是鸡舍空气质量恶化、鸡群整体生长速度偏低、疾病问题多发。从健康养殖角度看（尤其是鸡肉的质量安全）是得不偿失的。当然饲养密度偏小（图6-22）造成场地浪费。适中密度如图6-23 所示。

图 6-21　饲养密度偏高

图 6-22　饲养密度偏小

图 6-23　饲养密度适中

第三节 肉鸡的养前准备

为了保证肉鸡养殖过程的顺利进行，在开始养殖之前需要做好相关的准备工作，以保证肉鸡开始饲养后能够有适宜的环境条件、良好喂饲和饮水供应、适宜的管理操作程序等。

一、鸡舍的准备

（一）鸡舍清理

当上一批肉鸡出栏后，要及时清理鸡舍。将粪便、旧垫料、剩余的少量饲料等集中清理。清理出的粪便、垫料要运送到离生产区至少100米以外的指定地方进行堆积发酵处理。

当清理完粪便和旧垫料之后，停2~3天待地面相对干燥后进行清扫，使用清扫工具将屋顶、墙壁、地面和固定设备表面的灰尘、散落的羽毛、残留的粪便与垫料等打扫干净。扫出的这些垃圾同样要与粪便一起堆积发酵，不能随地掩埋或抛撒。

鸡舍清扫完毕要进行冲洗，冲洗前要确认鸡舍内的总电源开关处于关闭状态。使用高压冲洗机对鸡舍进行冲洗，先冲洗屋顶、屋架，再冲洗墙壁和固定设备，最后冲洗地面，将它们上面附着的粉尘冲洗干净。第二次冲洗可以在水中添加消毒剂，使鸡舍内表面能够与消毒剂接触，杀灭其上面附着的微生物。每次冲洗后要及时将废水清扫出鸡舍。

（二）鸡舍维修

清扫干净的鸡舍可以闲置5~6周的时间，让其进行通风干燥。经过这段时间的闲置，使微生物失去生存和繁殖的环境而死亡，能够防止鸡病的循环感染。

在进鸡前7天需要进行鸡舍维修，主要检查屋顶、门窗的严密性，供水、供电系统的完好性。鸡舍要能防止鸟和老鼠进入，因为它们进入后会对鸡群造成骚扰，还可能传播疾病。鸡舍的所有开口处

（窗户、进气孔、排气孔、下水道口）都应用孔径为 1.0 厘米的铁丝网封闭。饲养场院内和鸡舍经常投放诱饵灭鼠，鸡舍内诱饵投放应在空舍期，进鸡前要及时收回。

（三）鸡舍消毒

鸡舍消毒应在舍内设备检修完成后一同进行（图 6-24、图 6-25）。

图 6-24　鸡舍清理后的喷雾消毒

图 6-25　整理消毒后的鸡舍

二、设备的准备

进雏前要将肉鸡饲养所需的设备配备齐全，坏的要修理好，达到能够使用的状态。

（一）供电系统检查

供电系统主要检查鸡舍内（包括操作间）的线路是否脱落，绝缘层有无破损，闸刀连接处和电线与用电设备连接处有无松动。

（二）加热设备的检查与调试

根据所使用的加热设备的特点进行相应的检修和调试。大型肉鸡场使用的燃气加热设备要检修输气管道和阀门，检查加热器和其上面的热反射罩、管道的连接处、热敏探头与自动控制系统等；水暖供热系统要分别检查锅炉、管道及其连接处、散热片和风扇、自动控制系统等；热风炉加热系统需要检查火炉、进风口、风机、通风管、自动控制系统等。电加热设备（保温伞、红外线灯等）要检查绝缘层、连接口、发热器等。采用火炉加热要注意排烟管有无腐蚀、漏气、堵塞，防止煤烟中毒；炉具分布要均匀，保证温度均匀稳定。

加热设备检查完毕需要在接鸡前 2~3 天进行试运行，一是检查各系统的运行是否正常，二是提早对鸡舍进行预热。

（三）喂料设备检查

1. 开食盘　为方形或圆形塑料浅盘（图 6-26），便于清洗消毒，盘的底部有小突起有助于防滑，1~2 日龄雏鸡开食用，80~100 只雏鸡需要一个开食盘。可以用料桶的底盘代替。一些肉鸡场使用塑料布作为开食的饲料垫布。垫布的长度约 1 米，宽度约 0.7 米。根据所养肉鸡的多少确定使用开食盘或垫布的数量，使用前进行清洗和晾晒。

图 6-26　雏鸡开食盘

2. 料桶　在一些小型或中型肉鸡场有使用料桶喂料的。料桶的规格大小不一，容量有 1~10 千克不同规格，雏鸡从第 3 天就可以改用料桶喂料。先小后大，在第 2 周一个 5 千克的料桶能够满足 40 只肉鸡的采食用，第 3 周能够满足 30 只；第 4 周以后可以使用 10 千克的料桶，每个料桶可以满足 40 只肉鸡使用；最后 10 天每 35 只肉鸡用一个 10 千克的大号料桶。料桶数量备足，用前同样需要清洗、消毒和晾晒。

3. 螺旋弹簧自动喂料系统　大型或中型肉鸡场使用的比较多，由料线、料盘组成，自动进料。在上一批肉鸡出栏后将其中剩余的饲料清理干净，将底盘扣打开放下，然后随同鸡舍一起用水冲洗干净，待鸡舍消毒后再扣上底盘扣。第 3 天可以将其吊绳放下，盘底基本接触到垫料或底网，并开始供料，以后随肉鸡日龄增大逐渐将吊绳升起，使料盘的边缘高度与肉鸡背部高度一致。如果使用螺旋推进式喂料系统，每 60~70 只肉鸡应该占有 1 个料盘（高温季节每 50~60 只肉鸡应该占有 1 个料盘）；如果使用链条式喂料机，则每 100 只鸡应占有的料槽长度为 1.5~2.0 米，高温季节应为 2.5 米。

（四）饮水设备的检修

1. 真空饮水器　容量有 0.5~10 千克多种规格，在鸡群 5 日龄前使用容量为 2 千克的饮水器，每个饮水器能够满足 70 只肉鸡使用。小型肉鸡场可以使用到 10 日龄，以后换成 5 千克容量的饮水器，也能够满足 60 只鸡使用，后期使用 10 千克容量的饮水器，每 80 只鸡一个。真空饮水器使用前检查有无破损和裂纹，将水球和底盘分开后进行清洗和消毒，晾干备用。

2. 乳头式自动饮水器　这是目前使用比较多的饮水设备，尤其是在大中型肉鸡场。通常 5 日龄前使用真空饮水器，5~10 日龄两种饮水器结合使用，10 日龄后完全使用乳头式饮水器。使用过程中必须注意结合肉鸡日龄调整水线高度，以方便肉鸡饮水。乳头式饮水器使用前要对水线进行冲洗和消毒，可以在水箱内添加消毒剂并接通自来水，然后打开水线末端的放水阀，使消毒水从中流过，起到消毒作用，之后用清水冲洗；检查每个出水阀（出水乳头）有无漏水或不出水。有的肉鸡场在使用前用水线清洗设备对水线内部进行刷拭，然后再用消毒水和清水冲洗。乳头式饮水器的每个乳头可以供 10~15 只肉鸡使用（高温季节可以供 6~10 只肉鸡使用）。

目前，有一种水线清洗器，用金属丝和毛刷组成，在水线使用前可以使用这种设备将水管的内壁刷洗干净。

3. 水管过滤器检修　当本批次肉鸡出栏后就应将水管过滤器取下，取出滤芯进行清理，必要时还应更换。在下一批肉鸡入舍前 2~3 天将清理后或新更换的滤芯安装好之后加装到水管上，保证饮水的质量。

（五）照明设备的检修

每10~15平方米的面积设1个灯座，备用40瓦和15瓦的灯泡各1个（如果使用LED灯泡则用5瓦和3瓦就可以）。或者每1 000只鸡配8个灯座，备用40瓦和15瓦灯泡各8个。

进鸡前要检查鸡舍光照自动控制仪，并按照最初的光照时间要求进行调整。先安装功率较大的灯泡，通电后检查光照情况。

（六）通风设备的检修

1. 风机的检修　鸡群出栏后应对风机（电源关闭）进行清理，将叶片、电动机、外框和百叶窗上面附着的灰尘等杂物清除干净。必要时可以进行冲洗消毒。进鸡前2天要逐个打开风机观察其运行情况，并及时加注润滑油。

2. 进风口的检修　一是检查湿帘的完整性，将其外面的罩布取下，检查蜂窝板有无老鼠啃的问题，检查四周与外框之间有无大的缝隙，检查蜂窝板的表面有无灰尘沉积，检查淋水系统是否能够正常运行；二是检查进风口的导流板控制系统是否运行正常。检查完毕后进行消毒。

（七）围网的检修

围网的作用是在最初几天将鸡舍内的空间分隔成若干小圈，每个小圈的面积在3~5平方米，能够饲养1~7日龄的雏鸡100~150只。将初级群围在一个小圈内是为了避免雏鸡跑散，使雏鸡接近热源。护围约45厘米高，设置时距离热源80~150厘米，随雏鸡日龄增加而逐渐扩大护围面积，至10日龄后撤去。护围一般使用网孔1厘米的金属网，冬季为了减少气流对雏鸡的影响，可以使用三合板。

在接鸡前围网需要经过清理和消毒，并提前1~3天在鸡舍内摆放好。摆放后要注意检查其稳定性，防止其翻倒伤及雏鸡。

三、饲料、药品和疫苗的准备

（一）饲料的准备

1. 肉鸡饲料的准备　一般在肉鸡入场前按照每只鸡130克的量准备，能够满足7日龄前的采食需要。

2. 前期饲料的准备 在设备检修的时候要检查室外料塔并进行清理、消毒和干燥处理。在 5 日龄时开始向料塔内输送饲料，根据料塔的容量确定输料量的多少。每次输入的饲料应能够保证鸡群 2~3 天的采食。前期颗粒饲料的直径和长度分别为 0.2 厘米和 1 厘米。

3. 后期饲料的准备 后期饲料通常在 25 日龄后开始使用。其颗粒的直径和长度分别为 0.3 厘米和 1 厘米。一般料塔内贮存的饲料量能够保证鸡群 2~3 天的采食需要。

中小型肉鸡场一般没有自动喂料系统或没有室外料塔，通常在进鸡前将各阶段的饲料一次性备足，存放在生产区内的饲料库中，中间不让饲料运送车辆进入生产区。

（二）常用药品和疫苗的准备

1. 常用药品准备 肉仔鸡用药要严格按照国家无公害鸡肉生产用药范围和标准执行。

2. 疫苗的准备 同时严格按照免疫程序准备好所需疫苗，注意弱毒活疫苗的购买要准备保温瓶和冰块，保证低温运输，回来后放冰箱冷冻保存。灭活油苗切不可冷冻，否则会油水分离后失效。

（三）垫料的准备

如果采用地面垫料平养方式，要提前准备好垫料。把垫料摊在水泥地面上让阳光暴晒以进行干燥和消毒，注意防止受潮。在熏蒸消毒前把垫料铺在鸡舍地面上，厚度为 7~10 厘米。并在放置雏鸡的垫料上铺塑料布，将饮水设备和喂料设备放在塑料布上（图 6-27）。

四、房舍的试温与预热

育雏前准备工作的关键之一就是试温，检查加温效果如何。通常在进鸡前 3~4 天点燃火道或火炉升温 2 天，使舍内的最高温度能升至 35℃，升温过程检查加热设备有无问题、火道是否漏气，为检修留出时间。

鸡舍的预热目的主要是升高室温，暖化地面、墙壁和设备，并排除鸡舍内的湿气。要求在肉仔鸡接入鸡舍前的室内温度达到 33~35℃。如果仔鸡群到来前鸡舍内温度低于 31℃，将会对肉鸡的生长

图 6-27　接雏前垫料铺设

发育产生不良影响。

鸡舍预热的意义在于：

（1）预热可避免舍内低温给雏鸡带来的消化不良、卵黄吸收不好、扎堆致死、腹泻性和呼吸道性疾病等危害，从而提高雏鸡的成活率、生长速度、健康水平和均匀度。

（2）育雏前 2 天开始预热，可以提前使鸡舍墙壁、火炉、地面、用具中过多的水分尽快蒸发，使鸡舍和外界的空气形成对流并加快流通，空气流通的同时将鸡舍内的水蒸气和不良气体带出鸡舍，使外界的新鲜空气进入鸡舍，从而给雏鸡创造一个舒适的生活环境。

（3）预热可以预防引进雏鸡后升温带来的烟雾刺激、一氧化碳中毒或火灾等不良现象。因为育雏升温大部分用的是火炉或电炉，当用火炉加热时因炉子、墙壁或地面的湿度太大容易产生较多的烟雾和湿气，这些烟雾可诱发相关的雏鸡呼吸道疾病和眼结膜的炎症；当用电炉加热时因长时间、大功率用电极易引起火灾。

（4）预热可以有效检验增温保暖设施设备性能的可靠性，在出现性能不可靠的情况下可以腾出时间维修，避免在育雏期间因维修时不能增温或保暖而使育雏舍内的温度过低带来相应的不良反应。

五、消毒

肉鸡接入鸡舍前要对鸡舍内外进行消毒处理，杀灭环境中的微生物，保证肉鸡生产安全（图 6-28）。

1. 场区消毒　进鸡前 3~5 天要对场区进行彻底的清扫，对道路进行冲洗，之后进行全面的消毒。消毒可以使用生石灰、氢氧化钠、福尔马林、百毒杀、次氯酸钠等，可以根据不同区域的特点使用不同的消毒剂。

2. 鸡舍与设备消毒　消毒前要先把饲养设备安放好。在进鸡前 4 天在试温预热的同时用福尔马林和高锰酸钾对鸡舍进行密闭条件下的熏蒸消毒，密闭 36 小时后打开风机或门窗换气（方法和要求见前述）。进雏前 12 小时再用百毒杀或次氯酸钠对鸡舍内进行一次喷洒消毒。对鸡舍消毒的同时也对舍内的设备进行了消毒。

图 6-28　鸡舍的提前消毒

六、进鸡前准备工作规程

这里介绍某公司制定的进鸡前（空舍期）准备工作规程，供参考。

1. 清理、消毒

（1）清理鸡舍内剩余的死鸡、淘汰鸡。

（2）将料塔中剩余的饲料排出后送到其他鸡舍或转入其他肉鸡场。

（3）将料盘中残余料末清理干净。

（4）将鸡舍所有工器具整理到操作间。

（5）鸡粪清理按照养鸡业产品销售操作规范执行。

（6）彻底清洗鸡舍内外墙壁、天花板、小窗、地面和所有设备、工器具（水线、料线、风机、搅拌风机、隔栏、挡鼠板、围栏、开食盘等）。冲洗后舍内不准残留鸡粪、鸡毛等，并由场长或生产主任组织检查验收，并认真填写《检查记录表》。

（7）鸡舍消毒按照《养鸡业生物安全规范》执行。

2. 设备保养

（1）鸡舍设施：保养维修鸡舍房顶、墙壁、门、窗等建筑设施，检查供水、供电系统是否正常。

（2）鸡舍环控系统：检修包括供热、降温、通风系统。

（3）养殖设备：检修喂料、饮水系统。检查调试料线、水线，要求水线平直、无漏水。

3. 进鸡前准备

（1）垫料：将垫料熏蒸消毒后运进鸡舍，冬季厚度5厘米，其他季节3厘米。

（2）垫纸：准备垫纸，垫纸铺设面积占整个育雏面积的25%。

（3）围栏：把育雏区分成面积相等的3个区。

（4）饮水器：真空饮水器一个围栏内50个。进鸡前2小时向水线内注满水，并向每个水线吊杯及真空饮水器中加水。

（5）开食盘：每个围栏内60个（90~100只/个）。

（6）温度计：每个围栏中部放一支高低温计，高度与鸡背相平。每栋鸡舍中部放1支干湿温度计。

（7）其他：准备采血用品、生产报表、电子秤等。

4. 饲料、药品、疫苗的准备

入雏前向开食盘、垫纸上加料，启用育雏区内料线。准备所需疫苗、药品及辅助用品。

5. 预温

鸡舍应提前预温（夏季提前2天，冬季提前3天），雏鸡入舍时达到32~33℃，相对湿度达到65%~70%。

6. 进鸡前检查

进鸡前，生产主任对环控系统、垫料、饮水、饲料、温度、湿度、卫生防疫等准备工作逐一检查，填写进鸡前检查验收表，场长确认合格签字后方可进鸡。

第四节　肉鸡的饲养技术

肉仔鸡的接雏要求与肉种鸡的接雏要求相同。雏鸡接入鸡舍安置之后就要做好饮水和喂饲管理。

一、饮水管理

1. 饮水工具　在大型肉鸡场，鸡群在 4 日龄以前主要使用真空饮水器，5~8 日龄真空饮水器和乳头式饮水器混合使用，8 日龄后全部使用乳头式饮水器。在小型肉鸡场，如果不使用乳头式饮水器，则第 1 周使用小型真空饮水器（容量 1.5 升），第 2~3 周使用容量 3 升的真空饮水器，4 周龄后使用 7 升左右的真空饮水器。使用真空饮水器需要经常换水、加水和刷洗，比较费时费力，在大中型肉鸡场内只要雏鸡学会使用乳头式饮水器，就会将真空饮水器撤掉。

2. 开水　雏鸡进舍后一旦安置好就要进行第一次饮水，称"初饮"。初饮水应为凉开水，水温为 25~30℃。初饮用 0.01% 的高锰酸钾水，以清洗肠胃和促进胎粪排出；规模化肉鸡场也可以用经过过滤和消毒的井水，小型肉鸡场可以使用凉开水作为初饮的水。雏鸡接入前先把加有水的真空饮水器放入小圈内，使雏鸡放入圈内后就可以饮水。初饮时饲养人员在每个圈内要抓几只小鸡，将其喙部浸入水盘内，之后放下让其自己饮水。一般在一个圈内有几只雏鸡会饮水，其他雏鸡也会很快通过模仿学会饮水（图 6-29、图 6-30）。

图 6-29　真空式饮水器

图 6-30　肉雏鸡饮水

3. 早期饮水管理　初饮半小时后将高锰酸钾水换掉，把饮水器刷洗后改为含葡萄糖（5%）和复合维生素（按使用说明添加）的水饮用 1 小时，之后换为清水；间隔 6 小时可以向水中添加葡萄糖（5%）和维生素 C（0.02%），饮用 1 小时，这样连用 3~4 天。早期饮水中添加营养性和抗应激性添加剂对于促进雏鸡的健康生长具有良好的效果。在最初几天向饮水中添加一些益生素类制剂有助于增加雏鸡肠道内有益微生物的数量，对于保持肉鸡的肠道健康，减少疾病（尤其是常见的细菌性疾病）的发生有帮助。

长途运输或炎热夏季应注意雏鸡的"暴饮"现象，防止因暴饮而导致腹泻等消化不良症状的发生。

4. 日常饮水管理　肉仔鸡整个生长期采用全天自由饮水。对于肉鸡饲养来说，缺水会严重影响其生长速度。因为肉鸡多数使用颗粒饲料，缺水的时候会使采食量大幅度下降。缺水后再添加饮水会造成肉鸡出现"暴饮"。造成缺水的问题可能有：饮水器放置偏高，肉鸡饮不到水；停电造成停水，水管内压力不够；饮水乳头堵塞等。

5. 饮水消毒　为了避免由于饮水污染造成的肉鸡健康问题，需要对饮水进行过滤和消毒处理以减少饮水中的杂质及杀灭其中的微生物。消毒剂建议选择符合《中华人民共和国兽药典》规定的产品，如百毒杀、漂白粉和卤素类消毒剂。

6. 保持饮水器的合适高度　无论使用哪种类型的饮水器，都要注意及时调整其高度，方便肉鸡的饮水。饮水器高度调整以不锈钢饮水乳头（乳头式饮水器）比不同日龄肉鸡的背部高出的程度为准（表6-7），第1周为1~2厘米，第2~3周为3~5厘米，4周以后高出7~10厘米。如果使用真空饮水器，则要求水盘边缘与雏鸡的背部高度相等。

表6-7　不同日龄水线乳头高度

日龄	1	3	5	7	9	11	13	15	17	19	21	23
乳头高度（厘米）	8	12	14	17	19	20	21	23	25	26	27	29
日龄	25	27	29	31	33	35	37	39	41	43	45	47
乳头高度（厘米）	30	31	32	34	35	36	37	38	39	40	41	42

使用乳头式饮水器，雏鸡进舍前调节好水压，保证每个乳头有水珠出现，吸引雏鸡饮水。水质不好的地区，乳头式饮水器易出现漏水堵塞，应注意购买正规厂家产品（图6-31）。

图6-31　乳头式和真空式饮水器结合使用

7. 肉仔鸡的饮水量　大多数情况下肉鸡的饮水量相对稳定，可参考表6-8提供的数据。

表6-8　肉仔鸡每日需水量（单位：升/1 000 只）

环境温度周龄	10℃	20℃	30℃
1	23	30	38
2	49	60	102
3	64	91	208
4	91	121	272
5	113	155	333
6	140	185	390
7	174	216	428
8	189	235	450

　　有些因素会对肉鸡的饮水量造成影响，如饲料中的氯化钠（食盐）含量过高会造成肉鸡的饮水量增加，鸡舍内温度偏高也会增加饮水量，健康状况不佳、水质差则会降低饮水量。生产中出现饮水量异常时要及时检查、分析原因，并及时采取解决措施。

　　8. 饮水卫生管理　影响水质的因素，主要包括化学的和生物的以及其他各种成分。化学物质的成分主要指硬度、酸碱度及各种元素等。总硬度水平一般要求在 60~180 毫克/升。pH 值一般要求在6.8~7.5，低于 6.3 时，会降低鸡的性能。作为生物的主要成分有细菌和藻类等，这些物质有些生存于水中，更多的是繁衍于水槽和管道中，时间长了就会影响水质，影响肉鸡的健康。饮水管理的主要措施包括：保证水源质量符合饮用水标准，对饮水进行过滤和消毒，定期清理和消毒饮水设备，定期冲洗水线，防止粉尘杂物落入饮水盘；乳头式饮水器的水箱要盖严，定期检测水质。

二、饲喂管理

　　肉仔鸡饲喂原则是让其采食充足，摄入足够的料量。

　　1. 喂料工具　在中小型肉鸡场，前 2 天一般使用料盘（开食盘）或塑料布作为开食用具，3 日龄后使用小型料桶（容量 3~5 千克）喂料，10 日龄后换用大中型料桶（容量 7.5~10 千克）。大型肉鸡场的开食盘或塑料布要使用 3~4 天，之后使用螺旋推进式喂料系统，最初几天将该系统料盘底部降低至垫料表面，以后随肉鸡日龄增大再逐渐升高（表6-9）。

表6-9 不同日龄料线高度

日龄（天）	9	13	17	21	25	29	37
料线高度（厘米）	7	9	10	12	14	16	18

2. 开食管理 雏鸡第一次喂料称为开食，时间掌握在出壳后24~36小时，要求先饮水，后开食。当有30%的雏鸡有啄食行为时开食最为合适。从现在的生产情况看，肉鸡接入鸡舍并安顿好之后就可以开食。开食时将肉鸡花料撒在开食盘或塑料布上面让雏鸡自由采食（图6-32）。必要时用手指轻轻敲击饲料用以引诱部分小鸡啄食饲料，雏鸡采食有模仿性，大群雏鸡很快就能学会采食。

图6-32 肉鸡开食管理

开食料最好用过筛的全价破碎颗粒饲料（鸡花料），保证营养全面，又便于啄食。如使用粉料，则应拌湿后再喂。

开食饲料的用量要严格控制，一般按照每100只雏鸡提供400克饲料计算。

3. 加料次数 1~3日龄雏鸡可将饲料撒在开食盘或干净的报纸

或塑料布上饲喂，每 3 小时喂一次。每次的饲喂量应控制在使雏鸡 30 分钟左右采食完，从每只鸡 1 克/次开始，逐渐增加。如果采用料桶喂料，4 日龄开始保持料桶内有足够量的饲料，让肉鸡自由采食；如果使用自动喂料系统，每 3 小时开动 1 次。

4. 每天记录采食量 计算每只鸡每日的大致采食量。当采食量有异常时，应该注意鸡群情况，立即采取相应措施。

5. 饲料的更换 目前肉仔鸡的饲料配方一般分三段制：0~3 周龄用前期料，4~5 周龄用中期料，6 周龄至出栏用后期料。应当注意，各阶段之间在转换饲料时，应逐渐更换，有 3~5 天的过渡期，若突然换料易使鸡群出现较大的应激反应，引起鸡群生长减慢甚至发病。

6. 减少饲料的浪费 料桶放置好后，注意经常调整料桶高度，使其边沿与鸡背高度相同，每次加料后将料桶顶部盖好，可减少饲料浪费和污染。使用自动喂料系统，料槽或料盘上要有格栅，让肉鸡头部能够自由进出，但是肉鸡踩不进去。

7. 促进早期增重 在白羽肉仔鸡饲养过程中，肉鸡第 1 周的体重发育非常重要，近年来，人们更为强调肉鸡在其出壳后第 1 周内的生长情况。在第 1 周内肉鸡将摄入的能量中的 80% 用于生长，而将 20% 的能量用于维持生命活动，这表明在这 7 天内促进肉鸡多摄入营养的重要性。良好的早期发育（达到较高的 7 日龄体重）将提高肉鸡的营养性成熟，并会加速胃肠道的发育。同时，肌肉生长和肌肉形态学发育也将得到改善，这些表现与将要产生的长期代谢性影响一致。小鸡的免疫反应会变得更好，而生长迟缓则会损害免疫功能。因此，最终的生产性能将会更好，例如，较好的总体生长性能、较高的饲料转化率、更均一的生长。

从图 6-33 中能够发现，7 日龄肉鸡的体重与出栏体重大小呈显著的正相关，7 日龄体重 180 克的肉鸡其出栏时的体重如果为 2 千克，那么 7 日龄体重 140 克的肉鸡其出栏时的体重只有 1.7 千克。

提高肉鸡第 1 周的增长速度，应从多方面着手：一是提高雏鸡质量，包括种鸡的饲料营养、健康、种蛋质量的保持、良好的孵化条件

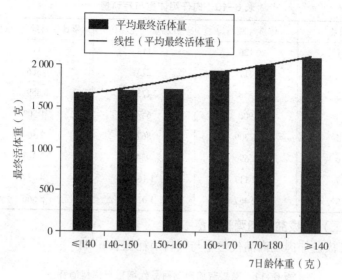

图6-33　肉鸡7日龄体重与出栏体重之间的关系

等；二是做好肉鸡前期的喂饲工作，如及早开食（有实验证明接鸡后立即开食组比接鸡后12小时开食组、接鸡后24小时开食组的5日龄体重分别高35.8克和44.7克，其肠道体重也分别高1.26克和1.92克），保证足够的采食空间（增加采食面积，让雏鸡尽可能地同时吃料和多吃料，对提高雏鸡的7日龄体重和均匀度有非常好的帮助），有充足的饮水供给；三是提高饲料质量，尽量使用优质饲料原料，提高饲料营养浓度；四是为雏鸡提供适宜的环境条件。

三、快大型肉仔鸡的生长与耗料标准

（一）我国肉鸡体重与耗料量

根据我国《鸡饲养标准》（NY/T 33—2004），肉仔鸡体重与耗料量见表6-10。

表 6-10　肉仔鸡体重与耗料量

周龄	体重（克/只）	耗料量（克/只）	累计耗料量（克/只）
1	126	113	113
2	317	273	386
3	558	473	859
4	900	643	1 502
5	1 309	867	2 369
6	1 696	954	3 323
7	2 117	1 164	4 487
8	2 457	1 079	5 566

（二）艾拔益加肉鸡耗料量

艾拔益加肉鸡商品代增重与饲料消耗见表6-11。

表 6-11　艾拔益加肉鸡商品代增重与饲料消耗

公母混养						
周龄	体重（克）	每周增重（克）	耗料量（克）		料肉比	
			每周	累积	每周	累积
1	165	125	144	114	1.5	0.887
2	405	240	298	441	1.4	1.09
3	735	330	485	926	1.7	1.26
4	1 150	415	707	1 633	1.0	1.42
5	1 625	475	935	2 568	1.7	1.58
6	2 145	520	1 186	3 754	2.8	1.75
7	2 675	530	1 382	5 136	2.1	1.92
8	3 215	540	1 648	6 784	3.5	2.11

（三）罗斯308肉仔鸡体重与耗料量

罗斯308肉仔鸡体重与耗料量见表6-12。

表 6-12　罗斯 308 肉仔鸡体重与耗料量

日龄	体重（克）	日增重（克）	日采食量（克）	累计采食量（克）	饲料转化率
0	42				
1	56	14	13	13	0.237
2	72	15	17	30	0.419
3	89	18	20	50	0.561
4	109	20	23	73	0.673
5	132	23	27	100	0.762
6	157	25	31	131	0.834
7	185	28	35	166	0.893
8	217	31	39	204	0.942
9	251	35	43	247	0.984
10	289	38	48	295	1.021
11	330	41	53	348	1.053
12	375	44	58	406	1.083
13	422	48	63	469	1.11
14	473	51	69	538	1.136
15	527	54	74	612	1.16
16	585	57	80	692	1.183
17	645	60	86	778	1.206
18	709	63	92	870	1.228
19	775	66	98	968	1.249
20	844	69	104	1 072	1.27
21	916	72	110	1 182	1.291
22	990	74	116	1 298	1.312
23	1 066	77	122	1 421	1.332
24	1 145	79	128	1 549	1.353
25	1 226	81	134	1 684	1.373
26	1 309	83	140	1 824	1.394
27	1 393	85	146	1 970	1.414

续表

日龄	体重（克）	日增重（克）	日采食量（克）	累计采食量（克）	饲料转化率
28	1 479	86	152	2 122	1.434
29	1 567	88	157	2 279	1.455
30	1 656	89	163	2 442	1.475
31	1 746	90	168	2 610	1.495
32	1 836	91	173	2 783	1.515
33	1 928	92	178	2 961	1.536
34	2 020	92	183	3 144	1.556
35	2 113	93	187	3 331	1.576
36	2 207	93	192	3 523	1.597
37	2 300	94	196	3 719	1.617
38	2 394	94	200	3 919	1.637
39	2 488	94	204	4 123	1.658
40	2 581	94	208	4 331	1.678
41	2 675	94	211	4 543	1.698
42	2 768	93	215	4 757	1.719

（四）体重抽测

肉仔鸡饲养过程中，每周末可以抽测一部分鸡的体重，检查其体重发育是否符合标准；检查喂料量是否足够。表6-13和表6-14分别是AA+肉鸡、科宝肉鸡的性能标准，可供参考。

表6-13　AA+肉鸡生产性能标准

日龄	温度（℃）	相对湿度（%）	光照（小时）	体重（克）	日增重（克）	喂料量[克/（只·日）]	累计耗料量（克）	喂料次数（次/天）
1	35	60~65	24	51		10	10	8
2	35	60~65	24	62	11	14	24	8
3	34	60~65	24	76	14	18	42	8
4	34	60~65	23	95	19	22	64	8
5	33	60~65	23	115	20	26	90	8

续表

日龄	温度 （℃）	相对湿度 （%）	光照 （小时）	体重 （克）	日增重 （克）	喂料量 ［克/（只·日）］	累计耗料量 （克）	喂料次数 （次/天）
6	33	60~65	23	139	24	29	119	8
7	33	60~65	23	165	26	30	149	8
8	32	55~60	23	193	28	32	181	6
9	31	55~60	23	225	32	36	217	6
10	31	55~60	23	258	33	40	257	6
11	30	55~60	23	294	36	45	302	6
12	30	55~60	23	332	38	51	353	6
13	29	55~60	23	373	41	56	409	6
14	29	55~60	23	416	43	61	470	6
15	28	55~60	23	462	46	67	537	4
16	28	55~60	23	510	48	72	609	4
17	28	55~60	23	560	50	77	686	4
18	27	55~60	23	612	52	82	768	4
19	27	55~60	23	666	54	87	855	4
20	27	55~60	23	722	56	91	946	4
21	26	55~60	23	779	57	96	1 042	4
22	26	55~60	23	839	60	102	1 144	4
23	26	55~60	23	900	61	105	1 249	4
24	26	55~60	23	963	63	110	1 359	4
25	25	55~60	23	1 027	64	113	1 472	4
26	25	55~60	23	1 093	66	117	1 589	4
27	25	55~60	23	1 160	67	121	1 710	4
28	25	55~60	23	1 228	68	127	1 938	4
29	25	55~60	23	1 397	69	125	1 962	4
30	25	55~60	23	1 367	70	133	2 095	4
31	25	55~60	23	1 438	71	137	2 232	4
32	25	55~60	23	1 510	72	140	2 372	4

日龄	温度 (℃)	相对湿度 (%)	光照 (小时)	体重 (克)	日增重 (克)	喂料量 [克/(只·日)]	累计耗料量 (克)	喂料次数 (次/天)
33	25	55~60	23	1 583	73	144	2 516	4
34	25	55~60	23	1 657	74	150	2 666	4
35	25	55~60	23	1 731	74	150	2 816	4
36	24	55~60	23	1 805	74	158	2 974	4
37	24	55~60	23	1 880	75	159	3 133	4
38	24	55~60	23	1 954	75	165	3 298	4
39	24	55~60	23	2 029	75	167	3 465	4
40	24	55~60	23	2 104	75	174	3 639	4
41	24	55~60	23	2 179	75	177	3 816	4
42	24	55~60	23	2 253	75	175	3 991	4
43	24	55~60	23	2 328	75	184	4 175	3
44	24	55~60	23	2 402	74	182	4 357	3
45	24	55~60	23	2 475	73	188	4 545	3
46	24	55~60	23	2 548	73	190	4 735	3
47	24	55~60	23	2 620	72	193	4 928	3
48	24	55~60	23	2 692	72	191	5 119	3

注:本标准为较早时期,现在的实际性能已经超过这个水平,如42日龄的平均体重在表中显示为2 253克,而生产实践中已经能够达到2 450克。

表6-14 科宝公司 Cobb500 肉鸡的生产性能指标

日龄	公鸡				母鸡				公母混养			
	体重 (克)	每日增 重(克)	累积饲 料转化 率	累积饲 料消耗 (克)	体重 (克)	每日增 重(克)	累积饲 料转化 率	累积饲 料消耗 (克)	体重 (克)	每日增 重(克)	累积饲 料转化 率	累积饲 料消耗 (克)
0	42	0			42	0			42	0		
1	56	14	0.232	13	56	14	0.232	13	56	14	0.232	13
2	72	16	0.417	.30	72	16	0.417	30	72	16	0.417	30
3	89	17	0.573	51	89	17	0.573	51	89	17	0.573	51

续表

日龄	公鸡				母鸡				公母混养			
	体重（克）	每日增重（克）	累积饲料转化率	累积饲料消耗（克）	体重（克）	每日增重（克）	累积饲料转化率	累积饲料消耗（克）	体重（克）	每日增重（克）	累积饲料转化率	累积饲料消耗（克）
4	109	20	0.679	74	109	20	0.679	74	109	20	0.679	74
5	131	22	0.771	101	130	21	0.776	101	131	22	0.773	101
6	157	26	0.841	132	156	26	0.841	132	157	26	0.841	132
7	186	29	0.898	167	184	28	0.908	167	185	28	0.902	167
8	217	32	0.949	206	214	29	0.953	204	215	30	0.958	206
9	250	33	1	250	244	30	1.016	248	247	32	1.012	250
10	286	36	1.046	299	280	36	1.053	295	283	36	1.053	298
11	324	38	1.089	353	318	38	1.098	349	321	38	1.097	352
12	368	43	1.121	412	360	43	1.127	406	364	43	1.126	410
13	416	48	1.144	476	408	48	1.15	469	412	48	1.15	474
14	470	54	1.162	546	460	53	1.166	537	465	53	1.165	542
15	528	58	1.18	623	520	60	1.173	610	524	59	1.177	617
16	590	62	1.197	706	582	62	1.184	689	586	62	1.191	698
17	656	66	1.213	796	646	64	1.197	773	651	65	1.206	785
18	727	71	1.228	893	711	65	1.212	862	719	68	1.221	878
19	803	76	1.242	997	777	66	1.228	954	790	71	1.235	976
20	884	81	1.255	1 109	844	67	1.246	1 052	865	75	1.25	1 081
21	971	87	1.265	1 228	914	70	1.263	1 155	943	78	1.264	1 192
22	1 058	87	1.278	1 352	986	72	1.284	1 266	1 020	80	1.284	1 309
23	1 145	87	1.294	1 482	1 060	74	1.304	1 382	1 099	81	1.303	1 432
24	1 233	88	1.312	1 618	1 136	76	1.326	1 506	1 182	82	1.321	1 562
25	1 321	88	1.332	1 760	1 214	78	1.344	1 632	1 269	83	1.337	1 696
26	1 409	88	1.354	1 908	1 294	80	1.365	1 766	1 354	84	1.356	1 837
27	1 497	88	1.377	2 062	1 378	84	1.385	1 908	1 446	85	1.373	1 985
28	1 585	88	1.402	2 222	1 463	85	1.403	2 052	1 524	86	1.402	2 137

续表

日龄	公鸡				母鸡				公母混养			
	体重(克)	每日增重(克)	累积饲料转化率	累积饲料消耗(克)	体重(克)	每日增重(克)	累积饲料转化率	累积饲料消耗(克)	体重(克)	每日增重(克)	累积饲料转化率	累积饲料消耗(克)
29	1 677	92	1.423	2 387	1 549	86	1.422	2 203	1 613	89	1.423	2 295
30	1 773	96	1.443	2 558	1 636	87	1.441	2358	1 705	92	1.442	2 458
31	1 873	100	1.46	2 735	1 724	88	1.461	2 519	1 799	94	1.46	2 627
32	1 978	105	1.476	2 919	1 813	89	1.479	2 682	1 895	96	1.478	2 801
33	2 085	107	1.492	3 111	1 903	90	1.496	2 847	1 993	98	1.496	2 981
34	2 192	107	1.51	3 311	1 993	90	1.512	3 014	2 092	99	1.512	3 163
35	2 299	107	1.531	3 520	2 083	90	1.528	3 183	2 191	99	1.53	3 352
36	2 406	107	1.551	3 732	2 172	89	1.546	3 358	2 289	98	1.549	3 545
37	2 513	107	1.571	3 947	2 259	87	1.566	3 537	2 386	97	1.568	3 742
38	2 620	107	1.59	4 165	2 344	85	1.587	3 721	2 482	96	1.589	3 943
39	2 726	106	1.609	4 386	2 428	84	1.61	3 910	2 577	95	1.61	4 148
40	2 832	106	1.628	4 611	2 510	82	1.635	4 103	2 671	94	1.631	4 357
41	2 938	106	1.647	4 840	2 591	81	1.66	4 300	2 764	93	1.653	4 570
42	3 044	106	1.667	5 073	2 671	80	1.684	4 499	2 857	93	1.675	4 786
43	3 150	106	1.686	5 310	2 751	80	1.709	4 702	2 950	93	1.697	5 006
44	3 256	106	1.705	5 551	2 831	80	1.733	4 905	3 043	93	1.718	5 228
45	3 362	106	1.724	5 796	2 910	79	1.756	5 110	3 136	93	1.739	5 453
46	3 468	106	1.743	6 046	2 989	79	1.778	5 314	3 229	93	1.759	5 680
47	3 574	106	1.763	6 301	3 068	79	1.8	5 521	3 322	93	1.779	5 911
48	3 680	106	1.784	6 566	3 147	79	1.82	5 729	3 414	92	1.80	6 144
49	3 786	106	1.805	6 836	3 226	79	1.841	5 938	3 506	92	1.819	6 379

四、肉仔鸡喂饲管理注意事项

1. 饲料更换要逐渐过渡 肉鸡养殖过程中需要更换 1 次（前期料更换为后期料）或 2 次（前期料更换为中期料，中期料更换为后期料）饲料，更换过程要有 5 天左右的时间。以更换 1 次为例：在 20 日龄前使用前期料，21 日龄将 85% 的前期料和 15% 的后期料混合使用，22 日龄两种饲料的比例调整为 70% 和 30%，23 日龄调整为 50% 和 50%，24 日龄调整为 35% 和 65%，25 日龄调整为 15% 和 85%，26 日龄以后完全使用后期料。

由于不同阶段饲料的颗粒大小、颜色、主要成分的差异，饲料更换过快常常会引起采食量下降，造成肉鸡的增重减慢。

对于一个肉鸡场使用某一个公司的饲料，如果没有明显的问题就不要更换为其他公司的饲料。

2. 定期检查料箱内壁　在夏季高温期间，饲养中后期的肉鸡需要采用纵向通风和湿帘降温系统以降低鸡舍内的温度。但是，启用该系统后鸡舍内（尤其是靠近湿帘的鸡舍前段）空气湿度会显著升高，有可能引起料箱内壁潮湿，使饲料黏附在料箱内壁，时间长了就会造成这些饲料的结块、发霉。因此，在使用降温系统的情况下，要注意防止这种问题的出现（图 6-34）。

图 6-34　螺旋推进式喂料设备的料箱

3. 不能使用发霉变质饲料　饲料（包括原料）发霉变质后会产生霉菌毒素，这些毒素对肉鸡的健康影响比较明显。在饲料加工环节要把好原料验收关，做好原料的贮存，定期清理加工设备的内壁；在运输环节要防止雨淋；在饲料的使用环节要注意在通风、干燥、阴凉处避光贮存，防止喂料系统内饲料的长期积存或受潮。

4. 防止饲料被污染　饲料污染会影响肉鸡的健康和生长发育，甚至影响鸡肉的质量安全。饲料污染的原因有多种：

（1）害虫鼠害：害虫可造成饲料营养损失，或在饲料中留下毒素。在温度适宜、湿度较大的情况下，螨类对饲料危害较大。鼠害不仅会造成饲料损失，还会造成饲料污染，传播疾病。

（2）微生物类：饲料滋生黄曲霉菌、青霉菌、赤霉菌和镰刀霉菌等有害微生物，会产生黄曲霉、赤霉素、赤霉烯酮等对畜禽有害的毒素。其中黄曲霉毒素的毒性最强。

（3）有害化学物质：主要包括农药污染、工业"三废"污染、营养性矿物质添加剂污染等三类有害化学物质。

（4）非营养性添加剂：抗生素、激素、抗氧化剂、防霉剂和镇静剂，对预防疾病、提高饲料利用率和生长速度有很大作用，但若不严格遵守使用原则和控制使用对象、安全用量及停药时间，药物及其代谢产物会在肉中残留，并通过排泄物污染环境。

（5）加工过程中产生的毒物交叉污染：加工工艺控制不当，饲料中成分复杂的添加剂在粉碎、输送、混合、制粒、膨化等特殊的加工过程中会发生降解反应、氧化还原反应，生成一些复杂的化合物。

（6）鸡舍内的污染：粪便、脏的垫料混入饲料。

解决饲料污染的途径也主要从上述各种原因入手。

五、控制肉鸡的生长

1. 原理

（1）加强第 1 周的饲养管理，促进肉鸡良好、均匀地生长，以达到 7 日龄的体重。

（2）7~21 日龄肉鸡生长的管理，主要是控制喂饲量和增重速度，使肉鸡的生长不要达到其最大的增重潜力，这有利于心血管系统、免疫系统和骨骼系统的早期发育。

（3）21 日龄以后肉鸡生长的管理，是要促进采食以使肉鸡达到体重标准，如果需要预期屠宰的体重时，实际体重可能比最大增重时的体重略轻。这种补偿性的生长有利于饲料转化率和成活率，以及 21 日龄以后增重遗传潜力的发挥。

（4）肉鸡理想的生长主要取决于性别、最终标准体重、饲养期间是否淘汰部分肉鸡、目前体重和屠宰后的出肉率。

2. 措施　改变肉鸡的生长主要有营养（如控制喂料量和营养供给量）和光照程序（如肉鸡不易找到饲料）两种方式。早期生长受

限制有利于饲料转化率和成活率的提高，而损失了体重或出肉率。

当设计改变肉鸡生长程序时，应先试验几批鸡，有一个渐进的过程，这样才可以获得所期望的生产性能的提高。

如果限制生长的时间超过 21 天，可能会延长肉鸡达到标准体重的时间，屠宰后的胴体和出肉率很难恢复到正常水平。公鸡比母鸡更易恢复。改变肉鸡生长程序更易于在饲养体重较大的肉鸡中获得成功（如要求的饲养期较长）。

（1）通过控制营养素摄入控制肉鸡生长：通过控制喂料量来控制肉鸡的生长并提高饲料转化率（减少饲料浪费并实现补偿性生长）。如果生长控制得合理，成活率和腿的健康状况会得到提高。尽管有其他方法控制营养素的摄入，然而当肉鸡鸡舍设备良好时，可以直接控制喂料量，这有利于更准确地控制喂料量和达到预期体重。控制喂料可以通过控制全天的喂料量实现，但是要求所有肉鸡都能同时吃到饲料。采食位置和喂料时间都是非常重要的，不论采用任何喂料系统，最好在 3~4 小时之内吃完饲料（如采食完料线或料盘内的所有饲料），这将有助于刺激食欲、减少饲料浪费，同时提高饲料转化率。

控制肉鸡生长也可以通过降低饲料中的营养浓度来实现，这种饲料能降低肉鸡的生长速度，但可以通过增加采食量来保证其营养水平，此时饲料转化率和出肉率都会受影响。这种方法的不足使其结果不能预期，并有可能降低生产性能。

控制肉鸡喂料量也需要具备一定的管理技术，同时需要注意其中的细节。采用这种措施时，需要一套完整的知识并对潜在的生产性能比较了解，应仔细观察使用后的情况。一般情况下，21 日龄肉鸡的体重控制幅度不要超过标准体重的 10%。以科宝 500 肉鸡为例：公鸡 21 日龄体重为 971 克，如果采取控制体重措施也不应使此时的体重低于 874 克。当然，体重也不宜超过 900 克，否则控制肉鸡生长的作用也就不明显了。

在控制喂料量时，最好的办法是在采食完饲料后，就把料线升高。这将减少肉鸡被刮伤的危险。如果料线不能被升高，应降低光照强度。

（2）通过控制光照控制肉鸡生长：改变肉鸡的光照程序可以分为两大类，即减少光照时间或采用间歇光照。

减少光照时间一般从 7 日龄开始，有可能在整个肉鸡生长后期都不再改变，或在 21 日龄以后逐渐增加光照时间，从而增加喂料量和提高增重。如果光照期少于 16 小时，吃料量和体重将显著降低。在 7~14 日龄通过减少光照时间来控制增重特别有效。骨骼、心血管和免疫系统是在其他组织发育高峰之前发育的。

间歇光照是指在 24 小时内重复使用光照期和黑暗期。光照期的时间随着肉鸡日龄的增加而不断增加，这有利于肉鸡采食到足够的饲料，以达到理想的生长速度。间歇光照程序一般和饲料控制程序结合使用。

当使用光照控制时，必须注意保证鸡群发育良好。如果鸡群 7 日龄的体重明显低于标准，使用光照控制将限制肉鸡的采食量，从而终生降低肉鸡的生长潜力。

第五节　肉仔鸡的管理

一、采用"全进全出"的饲养制度

1. 概念　同一个鸡场或同一栋鸡舍只能饲养同一日龄肉仔鸡，而且同时进舍，饲养结束后同时出舍。

这种管理制度便于在肉鸡出栏后对房舍进行彻底清扫、消毒，一般饲养下一批前需要空舍 21 天，切断传染病的传播途径。目前，已经普遍要求采用这种饲养制度。许多肉鸡生产企业都把一个肉鸡场作为一个养殖小区，无论这个小区内有多少鸡舍，都是饲养同一批肉鸡。

2. "全进全出"制度的优点　采用"全进全出"制度不仅有利于卫生防疫，也有利于饲养管理。

（1）便于生产管理：一个肉鸡养殖场或养殖小区在同一个时间

内所饲养的肉鸡日龄相同，对于每个鸡舍所采取的饲养管理和卫生防疫措施、环境条件控制、使用的各种投入品（饲料、药物、疫苗、添加剂等）都一样，每天的生产操作规程也相同。这样有利于养殖场（小区）负责人对各种生产管理措施落实的指导、检查和监督，有利于对各鸡舍内自动化控制系统的集中设定。

（2）有利于卫生防疫：对于相同日龄的肉鸡群，在接种疫苗、使用药物方面可以统一管理和使用，能够减少因为管理所造成的误差。肉鸡出栏后，鸡场（小区）内没有任何的鸡只，在消毒处理方面没有什么顾虑；将粪便、垫料集中清运到指定的地点进行堆积发酵，即便是鸡舍内、道路上残留的粪便和垫料也应彻底地清扫和冲洗，使得清理后的鸡舍、鸡场内没有上一批肉鸡所留下的任何污染物，加上多次消毒，将环境中的微生物最大限度地杀灭，使上次养殖过程中的病原体不会对下一批肉鸡造成危害。

"全进全出"制度也能够避免肉鸡经常受到惊吓而出现应激。

（3）有利于提供规格一致的商品：现代肉鸡生产中要求同一批肉鸡的体重大小相似，"全进全出"管理制度所提供的肉鸡日龄相同，其体重（公母分开饲养）也基本相同。

3. "全进全出"制度的落实　目前，大型肉鸡生产企业基本上都已经落实了"全进全出"制度。但是，少数中小型肉鸡场尚未完全落实这项制度，主要原因是在一个场内不同的鸡舍饲养不同日龄的肉鸡，仅能做到某栋鸡舍的全进全出，而不能做到全场的全进全出。

二、分群管理

1. 分群管理的基本要求　肉仔鸡生产应该采用分群管理（图6-35），在一个鸡舍内可以把鸡分为若干个群，每个群的数量为500～1 500只。生产中要根据生长情况，进行强弱分群，把那些体质差、体重小的个体挑出单独组成一个群以便于加强护理，提高其成活率和上市体重。有条件的还可以进行公母分群饲养。

2. 公母分群饲养　在大型肉鸡场和部分中型肉鸡场较多采用，一般是在种鸡育种过程中利用"快慢羽"伴性性状，父母代种公鸡

图 6-35　肉鸡舍内的分群饲养

是快羽类型，种母鸡是慢羽类型，它们的杂交后代（商品代肉鸡）在刚出壳后就能够根据主翼羽和覆主翼羽的长度对比很容易地区分出公母。母雏为快羽类型，其主翼羽的长度大于覆主翼羽，而且主翼羽的羽轴较粗；公雏为慢羽类型，覆主翼羽的长度大于主翼羽（图6-36）。

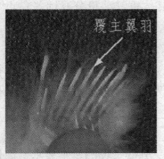

图 6-36　根据主翼羽和覆主翼羽长度鉴别公母雏鸡

公母分群饲养或分舍饲养的优点在于：

（1）有利于提高鸡群发育的整齐度：公鸡生长速度比母鸡快，如科宝肉鸡35日龄公鸡体重为2 299克，母鸡体重为2 083克，相差216克；42日龄体重分别为3 044克和2 671克，相差373克。如果公母混养在一起，群内的个体大小差异明显，不利于出栏时获得高的整齐度。

（2）有利于提高增重：公母分饲后由于一个群内的个体大小相似，不会出现由于争抢而导致小的个体发育受阻现象。

（3）有利于生产管理：由于生长速度不同，公鸡体重在4周龄和6周龄末比母鸡分别高10.3%、13.9%。如公母混养，体重大小不一样，喂料器和乳头式饮水器高低要求不同，往往顾此失彼。

（4）对环境要求不同：公鸡羽毛长得慢，母鸡羽毛长得快，所以，公鸡前期对温度的要求比母鸡高些，而后期则比母鸡低些；公鸡体重比母鸡大，因此，胸囊肿的发病率比母鸡高，要求垫料松散和适当加厚。

（5）出栏时间可以分开：母鸡6周龄后，生长速度相对下降，每增重1千克耗料量急剧增加，所以，母鸡在6周龄左右出售，饲料利用率高；公鸡7周龄后生长速度才下降，故公鸡7周龄出售效益最好。尤其是在市场肉鸡价格偏高的情况下，公鸡出栏时间推迟1周能够获得更大的收益。

3. 设置弱雏群　大群饲养肉鸡过程中会出现一些弱小的个体，要设置专门的弱雏圈，将发现的弱小个体及时从大群中挑出放入弱雏圈内，适当增加其中的环境温度、加强饲养管理和卫生防疫，能够使弱雏个体的成活率、体增重得到提高。

三、做好带鸡消毒工作

带鸡消毒应选择刺激性小、高效低毒的消毒剂，如0.02%百毒杀、0.2%抗毒威、0.1%新洁尔灭、0.3%~0.6%毒菌净、0.3%~0.5%过氧乙酸或0.2%~0.3%次氯酸钠等。消毒在中午进行较好，防止水分蒸发引起鸡受凉。消毒药液的温度也要高于鸡舍温度，一般在40℃以下。喷雾量按每立方米空间15毫升，雾滴要细（图6-37）。

1~7日龄鸡群每天消毒2次，8~20日龄鸡群每天消毒1次，21日龄后隔天消毒1次。注意喷雾喷头距离鸡头部要有1米以上的距离，避免将消毒药物吸入呼吸道；接种疫苗前后3天停止消毒，以免杀死疫苗。带鸡喷雾消毒要注意避免引起肉鸡的惊群，一旦发生惊群将会对其生长速度产生不良影响。

图6-37 带鸡消毒

目前，在一些大型肉鸡场内常常在屋梁下安装喷雾消毒系统，雾化的消毒药水缓慢下降，能够充分杀灭空气中的微生物，还能够降低粉尘浓度。

四、垫料管理

地面垫料平养方式的管理要点之一就是垫料管理。

1. 垫料的基本要求 采用地面垫料饲养方式，要选择比较松软、干燥、吸水性好和释水性良好，既能容纳水分，又容易随通风换气释放鸡粪中的大量水分的垫料。垫料应灰尘少，无病原微生物污染，无霉变。垫料中没有尖利的东西，以免刺伤肉鸡的脚底。垫料不能有明显的异味，尤其是一些木材加工产生的刨花或锯末。使用较多的是稻壳，其他还有刨花、锯末、碎稻草等。

2. 垫料的用前处理 垫料在使用前要经过晾晒、挑拣，将其中发霉的部分去掉，将杂物拣出，晾晒既可以利用阳光消毒，又能够降低其含水量，还可以去掉灰尘。为了保险，有些鸡场提前向垫料中加入消毒剂，之后再晾晒（图6-38）。

3. 垫料的铺设 垫料要在鸡舍熏蒸消毒前铺好（图6-39、图6-40），厚度为8~10厘米，要铺设均匀，铺好后可以用脚踩一踩，避免过于松软。进雏前先在垫料上铺报纸（4~5层），以便雏鸡活动和防止雏鸡误食垫料。

图 6-38　垫料晾晒消毒

图 6-39　摊铺垫料

图 6-40　已经铺好的垫料

4. 垫料含水率的控制　垫料保持 20%~25% 的含水率，当低于 20% 时，垫料中的灰尘就成了严重问题；当高于 25%，垫料就变潮湿并结成块状。一般在第 1 周容易出现垫料含水率偏低的问题，3 周龄后则容易出现垫料含水率偏高的问题。中后期含水率偏高的主要原因在于肉鸡通过粪便和呼吸排出大量的水分，进入垫料中。

垫料潮湿的原因复杂，但其所带来的负面影响显而易见，易发腿病（足垫皮炎、附关节炎），影响肉鸡的采食、饮水，从而减缓生长速度。频发的胸部水疱，导致胴体降级。垫料中的球虫和细菌增殖并在周围环境中残留，导致以后的饲养中球虫难以预防，致使肉鸡生长速度减慢、料肉比升高。鸡舍内氨气浓度升高，诱发呼吸道疾病。总而言之，垫料潮湿可增加肉鸡的应激因素，诱发疾病，降低肉鸡对其他传染病的抵抗力，生产利润降低。防止垫料潮湿需要采取综合性措施：

（1）鸡舍使用前充分干燥：鸡舍在使用前要经过充分地通风，在排出杂物、异味的同时也使地面和墙壁干燥。如果地面潮湿，铺上垫料后就容易使垫料含水率升高。

（2）避免饮水系统漏水：无论是使用真空饮水器还是乳头式饮水器，都要在用前认真检修，使用过程中经常进行检查。发现漏水及时处理。

（3）合理通风：通风可以排除鸡舍内的水汽，降低垫料中的含水率。低温季节由于通风量小，鸡舍内的湿度常常偏高，如果对入舍空气进行预热处理，则能够适当加大通风量。

（4）防止鸡群拉稀：粪便稀会使垫料含水率升高。饲料中食盐含量偏高、鸡舍温度偏高、鸡只有肠道感染等都会造成稀便。需要针对这些原因采取预防措施。

5. 垫料的日常管理　主要有以下一些管理要求：

（1）保持垫料松软：定期翻动垫料，将表面的鸡粪抖落到下面，保持表面垫料的干净；及时清除潮湿、结块和污染严重的垫料，摊平垫料以避免地面裸露，并保持垫料的松软。

（2）其他：在小型肉鸡场如果使用火炉加热，还要采取措施防止垫料燃烧，注意用火安全。

6. 废垫料的处理　由于在饲养过程中垫料与粪便长期混合，被粪便中的微生物、有机质污染，垫料就可能成为一种污染源，尤其是在该批肉鸡养殖过程中感染疾病的情况下，垫料中病原体的含量会更高。因此，在该批肉鸡出栏后要将垫料和粪便的混合物一起清理出鸡场，在指定的场所进行堆积发酵处理。

通过堆积发酵，在发酵过程中物料内部产生的热能够杀灭各种病原体；同时也能够使粪便中的尿酸盐分解，减轻其对农作物的腐蚀性；垫料经过与粪便的混合发酵，其质地也变得松脆，易于分解。

有资料报道，用发酵后的垫料继续作为下一批肉鸡垫料使用的，从成本和安全性来看是不可行的。

五、肉鸡的扩群

肉鸡前后期体重差异很大（AA+肉鸡7日龄体重约165克、35日龄体重约2 083克），饲养密度差异也很大（第1周每平方米40只，第5周每平方米15只），由于肉鸡从接雏到出栏都是在同一个鸡舍，早期所需要占用的鸡舍面积较小，而后期占用面积较大。为了便于管理，就需要结合周龄的增加进行扩群（扩大占用面积）。

一般在第1周将雏鸡围挡在鸡舍内前部或中间（有的是两侧），所占面积是鸡舍总面积的30%。随着周龄增加，每周将围挡扩大。如第2周可以扩大至总面积的45%，第3周扩大至60%；夏季时的第4周扩满全鸡舍，冬季时在第5周扩满全鸡舍。

在扩群时要注意提前对新扩的房舍进行升温，使其达到所需温度，并摆好饮水器、料桶等，地面养鸡还要铺好垫料。

六、观察鸡群

在肉鸡的日常管理中，饲养人员除操作设备外，很多的时间需要在鸡舍内巡视，观察舍内各种情况，以便及早发现问题，及时处理。

1. 观察羽毛　健康鸡的羽毛平整、光滑、紧凑，即便是在新羽毛生长期间，羽毛也比较贴体、光亮（图6-41）。如果肉鸡的羽毛蓬乱、污秽、失去光泽，可能与鸡舍环境条件不适、饲料营养不足、发生疾病有关。

图6-41　整洁的肉鸡羽毛

2. 观察鸡冠 正常情况下，20日龄前肉鸡的冠小、颜色发黄，以后随周龄增加，鸡冠变大，颜色由黄变红。健康的肉鸡在30日龄后鸡冠鲜红、光润（图6-42）。如果在饲养后期鸡冠小而黄则是发育不良的重要指征，可能与饲料营养不足、代谢机能障碍、僵鸡综合征、体内寄生虫等有关；

图6-42 红润的鸡冠

如果鸡冠发紫，常见于感染传染病或药物中毒。

3. 观察采食 肉鸡的最大特点是贪吃和懒，吃料后大多数时间卧在垫料上，甚至卧在料盘附近便于伸头采食。每次开启喂料系统后鸡群都会向料盘处集中。随着肉鸡日龄的增加，鸡群的采食量也逐日加大。如果出现鸡群采食不积极、采食量不增加的情况，就要关注其健康问题。同时，注意检查饮水供应、喂料系统是否正常运转等情况。

4. 观察行为表现 肉鸡的行为表现会受温度影响。当温度高时，鸡群远离热源，张口呼吸，表现安静，羽翼下垂。温度低时，它们将会尽量聚集在热源附近，相互拥挤成团并发出叽叽的尖叫声。如果大部分鸡分布均匀，个别处无鸡，说明此处有贼风，要检查漏洞，及时堵严。肉鸡的行为也受健康的影响。如有上呼吸道感染时常常甩头，有气管、肺部和气囊感染时常常伸脖、张口，并有异常呼吸声音；如果有腿部疾病，则行动不便；发生腹水症，腹部膨大、下垂则呈企鹅样站立或行走。

5. 观察鸡群精神状态 正常情况下，雏鸡反应敏感，精神活泼，眼睛明亮有神，休息时在舍内分布均匀（图6-43）。当饲养员靠近时，鸡只会站起来走动。如果鸡群精神沉郁、羽毛松乱、低头缩颈，则常常是感染疾病的表现。

图6-43 采食后休息的鸡群

6. 观察粪便 正常的粪便为青灰色、成形，表面有少量白色的尿酸盐。当鸡患病时，往往排出异样的粪便。如排水样稀便是鸡舍温度高、饮水过多引起；血便多见于球虫病、坏死性肠炎；白色石灰样稀粪多见于鸡白痢、传染性法氏囊病、传染性支气管炎等疾病；绿色粪便多见于新城疫、马利克氏病、急性禽霍乱。

7. 听呼吸声音 当天气急剧变化、接种疫苗后、鸡舍氨气过高和灰尘多的时候，容易引起呼吸系统疾病。在夜间外面安静的时候倾听鸡群内有无异常呼吸声。一旦出现异常的呼吸声音时，要及时进行诊断并采取相应措施。

七、生产记录与总结

1. 做好记录 每一栋鸡舍都应建立生产记录档案，包括进雏日期、进雏数量、雏鸡来源；每日的生产记录包括：肉鸡日龄、死亡数、死亡原因、存栏数、温度、湿度、免疫记录、消毒记录、用药记录、喂料量，鸡群健康状况，出售日期、数量。记录应保存两年以上。做生产记录的目的在于及时发现问题，及时总结经验教训，为不断提高生产管理水平提供参考；便于分析饲养效果和生产效益，为领导决策提供依据。

肉仔鸡饲养记录见表 6-15。

表 6-15　肉仔鸡饲养记录表

进鸡日期：　年　月　日　　　　鸡舍编号：　　　　负责人：

来源：　　　　鸡种：　　　　进鸡数目：

周龄	日期	日龄	死亡	淘汰	实存	耗料	累积耗料	备注	周龄	日期	日龄	死亡	淘汰	实存	耗料	累积耗料	备注
1		1							4		22						
		2									23						
		3									24						
		4									25						
		5									26						
		6									27						
		7									28						
	合计									合计							
2		8							5		29						
		9									30						
		10									31						
		11									32						
		12									33						
		13									34						
		14									35						
	合计									合计							

续表

进鸡日期:　年　月　日									鸡舍编号:						负责人:		
来源:			鸡种:			进鸡数目:											
周龄	日期	日龄	死亡	淘汰	实存	耗料	累积耗料	备注	周龄	日期	日龄	死亡	淘汰	实存	耗料	累积耗料	备注
3		15							6		36						
		16									37						
		17									38						
		18									39						
		19									40						
		20									41						
		21									42						
		合计									合计						

注：备注栏内可以填写周末抽测体重、防疫和用药记录、设备运行情况等。

2. 生产总结　每一批肉鸡出栏后每个鸡舍都要对饲养成效进行总结，全场将各鸡舍的生产情况进行汇总统计，做出全场本批肉鸡的生产总结。在生产总结中应该反映出以下生产性能指标：

（1）成活率：指本鸡舍（本鸡场）出栏肉鸡只数占接鸡总数的比例。正常情况下，42日龄肉鸡出栏的成活率不低于95%。

（2）出栏平均体重：随机测定若干筐肉鸡的重量并除以肉鸡只数，得出平均体重。也有在运送到屠宰场时进行称量该车肉鸡的总重，再除以该车肉鸡的只数所得出的结果。目前，35日龄出栏肉鸡的平均体重不低于2千克，42日龄不低于2.4千克。

（3）饲料效率：即肉鸡每千克体增重所需要消耗的饲料量。可以按本批肉鸡饲养全程的饲料消耗总量除以该批肉鸡出栏的总重量。目前，35日龄出栏的肉鸡饲料效率不超过1.65，42日龄出栏则不超过1.72。

八、肉仔鸡饲养规程与各周管理要点

（一）肉仔鸡日常管理规程

商品鸡场每日工作安排见表6-16。

表6-16　商品鸡场每日工作安排

时间	工作内容
8：00~8：30	与夜班人员做好鸡舍交接工作
8：30~9：00	投药，整理工作间，打扫卫生
9：00~9：30	确认鸡群、通风、温度、给水、给料情况
9：30~10：00	确认鸡群情况，调整舍内环控
10：00~12：00	挑拣病弱鸡，翻垫料
12：00~13：00	吃饭，休息
13：00~14：00	确认鸡群、通风、温度、给水、给料情况
14：00~15：00	挑拣病弱鸡，翻垫料
15：00~16：00	整理鸡舍外卫生、场区卫生
16：00~16：30	做报表，整理工作间
16：30~17：00	调整鸡舍环控，病死鸡做无害化处理
＊周工作安排：	①周一、周五场区消毒；②周一、周五鸡舍冲洗水线；③对肉鸡场四项安全生产工作进行排查；④每周周末称重，整理场区卫生

注意事项：①加强病弱鸡挑拣工作；②若有其他工作安排应以实际工作安排执行；③每周按规定时间称鸡。

（二）每周饲养管理关键点

1. 第1周管理要点

（1）雏鸡到场后，立即卸车将鸡苗放入育雏围栏内，并引导雏鸡饮水和采食。

（2）以保温为主，通风换气为辅，杜绝贼风，避免鸡只受凉。

（3）饮水：进鸡前对每个水线乳头手动触动，保持有水珠，水杯内加满水，引导雏鸡饮水；如果雏鸡不知道喝水，将部分雏鸡喙尖浸湿，刺激雏鸡找水喝，防止鸡只脱水。

（4）开食：坚持"少喂勤添"的原则，保持饲料的新鲜，每次添料前将开食盘内的粪便、稻壳清理到小桶内，集中收集。

（5）开食 4 小时后，由栋长在鸡舍的 3~4 个不同的位置分别抽样 30~40 只雏鸡，触摸雏鸡嗉囊，确保 80% 的雏鸡嗉囊饱满。若达不到，即刻人为诱水、诱食。

（6）入雏后每 2~3 小时唤鸡 1 次，刺激鸡只饮水与采食。

（7）本周末如果进行饮水免疫，严格按照《免疫操作规程》执行。

2. 第 2 周管理要点

（1）在保温的情况下逐渐增加通风量，避免栋舍内出现通风死角。

（2）每天及时淘汰弱小、脚弱、呆立、精神沉郁的鸡。

（3）移动、调试搅拌风机（3~5 赫兹）。

3. 第 3 周管理要点

（1）本周是母鸡换羽的时期，周末大部分母鸡会换羽结束，如果通风量过小容易引发呼吸道疾病。尤其冬季要特别注意，必须保证最小通风量。

（2）重点关注鸡只的密度，并注意扩栏。

（3）及时淘汰每天出现的弱小、脚弱、呆立、精神沉郁的鸡。

（4）严格执行控光、限料的管理模式。

4. 第 4 周管理要点

（1）本周重点是降温和逐渐加强通风，尽量使鸡适应大风机的风速，为后面加大通风做准备。

（2）本周公鸡处于换羽时期，要在保温的同时尽量通风换气。

5. 第 5 周管理要点

（1）本周以通风为主，此时鸡群必须适应大风机的风速，加强晚上的通风换气管理。

（2）本周注意呼吸道疾病，及时挑出病弱鸡放在弱鸡栏单独管理。

（3）加强对垫料的管理，防止结块。

6. 第 6 周管理要点

（1）重点加强通风换气，在温度许可的范围内，尽可能加大通风量。

（2）本周是休药期，注意鸡只的死淘。

7. 出鸡管理要点

（1）按生产计划，安排抓鸡的具体时间。

（2）出鸡前3天栋长确认各栋所需饲料量，避免饲料剩余或不足。

（3）出鸡前3天完成出鸡相关工器具的准备工作。

（4）出鸡前6小时，停止饲喂；抓鸡开始时，停止供水，将水线、料线提升到2米左右的高度，以不影响抓鸡为宜。

（5）打开纵向风机，加大通风，抓鸡时的光照强度以保证能顺利、安全地完成抓鸡工作为宜。

（6）鸡笼装车过程中，动作要尽量轻，降低应激。

（7）在气温较高的情况下，装车后向鸡笼上浇水，防止在运输过程中造成死亡。

第六节　肉鸡的出栏管理

一、出栏时间的确定

肉鸡的出栏时间一般在42日龄前后，在生产实际中会因为多方面因素的影响而提早或推迟出栏。

（一）根据市场需要确定出栏时间

有的市场主要销售白条鸡或分割鸡，供应这类市场的肉鸡场一般把出栏时间安排在35~40日龄之间，这时肉鸡的体重在2.0千克左右，屠宰后的屠体（半净膛）重量约为1.5千克，适合一般家庭的消费要求。有的市场以出售分割鸡为主，肉鸡一般可以饲养到45~50日龄，体重达到2.7千克左右。

在不同体重情况下，科宝500肉鸡的屠宰性能（预冷前）见表6-17、表6-18。

表 6-17　科宝 500 母鸡屠宰性能

体重（g）	胴体（%）	去骨胸肉（%）	大腿（%）	小腿（%）	翅（%）
1 600	71. 89	21. 83	14. 48	8. 81	7. 53
1 800	72. 32	22. 36	14. 43	8. 83	7. 51
2 000	72. 75	22. 88	14. 39	8. 85	7. 49
2 200	73. 18	23. 40	14. 34	8. 87	7. 47
2 400	73. 61	23. 92	14. 30	8. 88	7. 45
2 600	74. 04	24. 44	14. 25	8. 90	7. 43
2 800	74. 47	24. 96	14. 21	8. 92	7. 41
3 000	74. 90	25. 48	14. 16	8. 94	7. 39

表 6-18　科宝 500 公鸡屠宰性能

体重（g）	胴体（%）	去骨胸肉（%）	大腿（%）	小腿（%）	翅（%）
1 600	71. 93	20. 84	14. 46	9. 15	7. 48
1 800	72. 28	21. 13	14. 49	9. 21	7. 50
2 000	72. 63	21. 41	14. 53	9. 28	7. 51
2 200	72. 98	21. 70	14. 56	9. 35	7. 53
2 400	73. 33	21. 99	14. 60	9. 41	7. 55
2 600	73. 68	22. 28	14. 63	9. 48	7. 57
2 800	74. 03	22. 57	14. 67	9. 54	7. 59
3 000	74. 38	22. 85	14. 70	9. 61	7. 61
3 200	74. 73	23. 14	14. 74	9. 68	7. 63
3 400	75. 08	23. 43	14. 77	9. 74	7. 65
3 600	75. 43	23. 71	14. 81	9. 81	7. 67
3 800	75. 78	24. 00	14. 84	9. 88	7. 68
4 000	76. 13	24. 29	14. 88	9. 94	7. 70
4 200	76. 48	24. 58	14. 91	10. 01	7. 72
4 400	76. 83	24. 86	14. 95	10. 07	7. 74
4 600	77. 18	25. 15	14. 98	10. 14	7. 76
4 800	77. 53	25. 44	15. 02	10. 20	7. 78

从表6-17、表6-18可以看出，随肉鸡出栏体重的增加，其屠宰率、胸肌率、腿肌率和翅肉率都处于逐渐升高的状态。

（二）根据市场价格确定出栏时间

肉鸡的市场价格经常出现波动，甚至在较短的时间内就会有较大的价格差异。因此，如果价格处于上升期就可以多养几天，如果价格有下降趋势就可以提前几天出栏。

（三）根据生长规律确定出栏时间

肉鸡生产要充分利用其快速增重的阶段，一般在前期的增重速率高于后期，饲料转化效率也是前期优于后期。如果进入7周龄后，尽管鸡的绝对增重不低，但是其每千克的增重所消耗的饲料量会比此前显著增加，生产成本增高（表6-19~表6-21）。

雄性肉鸡通常到8周龄后其增重速度减缓，雌性到7周龄后增重速度就减缓。因此，不同性别的肉鸡出栏时间也不同。

表6-19　罗斯308肉鸡不同日龄的体重变化

周龄末		1	2	3	4	5	6	7	8	9
体重（克）	公	184	471	920	1 505	2 173	2 867	3 541	4 162	4 712
	母	180	439	828	1 318	1 869	2 436	2 891	3 357	
周增重（克）	公	142	287	449	585	668	694	674	621	600
	母	138	259	389	490	551	567	455	466	

表6-20　科宝500肉鸡不同日龄的体重变化

周龄末		1	2	3	4	5	6	7	8	9
体重（克）	公	186	470	971	1 585	2 299	3 044	3 786	4 481	5 068
	母	184	460	914	1 463	2 083	2 671	3 226	3 741	4 230
周增重（克）	公	128	284	500	614	714	745	742	695	587
	母	122	224	506	549	620	588	555	515	489

表6-21　科宝500肉鸡不同周龄的饲料效率统计

周龄	1	2	3	4	5	6	7
公鸡	0.898	1.162	1.265	1.402	1.531	1.667	1.805
母鸡	0.908	1.166	1.263	1.403	1.528	1.684	1.841
公母混合	0.902	1.165	1.264	1.402	1.53	1.675	1.819

（四）考虑羽毛生长情况

当肉鸡的第一次换羽完成后，绒毛完全脱落并更换为青年羽（正常的羽毛形状和结构）后，经过几天的时间即可完成羽毛的成熟过程。成熟后的羽毛其羽轴发白（未成熟的发紫，其管腔内有血液），屠宰过程中脱毛时容易脱得干净。如果羽毛更换未完成或羽毛未成熟（图6-44），脱毛后在皮肤上会留有羽锥（刚长出的羽毛）或折断的羽轴，影响屠体的外观品质。一般来说，38日龄时肉鸡的青年羽能够长齐，40~50日龄出栏的肉鸡屠宰时皮肤脱毛比较干净（图6-45）。

图6-44　32日龄时肉鸡的羽毛尚未长齐

（五）考虑饲养效益

肉鸡何时出栏最好，其答案应该是在能够获得最大效益的时间出栏。影响肉鸡饲养效益的因素很多，有些成本是相对稳定的，如设施折旧、水电燃料和工人工资等，确定出栏时间的时候这些因素可以忽

图6-45　40日龄时羽毛已经完全长齐

略；而一些变化较大的因素是必须考虑的，如鸡苗价格、饲料效率和饲料价格、肉鸡销售价格、肉鸡成活率等。在35～45日龄之间，综合计算这几项可变因素对生产效益的贡献度，可以确定出合适的出栏日龄。

（六）关于分批出栏

在一些中小型肉鸡场，可能没有与屠宰场签订协议，肉鸡养成后送到市场销售，由于每天销售数量少，无法一次性出栏。在这种情况下，养殖场（户）会在35日龄后选择性地出售肉鸡，一般都是挑选体重大的个体出售，其他肉鸡继续饲养，通常要求在10天内销售完毕。然后按照清理、消毒和闲置的程序清理鸡舍和鸡场，等待下一批肉鸡入场。有的养鸡户在饲养肉鸡过程中会存在饲养密度偏高的情况，在后期分批出栏也有助于降低饲养密度。

此外，在近年来一些地方由于生产环境不理想，鸡群进入35日龄以后发病率和死亡率显著增高，而且没有有效的控制措施。对于这种情况，一般把出栏时间安排在35日龄。

二、抓鸡与运输

（一）抓鸡前的准备

1. 停止加料 肉鸡出栏前 8 小时要停止加料，并在出栏前 6 小时将料盘内的饲料清理干净，清出的饲料集中存放，可以与其他饲料混合后用于喂养其他动物（如猪、肉牛、羊等），不能用于喂饲下一批肉鸡。提前停止喂料有利于在抓鸡的时候减少饲料反流，也有利于嗉囊、肌胃、肠道中饲料的排空，防止屠宰时消化道中残留的饲料污染屠体，也减少饲料的浪费。

在肉鸡停料期间，由于肠道内缺少内容物，不可避免地会造成体重的降低。这种体重的降低对胴体重量影响很小。在屠宰前停止喂料，也能够减少抗球虫药和其他药物在鸡肉中的残留。对于肉鸡企业集团内部的养殖场来说，可以通过督查进场以保证停水停料时间；对于合同饲养户来说，则可以通过检查嗉囊中的饲料积存情况确定肉鸡的称重和上屠宰线时间。

一些小型养殖户为了使肉鸡的出栏体重更大一些，在出栏前往往不停料，这样的鸡在出售时体重可能比停料的鸡重 100 多克，但是在屠宰时积存在消化道内的饲料完全成为废弃物，并造成屠宰率的下降。一些屠宰场在收鸡的时候常常用手触摸肉鸡的嗉囊部位，感知其中是否有饲料积存，并由此决定肉鸡的收购价格。

2. 停止供水 一般在屠宰前 3 小时关闭鸡舍的水管阀门，停止供水。在抓鸡前 2 小时将乳头式饮水系统升高（高度通常为 1.8~2.0 米）。停水不宜太早，否则鸡群较长时间不能喝水会造成应激；停水太晚也不行，停水晚在抓鸡的时候嗉囊中的水会反流出来，甚至进入气管造成鸡的窒息。

3. 提升喂料和饮水设备 抓鸡前将喂料和饮水设备提升起来，其高度以不影响人员在鸡舍内的活动为准；如果使用料桶或真空饮水器，则要将它们提到鸡舍外。这样做的目的，一是方便人员操作，二是减少抓鸡过程中鸡只奔跑时碰到这些硬物，造成皮下淤血，影响屠体外观品质。

4. 准备围挡　目前，肉鸡养殖规模相对较大，一个鸡舍内的鸡只数量少者 5 000 只左右，多者超过 5 万只。由于鸡群大，抓鸡的时候需要在鸡舍内用围挡（多用折叠型挡网，四周为钢筋框架，中间用金属网或塑料网固定；也有用三合板的。高度一般为 0.8 米，单个长度约 1 米；每两个连在一起，连接处能够活动，可以折叠）将部分鸡只围堵在一个小区域内便于抓鸡。如果不采用围挡，在抓鸡的时候鸡只跑动范围大，不便于抓鸡操作，也容易造成鸡只的外伤，鸡只产生的应激反应也大。

5. 准备鸡筐　目前在一个公司内使用的鸡筐规格是一致的，其长、宽、高和重量相同。通常的规格为 730 毫米×540 毫米×265 毫米，承重为 100 千克。鸡筐在每次使用前、后都要经过冲洗和消毒。一般每个筐内可以放 12 只左右的肉鸡。

6. 称重记录　肉鸡出栏前要准备磅秤，一般可以放在运输车附近，称量每一筐鸡只的重量（需要提前称量空筐重量）并记录，最后计算出一车鸡的总重量（图 6-46）。

图 6-46　肉鸡出栏时称重

7. 确定人员　在没有使用机械化抓鸡设备的情况下，肉鸡出栏时需要较多人员参与，需要提早组织参与人员并进行简要的抓鸡、装筐技术培训。

（二）肉鸡的捕捉

肉鸡出栏时要对其进行捕捉。捕捉时动作要合理，减少对鸡只的应激和损伤。肉鸡捕捉要做到迅速、准确、动作轻柔。抓鸡前将窗帘遮住或将室内灯光变暗，使鸡舍内变得昏暗，让人员在舍内停留几分钟后能够适应弱光，而鸡只在昏暗环境中由于视力弱，可以减少肉鸡的活动，有利于捕捉。

抓鸡前应该先用隔网将部分鸡只围起来，可有效减少鸡只因惊吓、拥挤造成踩压死亡。应该注意的是用隔网围起鸡群的大小应视鸡舍温度和抓鸡人数多少而定。在鸡舍温度不高、抓鸡人数多时，鸡群可适当大一些，同时在操作时还须有专人不定时驱赶拥挤成堆的鸡群。在炎热季节，肉仔鸡出栏时，则要求所围的鸡群以 200 只左右为宜，应该力求所围起的鸡在 10 分钟左右捕捉完毕，以免鸡只因踩踏而窒息死亡。

抓鸡动作要轻柔而快捷，可以从鸡的后面握住双腿，倒提起轻轻放入鸡筐或周转笼中，严禁抓翅膀和提一条腿，以免出现骨折。

（三）肉鸡的装筐

鸡筐可以直接带入鸡舍，抓到鸡只后直接装入筐中（图 6-47）。每筐装鸡不可过多，一般以 12 只左右为宜；出栏日龄小可以多装 2 只，日龄大可以少装 2 只，以每只鸡都能卧下为宜。装满后将鸡筐顶部的小门扣好。

图 6-47　肉鸡出栏时抓鸡装筐

(四) 肉鸡的运输

肉鸡的运输是指肉仔鸡出栏至运送到屠宰场的过程。首先将鸡装筐，再小心地将鸡筐码放到运输车上，要求码放整齐，筐与筐之间扣紧扣死。一般堆码的层数不超过 6 层。待一整车装好后，用绳子将每一排鸡筐于运输车底部绑紧，防止运输途中因颠簸使鸡筐坠落（图6-48）。

图 6-48　肉鸡出栏装车

三、出栏后鸡舍的处理

一般的肉鸡场都是通过采用循环养殖以提高鸡舍利用效率。但是，为了保证下一批肉鸡的生产安全，在上一批肉鸡出栏后需要对肉鸡舍、养殖设备及鸡场环境进行清理和消毒。

1. 鸡舍的清理　肉鸡出栏后要尽早将鸡舍内的垫料清运到指定地点进行无害化处理。一般都是用铲车和卡车协同清理，之后要清扫，尽量将各个部位（屋顶、墙壁、门窗、地面、设备表面等）清扫干净，减少粪便、污渍、鸡毛、粉尘的残留。通过清除这些污物、杂物，能够很大程度上减少鸡舍内病原体的数量。

2. 鸡舍冲洗　当鸡舍清理完毕后关闭鸡舍总电源，然后用高压水枪对鸡舍屋顶、墙壁、门窗、设备、地面进行全面的、由上而下的冲洗，将这些部位表面附着的污物冲洗干净。然后将污水和冲洗积水清理到鸡舍外。对鸡舍屋顶和外墙壁、鸡舍附近硬化的地面也要进行冲洗。

3. 鸡舍消毒　当使用清水对鸡舍进行初步冲洗之后，再向水箱内添加消毒剂配制成消毒液，再次进行全面的冲洗，起到消毒作用。在下一批肉鸡接入前 5 天要关闭鸡舍门窗和通风系统，使用福尔马林和高锰酸钾进行熏蒸消毒。按照鸡舍内空间每立方米使用福尔马林30 毫升、高锰酸钾 15 克。熏蒸后密闭 36 小时，再进行通风换气以排出鸡舍内的药物气体。要保证肉雏鸡接入鸡舍时室内感受不到药物气味。如果有刺激性的药物气味残留，可以少量使用一些氨水喷洒以起到中和作用。残留的消毒药物气味会刺激雏鸡的眼结膜和上呼吸道黏膜，引起鸡只的不适。

4. 鸡舍外环境消毒　鸡舍冲洗后可以在鸡舍外墙及附近硬化的地面喷洒消毒液；当完成熏蒸消毒后应再次喷洒消毒液，确保鸡舍周围环境中病原体的数量降至最低。

5. 用具处理　料筒、饮水器、塑料网、灯泡、温湿度计、工作服及其他用具等，应清洗和消毒。

6. 鸡舍通风　鸡舍清理消毒后应打开风机进行彻底的通风，最大限度地排出鸡舍内的各种废气、灰尘和水汽。

7. 鸡舍设备安装检修待接雏鸡　在接下一批肉雏鸡前 7~10 天，安装并检修各种设备，为下批肉鸡的饲养做好准备。

第七章
白羽肉鸡的疫病防控

第一节　卫生防疫管理措施与制度

白羽肉鸡生长周期很短，如果感染疾病则会造成多日的体增重减小或停滞，以致到出栏日龄时平均体重显著减小或出栏日期推迟，这将会显著增加饲养成本；由于白羽肉鸡生长速度快，对疾病的抵抗力相对较弱，感染疾病后容易造成较高的死亡率。因此，在肉鸡生产中必须了解主要疾病的发病规律、病原特征、常见症状和病变以及防治措施，把预防工作做到前面，减少或防止疾病发生，保证肉鸡生产的安全。

一、综合性卫生防疫措施

鸡群的健康受多种因素的影响，如环境中的病原体数量、环境条件变化、饲料质量、鸡体的免疫力等，任何一个方面的工作出现纰漏都可能导致鸡群的健康发生问题。因此，肉鸡的卫生防疫管理工作是一项系统性工作，必须了解每个环节的要求并采取相应措施，为鸡群筑牢疫病防控的保险网（图7-1）。

（一）控制环境中的病原体

环境中病原体的数量与鸡群的发病率呈正相关，即病原体数量越多，则鸡群发病的概率越高。因此，减少肉鸡饲养环境中的病原体数

图 7-1　加强鸡场卫生管理

量是防止疾病发生的关键措施。

1. 做好鸡场与外界的隔离　隔离的目的是防止外界的病原体进入鸡场而影响鸡群。隔离的措施主要包括：鸡场建在远离村镇、学校、集市和交通干线的相对偏僻的地方，减少外来人员和车辆将病原体带到鸡场及附近；与其他养殖场、屠宰场保持足够的防疫距离，避免其他场发生疾病后影响到本场或屠宰废弃物中所含的病原体影响本场；谢绝无关人员和车辆进入鸡场。

2. 加强消毒管理　消毒的目的是杀灭消毒对象所携带的病原体。通过对鸡舍内外环境、鸡场大门内外、场内道路、各种设备和车辆、人员及用品、进入生产区的各种物料、粪便和病死鸡、饮水等进行定期消毒（图 7-2、图 7-3），杀灭这些场所和物品表面存在的病原体，将鸡群生活环境中的病原体数量降至最低。

图7-2　安装在鸡舍内的喷雾消毒器　　图7-3　对进入鸡场的车辆进行消毒

3. 加强养殖场污物的无害化处理　肉鸡场的污物主要包括粪便、污水和病死鸡，也包括生活垃圾等。这些污物中含有较多的病原体，如果不及时进行无害化处理就会污染养殖环境，威胁鸡群健康。

4. 减少其他动物进入鸡舍　鸡舍要相对封闭，能够有效阻挡其他动物的进入。因为其他动物如老鼠、飞鸟、宠物等都可能是病原体的携带者，进入鸡舍后就会把病原体带入舍内，感染鸡群。

（二）保持环境条件的适宜和稳定

1. 保证鸡场环境的相对干燥　场区潮湿是许多疾病的诱发因素，要保持场区干燥需要从以下几方面采取措施：鸡场的场址选择在地势较高、排水良好的地方，附近的河流、水库、池塘内的水不会流进鸡场，雨后鸡场内的水能够很快排出；鸡场设计时要有良好的排水系统，能够及时排出积水；鸡场要修建在背风向阳的地方，场区能够较多地接受阳光照射。

2. 保持鸡舍良好的环境条件　鸡舍内的环境条件直接影响鸡群的生活和生产，适宜而稳定是鸡舍环境条件控制的基本原则。如果环境条件不适宜，则可能造成条件性疾病多发。

如幼雏阶段鸡舍温度偏低会加重鸡白痢的发生，造成较多的弱雏；肉鸡饲养中后期温度偏低会加重大肠杆菌和呼吸系统疾病的发生。鸡舍温度偏高不仅容易造成热应激，更重要的是在舍温下降（减少加热或增加通风）后易造成肉鸡受凉感冒，诱发或加重呼吸道疾病。鸡舍湿度偏高会使球虫病、曲霉菌病的发生率增加。通风不良是诱发肉鸡腹水综合征、呼吸系统疾病的重要诱因。

鸡舍各项环境条件要符合不同周龄阶段的具体要求，不能出现较大的偏差；更重要的是鸡舍内的温度不能出现突然下降的情况，尤其是在低温季节。

（三）保证良好的饲料质量

良好的饲料质量不仅是肉鸡快速增重的物质基础，也与肉鸡的抵抗力有密切关系。营养素是肉鸡免疫系统的物质基础，当某种营养素缺乏的时候就会影响肉鸡的抗病力。

1. 饲料营养与肉鸡代谢病　当饲料中缺乏某种营养素或由于不同营养素的比例失调而影响某种营养素的吸收利用时，肉鸡就可能会表现营养缺乏症。常见的如钙缺乏、某些维生素缺乏、某些微量元素缺乏等。当饲料中某种营养素含量过高同样会引起中毒或代谢障碍。

2. 饲料毒素的影响　饲料中的毒素一方面是来自饲料原料自身所含的成分，如棉仁粕中的游离棉酚，菜籽粕中的异硫氰酸酯、硫氰酸酯、噁唑烷硫酮、腈、芥子碱等。另一方面是饲料原料被霉菌污染致使其中的霉菌毒素含量超标，常见的霉菌毒素主要有：由曲霉菌属产生的黄曲霉毒素等，青霉菌属产生的赭曲霉毒素、桔霉素等，镰刀菌属产生的呕吐毒素、玉米赤霉烯酮、T-2 毒素，麦角菌属产生的麦角毒素。第三方面是饲料或原料被重金属、杀虫剂、灭鼠药等污染后在其中残留的有毒有害物质。饲料中上述三类有毒有害成分含量高都会影响肉鸡的健康。

3. 饲料营养与肉鸡的免疫　当蛋白质不足的时候，肉鸡胸腺和脾脏的重量减小，淋巴细胞或免疫器官中淋巴细胞数目减少，对大肠杆菌的抵抗力下降。氨基酸对体液免疫功能具有显著影响，尤其是支链氨基酸和芳香族氨基酸的影响更大。当肉鸡饲喂缺乏蛋氨酸的饲料时，产生抗体的免疫应答要比饲喂蛋氨酸充足的饲料低。

低聚糖能够提高肉鸡免疫力，其机制主要是：促进动物肠道后段有益菌的增值，从而提高动物免疫功能；具有免疫佐剂和抗原性，促进机体免疫功能；激活动物机体体液和细胞免疫增强免疫功能。

研究表明，适当增加饲料中维生素 A 的添加量能够提高肉鸡的增重，促进淋巴器官发育、中性粒细胞吞噬活性及使新城疫疫苗的

HI 抗体滴度升高。维生素 E 能够提高机体的细胞免疫和体液免疫水平，提高肉鸡对大肠杆菌和新城疫的抵抗力。饲料中添加维生素 C 能够降低一些应激因子对免疫的抑制作用；能够增加机体干扰素的形成进而提高免疫力。B 族维生素缺乏会使胸腺发育受阻，淋巴细胞数目减少，免疫力下降。

饲料中添加硒能够提高雏鸡在接种新城疫疫苗后的抗体滴度和血清 IgG 水平，能够显著减少人工感染马立克病的发生。锌缺乏时肉鸡的胸腺、脾脏和法氏囊等免疫器官发育受抑制，锌含量过高同样会抑制免疫器官的生长发育。肉仔鸡缺铜时，其胸腺、脾脏和法氏囊等免疫器官会不同程度萎缩；缺铁的症状与缺铜相似。

只有营养素种类全面、含量适中、各种毒素含量不超标的饲料才是肉鸡健康、快速生长的物质基础。

(四) 增强鸡体的免疫力

1. 及时接种疫苗　接种疫苗能够使鸡体产生特异性的抗体，能够对特定的病原体产生抵抗作用。按照肉鸡传染病的发病规律及时对鸡群接种疫苗（图 7-4、图 7-5）是增强肉鸡免疫力的主要措施。

图 7-4　点眼接种疫苗

2. 合理使用免疫增强剂　多糖类添加剂如黄芪多糖具有免疫调节、抗肿瘤、抗病毒等多种药理作用，其中最主要的是免疫增强作用；云芝多糖（PSP）、香菇多糖能够有效地提高机体的细胞免疫功能状态；香菇多糖也能提高 NK（自然杀伤）细胞的杀伤活性；酵母多糖、菌脂多糖等都能提高巨噬细胞吞噬功能。定期使用这类添加剂

图7-5　颈部皮下注射疫苗

能够增强鸡群的免疫力，提高肉鸡对疾病的抵抗力。

3. 减少免疫抑制情况的发生　所谓免疫抑制，是指对于免疫应答的抑制作用，表现在给肉鸡接种疫苗后没有能够按照预期产生足量的特异性抗体。引起肉鸡产生免疫抑制的因素很多，主要有：鸡群感染了能够引起免疫抑制的疾病，如常见的法氏囊炎、禽流感、禽白血病、鸡马立克病等，这类疾病都会严重侵害机体免疫系统，造成免疫抑制；能够引起免疫抑制的药物也很多，如呋喃唑酮（痢特灵）、磺胺类药物、氯霉素、甲砜霉素、青霉素、金霉素等，这些药物往往是因为其本身具有抑制骨髓造血功能和抑制骨髓合成免疫球蛋白的性质而发生贫血和免疫抑制；频繁接种或超剂量使用疫苗；霉菌毒素、环境污染、应激反应也都会引起鸡群的免疫抑制。

4. 保持机体正常的生理状态　这是日常饲养管理工作中最重要的方面，是保持鸡群健康的基础。主要通过保持良好的营养状况、适宜的环境条件和减少各种应激的发生来实现。

（五）控制种源性疾病

种源性疾病是指由于种禽感染某种传染病之后会把这种传染病的病原体传递给后代，使后代也会发生该传染病，即所谓的垂直传播疾病。常见的种源性传染病主要有淋巴白血病、鸡白痢沙门菌、败血支原体、禽脑脊髓炎、病毒性关节炎等。种鸡群感染这些疾病后即便是经过使用药物控制也不能将病原体从体内清除，病原体能够通过种蛋感染后代，造成种蛋孵化率下降（胚胎在孵化过程中死亡）、弱雏增多，雏鸡先天带毒（带菌）。这些带毒（带菌）的雏鸡在某些时候就会发病。

种源性疾病的控制主要是通过对种鸡的净化（图7-6），同时对种鸡场环境进行彻底的消毒，某些疾病可以配合接种相应的疫苗进行控制。种鸡场只有做好特定疫病的净化工作，才能为商品肉鸡场提供健康优质的雏鸡。

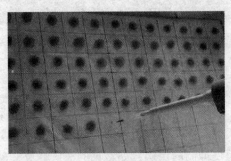

图7-6　鸡白痢净化

（六）做好科学的饲养管理

科学的饲养管理是肉鸡健康生产的重要保障。只有按照标准化生产管理要求，使每个环节都能够规范化地落实具体措施，才能够减少疾病的发生。

1. 建立"全进全出制"生产管理制度　本项管理制度是指在同一个肉鸡场同时间内只饲养同一日龄的雏鸡，经过一个饲养期后，又在同一天（或大致相同的时间内）全部出栏。这种饲养制度有利于切断病原的循环感染，有利于疾病控制，同时便于饲养管理，有利于机械化作业，提高劳动效率；便于管理技术和防疫措施等的统一。目前，大多数肉鸡场已经采用这种管理制度，也有部分肉鸡场仅仅是做到了某栋鸡舍的全进全出，这种方式对于疾病的控制是不利的。

2. 及时检查鸡舍和鸡群状况　在当前的规模化肉鸡生产中，喂料、饮水、环境条件控制等都已经实现了自动化控制，劳动量大幅度减小。作为饲养人员能够有足够的时间在鸡舍内巡视，检查设备运行状况、各项环境条件指标、鸡群精神状态、饲料消耗情况、垫料状况等。如果这些条件都符合要求，那么鸡群的健康问题就很少；如果发现某个项目有异常并及时采取调整和控制措施，也能够避免鸡群出现较大的问题。

二、建立健全卫生防疫制度

建立完善的卫生防疫制度并严格执行，是肉鸡场实现安全生产的重要基础。卫生防疫制度的制定是肉鸡场执行卫生防疫措施的依据，制度规定了从事生产的过程中在每个主要环节应该做好的事情以及不能做的事情。这里介绍一部分肉鸡场的相关卫生防疫制度供参考。

（一）卫生管理制度

通过良好的制度约束和卫生控制能解决环境污染的根本问题，并能从防疫的意义上解决环境的净化问题（有效地减少和消灭病源微生物）。

（1）保持生活区、生产区的环境卫生：定期清除环境中一切杂草、树叶、羽毛、粪便、污染的垫料、包装物、生活垃圾等，定点设立垃圾桶并及时清理。生活区和生产区严格分开，达到现代养殖的相关卫生标准和商检局相关的出口备案要求。

（2）保持饲养人员个人卫生：每个饲养员至少有 3 套可供换洗的工作服，坚持每 1~2 天洗一次澡，保持工作服整洁。

（3）保持餐厅、厕所卫生：定期冲刷、擦洗，做好无油污、无烟渍、无异味。养殖期间杜绝食用外来禽类产品（禽肉、禽蛋），养殖过程中禁止食用本场的病死家禽。

（4）保持道路卫生：道路要不定期清扫，定期消毒。有条件的养殖场可以将净道和污道水泥硬化，便于交通运输，便于内部人员日常操作，便于冲刷消毒。

（5）消毒池的管理：保持进入生活区、生产区大门的消毒池的干净，池内无漂浮污物、死亡的小动物和生活垃圾，定期（5~7 天）更换消毒液 1 次，特殊情况应随时更换。最常见的消毒剂是 3%~5%

的氢氧化钠水溶液。

（6）按照要求配备兽医室、剖检室、焚尸炉：能对病死的家禽剖检、禽病的诊断和病禽、病料的无害化处理提供条件和便利。

（7）养殖用水最好是自来水或深井水，定期检测饮水的卫生标准，确保卫生无污物，大肠杆菌污染指数符合国家规定的饮用水的卫生指标。

（8）配备粪便生物发酵处理池，确保鸡场作为肥料的鸡粪和垫料对社会及其他养殖没有危害性。

（9）养殖所用饲料：要保持新鲜和干净，饲料场、散装料罐、养殖场、散装料仓，都要避免人为的接触和污染。在鸡群发病时期特别要注意剩料的处理。

（二）隔离制度

隔离制度是维护养殖环境安全和约束外来疫病入侵的有效保障。现代肉鸡的养殖周期在 35～45 天，在养殖过程中，由于隔离不力而导致外来的疫病侵害和感染到鸡群。

（1）提高安全生产意识：在思想上一定要有养殖"全程独立"的概念，隔离从开始到结束，来不得半点马虎。

（2）对外来人员的隔离：在养殖场周围除了必要的净道和污道的门口之外，要有能够阻挡人员和大的野生动物出入的篱笆等作为防护屏障。

（3）减少养殖过程中的一切对外交往：每一次外出购物、残鸡处理、拉鸡粪、垫辅料等都是有风险的。

（4）进场车辆要严格消毒：必要的散装料车进入鸡场要经过严格的冲刷消毒，尤其是轮胎和底盘的消毒，司机原则上不允许随便下车。

（5）在养殖过程中遇有特殊情况需要外出的，如采购药物、疫苗、生活用品等，回来后要经过严格的更衣、沐浴、消毒手续才能允许再次进入生产区，正常情况下可联系供应商送货上门。

（6）在养殖区内定期灭鼠、灭蝇：在鸡舍通风窗上安装防止鸟进入的铁丝网，也要注意防止猫和狗进入鸡舍。

（7）饲养人员不能相互串舍，鸡舍门口必设消毒盆以供进入鸡舍的人员消毒用。

（8）各个鸡舍内日常所用的工具和用具要严格管理、配套使用，不能相互转借。

（9）通过政府干预或依照《中华人民共和国畜牧法》的相关规定，禁止在鸡场周围 2~4 千米内发展同类养殖场或相关的养殖场（养猪场、养鸭场、蛋鸡养殖场）、屠宰场等。

（10）在养殖过程中应谢绝同行业组织的参观、考察和访问。一切观摩活动可安排在出栏过程中或出栏后进行，有条件的养殖场也可以设置并在鸡舍内安装监控系统。

（三）常规消毒制度

（1）育雏前的喷雾消毒和熏蒸消毒：在雏鸡到来之前 5~7 天要对整理好的肉鸡舍进行熏蒸消毒（使用福尔马林和高锰酸钾），密闭 36 小时之后打开门窗或风机进行通风，排出药物气体。进雏前 1~2 天对鸡舍再次进行消毒，这次注意使用喷雾消毒的方法，使用的药物为季铵盐类或卤素类。

（2）养育过程中的带鸡消毒：在肉鸡养殖期间每间隔 2~3 天就需要采用喷雾消毒方式进行带鸡消毒，使用的药物为季铵盐类或卤素类，每周可以使用 1 次过氧乙酸喷雾，但应注意药物用量，防止对鸡的呼吸道黏膜和眼结膜造成太大的刺激。

（3）饲养人员从生活区进入生产区必须经过淋浴、更衣、消毒程序，需要带入生产区的用品也需要经过消毒，进入鸡舍前要通过洗手和脚踏消毒池进行第二次消毒。

（4）做好个人卫生和宿舍卫生，每批进雏前对所有服装、被褥等进行 1 次彻底的清洗和消毒。

（5）鸡场道路每 2~3 天喷洒消毒 1 次，鸡舍外墙每周喷洒消毒 1 次。

（6）饮水消毒要经常进行。

（7）病死鸡及时从鸡舍内拣出，送往焚烧炉进行焚烧；需要剖检的则在剖检后经过消毒再焚烧，剖检用具在使用后要彻底消毒。

（8）定期对消毒物体进行消毒效果检测，确保消毒效果。

（四）免疫制度

（1）各种疫苗购买要按照公司疫苗购置计划执行，购置计划常常与鸡群的饲养批次安排有关。要详细记录所购疫苗的生产厂家、名称、批号、生产日期、购入途径等，按疫苗瓶签上的要求进行保存，凡是过期、变质、失效的疫苗一律禁止使用。

（2）每一批肉鸡的免疫接种必须严格按照公司制定的免疫程序进行，如果需要变动则必须经过兽医技术部负责人研究后决定。

（3）做好免疫计划，认真填写疫苗批号及免疫记录，并做好免疫日报。

（4）盛装疫苗的空瓶及过期、变质、失效的疫苗，不准随意乱扔、乱用，应经过消毒后再处理，防止病毒扩散到鸡场内，以免对鸡群造成污染。

（5）鸡群的免疫接种要合理组织，疫苗应在特定的条件下在规定的时间内用完，无论哪种接种方式都要求把接种质量放在第一位，不能为了速度而忽视效果。

（6）兽医化验室做好免疫前后鸡群的抗体检测工作，了解鸡群抗体变化状态（图7-7）。

（五）药物管理制度

（1）建立完整的药品购进记录：记录内容包括药品的品名、剂量、规格、有效期、生产厂商、供货单位、购进数量、购货日期。

（2）药品的质量验收：包括药品外观性质检查、药品内外包装及标识的检查，主要内容有：品名、规格、主要成分、批准文号、生产日期、有效期等。

（3）搬运、装卸药品时应轻拿轻放，严格按照药品外包装标志要求堆放和采取措施。

（4）药品仓库专仓专用、专人专管：在仓库内不得堆放其他杂物，特别是易燃易爆物品。药品按剂量或用途及储存要求分类存放，陈列药品的货柜或厨子应保持清洁和干燥。地面必须保持整洁，非相关人员不得进入。

图7-7　新城疫抗体检测

（5）药品出库应开《药品领用记录》，详细填写品种、剂型、规格、数量、使用日期、使用人员、何处使用，需在技术员指导下使用，并做好记录，严格遵守停药期。

（6）不向无药品经营许可证的销售单位购买鸡用药物，用药标签和说明书符合农业部规定的要求，不购进禁用药、无批准文号、无成分的药品。

（7）用药实行处方管理制度：处方内容包括用药名称、剂量、使用方法、使用频率、用药目的，处方需经过监督员签字审核，确保不使用禁用药和不明成分的药物，领药者凭用药处方领药使用。

（六）无害化处理制度

鸡场生产过程中所产生的病死鸡、粪便、污水、使用过的垫料等都含有病原体，如果处理不当则可能对生产环境造成污染，危及鸡群健康。因此，要把这些污物的无害化处理作为鸡场卫生防疫的重要环节。

（1）要从思想上重视污物的无害化处理：鸡场的领导和一般员工都要认识到污物无害化处理的重要性，把污物的无害化处理作为鸡场的重要工作项目来对待。

（2）病死鸡的无害化处理要求：病死鸡要及时从鸡舍内拣出并暂存在专用容器中，禁止随地丢弃；病死鸡由鸡场技术管理人员安排有关人员定期收集处理，饲养员不能私自处理；需要进行病理解剖的死鸡应由兽医在指定地点解剖，剖检后的死鸡和用具必须进行消毒；所有的死鸡（包括剖检的），必须集中进行焚烧或在指定地点消毒后深埋（图7-8、图7-9），或经过高温高压进行化制；每天需要填写病死鸡无害化处理登记表。

图7-8　死鸡高温无害化处理　　　　图7-9　死鸡的焚烧处理

（3）粪便的无害化处理：采用笼养方式的肉鸡，每天定时清粪，粪便集中运送到贮粪场进行堆积发酵或再由专门车辆运送到农田。粪便清运过程中尽可能不洒落到道路上；每次运送粪便后要清扫道路，并对道路和运送粪便工具进行消毒。采用网上平养方式的肉鸡，如果是采用刮板清粪，其处理要求与笼养方式相同；如果是采用肉鸡出栏后集中清粪，则应在肉鸡出栏后将网床吊起或移开，将粪便集中清运到贮粪场或农田间；使用鲜粪的农田要与鸡场之间保持500米以上的直线距离。如果采用地面垫料饲养方式，也是在肉鸡出栏后将垫料和粪便的混合物运输到贮粪场集中进行发酵处理（图7-10、图7-11）。

图 7-10　鸡粪的发酵处理

图 7-11　用鸡粪制作有机肥的设备

（4）疫苗容器：使用过的疫苗瓶、药瓶不得乱扔，由兽医经过消毒后进行无害化处理。接种疫苗所使用的各种工具、用品，属于一次性用品的要消毒后深埋；可以循环使用的工具则需要在使用后及时用消毒剂浸泡消毒再清洗。过期的疫苗要经过高温煮沸，以杀灭其中的任何微生物，之后再深埋。

第二节　消毒管理

在肉鸡传染病的防治上，消毒主要是控制传播途径，清除或杀灭物体表面的有害微生物或将有害微生物的数量减少到无害的程度，从而防止传染病的发生和传播。舍内空气中的飞沫及尘埃是呼吸道感染的重要传播途径，在喷雾消毒中，形成的气雾滴能黏附空气中的颗粒，引起沉降，从而起到清洁空气的作用，使鸡群能呼吸到新鲜空气，降低可吸入颗粒物对鸡呼吸道的刺激和损伤，避免诱发呼吸道疾病。

一、消毒方法

（一）物理消毒

1. 机械消毒　用清扫、铲刮、洗刷等机械方法，清除降尘、污物及污染在墙壁、地面以及设备上的粪尿、残余饲料、废物、垃圾等，这样可减少鸡舍内环境及空气中的病原微生物。必要时，应将舍内外表层附着物一齐清除，以减少感染疫病的机会。在进行消毒前，必须彻底清扫粪便及污物，对清扫不彻底的鸡舍进行消毒，即使用允许的最大的消毒剂量，效果也不显著。

通风可以减少空气中的微粒与细菌的数量，减少经空气传播疫病的机会。在通风前，使用空气喷雾消毒剂，可以起到沉降微粒和杀菌作用。然后，再依次进行清扫、铲刮与洗刷。最后，再进行空气喷雾消毒。

机械消毒一般在鸡舍使用前和肉鸡出栏后应用。常常是通过这种方法把鸡舍或其他环境中的污物清理后再使用化学方法消毒，以提高消毒效果。

2. 日光照射　日光照射消毒是指将物品置于日光下暴晒，利用太阳光中的紫外线、阳光的灼热和干燥作用使病原微生物灭活的过程。这种方法适用于对鸡场、运动场、垫料和可以移出室外的用具等进行消毒。在肉鸡场建设的时候，一般要把鸡场选在向阳的地方，一年中能够经常被阳光照射。

在强烈的日光照射下，一般的病毒和非芽孢菌经数分钟到数小时即可被杀灭。阳光的杀菌效果受空气温度、湿度、太阳辐射强度及微生物自身抵抗能力等因素的影响。

3. 辐射消毒　用紫外线灯照射可以杀灭空气中或物体表面的病原微生物。紫外线照射消毒常用于种蛋室、兽医室等空间及人员进入鸡舍前的消毒（图7-12）。由于紫外线容易被吸收，对物体（包括固体、液体）的穿透能力很弱，所以紫外线只能杀灭物体表面和空

图7-12　更衣室的紫外线消毒

气中的微生物。当空气中微粒较多时，紫外线的杀菌效果降低。紫外线消毒需要有足够的时间，如人员照射消毒需要10分钟以上，其他

物品可以照射 30 分钟以上，这样才能保证较好的效果。物品消毒时，在消毒过程中能够使物品翻转，增加紫外线照射的表面积会提高消毒效果。

4. 高温消毒　高温消毒是利用高温环境破坏细菌、病毒、寄生虫等病原体结构，杀灭病原的过程，主要包括火焰、煮沸和高压蒸气等消毒形式。

（1）火焰消毒：是利用火焰喷射器喷射火焰灼烧耐火的物体或者直接焚烧被污染的低价值易燃物品，以杀灭黏附在物体上的病原体的过程。这是一种简单可靠的消毒方法，杀菌率高，平均可达 97%；消毒后设备表面干燥。常用于鸡舍墙壁、地面、笼具、金属设备等表面的消毒。使用火焰消毒时应注意以下几点：每种火焰消毒器的燃烧器都只和特定的燃料相配，故一定要选用说明书指定的燃料种类；要撤除消毒场所的所有易燃易爆物，以免引起火灾；先用药物进行消毒后，再用火焰消毒器消毒，才能提高灭菌效率。

（2）煮沸消毒：是将被污染的物品置于水中蒸煮，利用高温杀灭病原的过程。煮沸消毒经济方便，应用广泛，消毒效果好。一般病原微生物在 100℃ 沸水中 5 分钟即可被杀死，经 1~2 小时煮沸可杀死所有的病原体。这种方法常用于体积较小而且耐煮的物品，如衣物、金属、玻璃等器具的消毒。

（3）高压蒸汽消毒：是利用水蒸气的高温杀灭病原体。其消毒效果确实可靠，常用于医疗器械等物品的消毒。常用的温度为 115℃、121℃ 或 126℃，一般需维持 20~30 分钟。

（二）化学消毒

化学消毒是使用化学消毒剂对消毒对象进行直接接触以杀灭微生物。这种方法比其他消毒方法速度快、效率高，能在数分钟内进入病原体内并杀灭之。所以，化学消毒法是鸡场最常用的消毒方法。化学消毒剂的使用方法：

1. 清洗法　清洗法是用一定浓度的消毒剂对消毒对象进行擦拭或清洗，以达到消毒目的。常用于对种蛋、鸡舍地面、墙裙、设备、器具进行消毒。

2. 浸泡法 浸泡法是一种将需消毒的物品浸泡于消毒液中一定的时间，让消毒剂与物品充分接触的消毒方法。常用于对医疗器具、小型用具、衣物、种蛋等进行消毒。

3. 喷洒法 喷洒法是将一定浓度的消毒液通过喷雾器或洒水壶喷洒于设施或物体表面进行消毒。常用于对鸡舍地面、墙壁、笼具、道路及动物产品进行消毒。喷洒法简单易行、效力可靠。

4. 熏蒸法 熏蒸法是利用化学消毒剂挥发或在化学反应中产生的气体，以杀死封闭空间中的病原体。这是一种作用彻底、效果可靠的消毒方法。常用于对种蛋、孵化室、空鸡舍等进行消毒。

5. 气雾法 气雾法是利用气雾发生器将消毒剂溶液雾化为气雾粒子对空气进行消毒（图7-13）。由于气雾发生器喷射出的气雾粒子直径很小（小于200微米），质量极小，所以，能在空气中较长时间地飘浮，并可以进入细小

图7-13　气雾法消毒

的缝隙中，因而消毒效果较好，是消灭气源性病原微生物的理想方法。如全面消毒鸡舍空间，每立方米用5%过氧乙酸溶液2.5毫升。

二、消毒药物

（一）化学消毒剂的分类

1. 醛类消毒剂 常用的有甲醛和戊二醛两种。甲醛是一种杀菌力极强的消毒剂，但它有刺激性气味且杀菌作用非常迟缓，可配成5%甲醛乙醇溶液，用于手术部位消毒。福尔马林是甲醛的水溶液，含甲醛37%~40%，并含有8%~15%的甲醇，福尔马林溶液比较稳定，可在室温下长期保存，而且能与水或醇以任何比例相混合。对细菌芽孢、繁殖体、病毒、真菌等各种微生物都有高效的杀灭作用。甲醛常利用氧化剂高锰酸钾、氯制剂等发生化学反应。戊二醛用于怕热

物品的消毒，效果可靠，对物品腐蚀性小，但作用较慢。

2. 酚类消毒剂 酚类消毒剂是一种古老的中效消毒剂，只能杀灭细菌繁殖体和病毒，而不能杀灭细菌芽孢，对真菌的作用也不大。酚类消毒剂有苯酚、甲酚、氯甲酚、氯二甲苯酚、六氯双酚、来苏儿等。由于酚类消毒剂对环境有污染，这类消毒剂应用的趋向逐渐减少。

3. 醇类消毒剂 最常用的是乙醇和异丙醇，它可凝固蛋白质，导致微生物死亡，属于中效水平消毒剂，可杀灭细菌繁殖体，不能杀灭芽孢。醇类杀死微生物作用亦可受有机物影响，而且由于易挥发，应采用浸泡消毒或反复擦拭以保证其作用时间。醇类常作为某些消毒剂的溶剂，而且有增效作用。

临床上常用乙醇进行注射部位皮肤消毒、脱碘，器械灭菌，体温计消毒等。常配成 70% ~ 75% 乙醇溶液用于注射部位皮肤、人员手指、注射针头及小件医疗器械等消毒。

4. 季铵盐类消毒剂 季铵盐又称阳离子表面活性剂，它主要用于无生命物品或皮肤消毒。季铵盐化合物的优点是毒性极低、安全、无味、无刺激性，在水中易溶解，对金属、织物、橡胶和塑料等无腐蚀性。它的抑菌能力很强，但杀菌能力不太强，主要对革兰氏阳性菌抑菌作用好，对阴性菌较差。对芽孢、病毒及结核杆菌作用能力差，不能杀死。阴离子表面活性剂如肥皂、吐温 80、卵磷脂，金属离子如钙、镁、铁等，对其杀菌作用有拮抗作用，影响杀死效果。

复合型的双链季铵盐化合物，比传统季铵盐类消毒剂杀菌力强数倍。有的产品还结合杀菌力强的溴原子，使分子亲水性及亲脂性倍增，更增强了杀菌作用。常用的季铵盐类清毒剂如新洁尔灭，临床上常配成 0.1% 浓度作为外科手术、器械及人员手、臂的消毒；百菌灭能杀灭各种病毒、细菌和霉菌。可作为平常预防消毒用，按（1∶800）~（1∶1 200）稀释做鸡舍内喷雾消毒，按 1∶800 稀释可用于疫情场内、外环境消毒，按（1∶3000）~（1∶5000）稀释可长期或定期作为饮水系统消毒。其他季铵盐类消毒剂产品还有百毒杀、1231（十二烷基三甲基氯化铵）、1227（十二烷基二甲基苄基氯化铵)、新洁尔灭(十二烷基二甲基苄基溴化铵)、1247(DS-FC烷基二甲基苄基氯化铵)、YF-1(1227+有机胺醋酸盐)、氰基季铵盐、双C烷基季铵溴盐以及聚氮杂环季铵盐、聚季铵盐(TS-819)、双季铵盐等。

5. 强氧化剂类消毒剂 常用的有过氧乙酸和过氧化氢溶液等。

(1)过氧乙酸为强氧化剂,性能不稳定、高浓度(25%以上)加热(70℃以上)能引起爆炸,故应密闭避光贮放在低温3~4℃处。有效期半年,使用时应现配现用。过氧乙酸对病原微生物有强而快速的杀灭作用,不仅能杀死细菌、真菌和病毒,而且能杀死芽孢。常用0.5%溶液喷雾消毒鸡舍地面、墙壁、食具及周围环境等,用1%溶液作呕吐物和排泄物的消毒。本品对金属和橡胶制品有腐蚀性,对皮肤有刺激性,使用前应当多加注意。

(2)过氧化氢(双氧水)呈弱酸性,可杀灭细菌繁殖体、芽孢、真菌和病毒在内的所有微生物。0.1%的过氧化氢可杀灭细菌繁殖体。常用3%溶液对化脓创口、深部组织创伤及坏死灶等部位消毒;30毫克/千克的过氧化氢对空气中的自然菌作用20分钟,自然菌减少90%。用于空气喷雾消毒的浓度常为60毫克/千克。

(3)高锰酸钾也是一种强氧化剂,对细菌和病毒都有杀灭作用。常用0.1%的溶液作为手、器械、种蛋的浸泡消毒。

6. 卤素类消毒剂 卤素类消毒药抗菌谱广,作用强大,对细菌、芽孢和病毒等均有效。在卤素中氟、氯的杀菌力最强,其次为溴、碘,但氟和溴一般消毒时不用。常用的该类消毒剂包括:漂白粉、二氯异氰尿酸钠(也称优氯净)、三氯异氰尿酸(也称强氯精)、次氯酸钠、氯胺-T、二氯海因、二溴海因、溴氯海因、碘酊、碘伏等。

7. 碱性消毒剂 常用的有氢氧化钠(烧碱)和生石灰。

(1)氢氧化钠对病毒和细菌具有很强的杀灭能力,3%溶液用于鸡舍地面、食槽、水槽等消毒,可放入消毒池内作为消毒液,并可用于传染病污染的场地、环境的消毒。但不许带鸡消毒,防止烧坏皮肤。

(2)生石灰作为消毒剂常常配制成10%~20%的石灰乳,涂刷鸡舍墙壁、地面等。也可以将生石灰撒在阴湿地面、鸡舍地面、粪池周围及污水沟旁等处。

（二）选择消毒剂的原则

1. 适用性　不同种类的病原微生物构造不同，对消毒剂反应不同，有些消毒剂为"广谱"性的，对绝大多数微生物都具有杀灭效果，也有一些消毒剂为"专用"的，只对有限的几种微生物有效。因此，在购买消毒剂时，须了解消毒剂的药性，消毒的对象如物品、畜舍、汽车、食槽等特性，应根据消毒的目的、对象，根据消毒剂的作用机理和适用范围选择最适宜的消毒剂。

2. 杀菌力和稳定性　在同类消毒剂中注意选择消毒力强、性能稳定，不易挥发、不易变质或不易失效的消毒剂。

3. 毒性和刺激性　大部分消毒剂对人、鸡具有一定的毒性或刺激性，所以，应尽量选择对人、鸡无害或危害较小的，不易在畜产品中残留的，并且对鸡舍、器具无腐蚀性的消毒剂。

4. 经济性　应优先选择价廉、易得、易配制和易使用的消毒剂。

（三）影响消毒效果的因素

在生产实践中有些因素会对消毒效果产生影响，注意到这些因素并及早采取措施，可以明显提高消毒效果。

1. 考虑微生物的敏感性　不同的病原微生物对特定消毒剂的敏感性有很大的差异，例如病毒对碱和甲醛很敏感，而对酚类的抵抗力却很低。大多数的消毒剂对细菌有杀灭作用，但对细菌的芽孢和病毒作用很小。因此在消毒时，应考虑致病微生物的种类，选用对病原体敏感的消毒剂。细菌芽孢对消毒因子耐力最强，杀灭细菌芽孢最可靠的方法是热力灭菌、电离辐射和环氧乙烷熏蒸法。在化学消毒剂中，戊二醛、过氧乙酸能杀灭芽孢，但可靠性不如热力灭菌法。真菌对干燥、日光、紫外线以及多数化学药物耐力较强，但不耐热（60℃经1小时杀灭）。

2. 消毒剂的浓度　一般来说，消毒剂的浓度越高，杀菌力也就越强，但随着消毒剂浓度的增高，对活组织（畜禽体）的毒性也就相应地增大。因此，在人体消毒或带鸡消毒的情况下，要严格控制消毒剂的浓度，避免对人或鸡造成伤害；但是，在对物体表面进行消毒的时候可以考虑适当加大消毒剂的使用量。另一方面，有的消毒剂当超过一定浓度时，消毒作用反而减弱，如70%~75%乙醇杀菌效果要比95%的乙醇好。

3. 消毒剂的作用时间　一般情况下，消毒剂的使用效果同消毒剂对消毒对象的作用时间成正比。消毒剂与病原微生物接触并作用的时间越长，其消毒效果就越好；作用时间如果太短，往往达不到消毒的目的。因此，在消毒剂使用后尽可能让其保留在消毒对象的表面以延长作用时间。

4. 消毒剂的温度　大多数消毒剂的杀菌效力在一定的温度范围内与消毒剂的温度成正比，温度增高，杀菌效力增强，因而夏季消毒作用比冬季要强。但是，这也是有前提的，如果温度过高也可能导致消毒剂的效力下降，因此，大多数消毒剂的推荐温度在30~45℃。

5. 环境中存在的有机物　当环境中有机物如畜禽粪、尿、污血、炎性渗出物等大量存在的情况下进行消毒会影响消毒效果。其原因，一是有机物可在细菌细胞外形成保护层，使消毒药不能接触菌体细胞壁或延迟消毒剂的作用，以至于微生物逐渐产生对药物的适应性；二是有机物或其某些成分可与许多消毒药结合，使其不能与微生物发生作用，严重降低消毒药的功能。因此，在进行消毒之前，应首先对畜禽舍进行彻底清扫和冲洗，清除畜禽舍内的粪尿污物等，从而充分发挥消毒剂的有效作用。

三、消毒措施

（一）空鸡舍的消毒方法

空舍消毒程序分六步，即清扫、洗刷、冲洗、粉刷、火焰消毒、熏蒸消毒。

1. 清扫　在饲养期结束时，将舍内的鸡全部出栏，之后清除舍内存留的饲料，未用完的饲料不再存留在鸡舍内，也不应在另外鸡群中使用，然后将地表面上的污物清扫干净，铲除鸡舍周围的杂草，并将其一并送往堆集垫料和鸡粪处。将可移动的设备运输到舍外，经清洗和阳光照射后，放置于洁净处备用。

2. 洗刷　用高压水枪冲洗舍内的天棚、四周墙壁、门窗、笼具及水槽和料槽，达到去尘、湿润物体表面的作用。然后用清洁刷将水槽、料槽和料箱的内外表面污垢彻底清洗；用扫帚刷去笼具上的粪渣；用板铲清除地表上的污垢，然后再用清水冲洗，反复 2~3 次。

3. 冲洗消毒　鸡舍洗刷后，用酸性消毒剂和碱性消毒剂交替消毒，使耐酸的细菌和耐碱的细菌均能被杀灭。为防止酸碱消毒剂发生中和反应消耗消毒剂用量，在使用酸性消毒剂后，用清水冲洗后再用碱性消毒剂，冲洗消毒后要清除地面上的积水，打开门窗晾干鸡舍。

4. 粉刷消毒　对鸡舍不平整的墙壁用 10%~20% 的氧化钙乳剂进行粉刷，现配现用。同时用 1 千克氧化钙加 350 毫升水，配成乳剂，洒在阴湿地面、笼下粪池内。在地与墙的夹缝处和柱的底部涂抹杀虫剂，以保证能杀死进入鸡舍内的昆虫。

5. 火焰消毒　用专用的火焰消毒器或火焰喷灯，对鸡舍的水泥地面、金属笼具及距地面 1.2 米的墙体进行火焰消毒，要求各部位火焰灼烧的时间达 3 秒以上。

6. 熏蒸消毒　鸡舍清洗干净后，紧闭门窗和通风口，舍内温度要求在 18~25℃，相对湿度在 65%~80%，用适量的消毒剂进行熏蒸消毒（表 7-1）。

表 7-1　鸡舍熏蒸消毒用药剂量

鸡舍状况	浓度等级	甲醛（毫升/米³）	高锰酸钾（克/米³）	热水（毫升/米³）
未使用过的鸡舍	1 倍浓度	14	7	10
未发疫病鸡舍	2 倍浓度	28	14	10
已发疫病鸡舍	3 倍浓度	42	21	10

（二）进场人员的消毒

人员是鸡疾病传播中最常见也最难以防范的传播媒介，必须靠严格的制度并配合设施进行有效控制。一般情况下外来人员禁止进入生产区，饲养员通常需要在生产区内工作和生活，直到该批肉鸡出栏后才可以外出。如果人员确有必要进入生产区则必须经过严格的消毒。

在生产区入口处要设置更衣室与消毒室。更衣室内设置淋浴设备，消毒室内设置消毒池和紫外线消毒灯。工作人员进入生产区要淋浴，更换干净的工作服、工作靴，并通过消毒池对鞋进行消毒，同时要接受紫外线消毒灯照射5~10分钟。常用的紫外线消毒灯规格为220伏/30瓦（图7-14）。

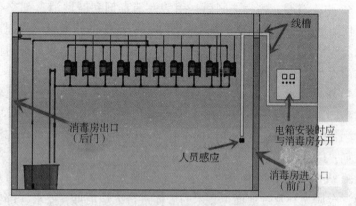

图7-14　鸡场人员雾化消毒室

　　工作人员进入或离开每一栋鸡舍要养成清洗双手、脚踏消毒池的习惯。尽可能减少不同功能区内工作人员交叉现象。主管技术人员在不同单元区之间来往应遵从清洁区至污染区，从日龄小的鸡群到日龄大的鸡群的顺序。当进入隔离舍和检疫室时，还要换上另外一套专门的衣服和雨靴。

　　尽可能谢绝外来人员进入生产区参观访问，经批准允许进入参观的人员要进行淋浴，更换生产区专用服装、靴帽。工作人员应定期进行健康检查，防止人畜互感疾病。最好采用微机闭路监控系统，使管理人员和参观者不轻易进入生产区。

　　（三）运输工具的消毒

　　运输车辆也是重要的微生物传播媒介，黏附在车辆上的微生物会随车辆的运行而扩散。在鸡场内经常通行的车辆主要是饲料运输车，肉鸡出栏时有运鸡车，出栏后是粪便和旧垫料运输车，如果是笼养或使用刮板清粪的网上平养方式则日常就需要有运输粪便的车辆。使用车辆前后都必须在指定的地点进行消毒，处理的程序是先清除粪便、残渣及污物，然后用清水自车厢顶棚开始，渐及车厢内外进行各部冲洗，直至洗水不呈粪黄色为止，洗刷后喷洒消毒剂进行消毒。

饲料运输车通常在进入生产区之前需要对表面进行全面的消毒，常用的方法是喷雾，尽量不留死角。

（四）饲养设备及用具的消毒

喂料系统和饮水系统以及所有的饲养用具，除了保持清洁卫生外，尽量做到每天用沾有消毒剂的毛巾擦洗 1 次，料桶和真空饮水器要求每隔 7 天消毒 1 次，每当鸡群周转 1 次后要进行彻底的消毒。各鸡舍的饲养用具要固定专用，不得随便串用，生产用具每周消毒 1 次。

（五）鸡场及生产区等出入口的消毒

在鸡场入口处供车辆通行的道路上应设置消毒池，在供人员通行的通道上设置消毒槽，池（槽）内用草垫等物体作消毒垫。消毒垫以 20%新鲜石灰乳或 2%~4%的氢氧化钠、3%~5%的煤酚皂液（来苏儿）浸泡，对人员的足底进行消毒；车辆通过的地方要有消毒池，池的宽度比进场的大车宽 50 厘米，长度在 3.5~4.5 米之间，深度为 25 厘米，两端要有斜坡，车辆通过时能够对轮胎全面消毒。需要注意的是应定期（如每 7 天）更换消毒池（槽）内的消毒液，以保持其有效性。

（六）环境消毒

鸡转舍前或入新舍前对鸡舍周围 5 米以内及鸡舍外墙用 0.2%~0.3%的过氧乙酸或 2% 的氢氧化钠溶液喷洒消毒；对场区的道路、建筑物等要定期消毒，对发生传染病的场区要加大消毒频率和消毒剂量。

（七）带鸡消毒

带鸡消毒是指在肉鸡饲养期内，定期用消毒药液对鸡舍、笼具和鸡体进行喷雾消毒。带鸡消毒能有效抑制舍内氨气的产生和降低氨气浓度，可杀灭多种病原微生物，有效防止马立克病、法氏囊病、葡萄球菌病、大肠杆菌病以及各种呼吸道疾病的发生，创造良好的鸡舍环境。

带鸡消毒的对象包括舍内一切物品、设备和鸡群。消毒器械一般选用雾化效果良好的高压动力喷雾器或背式喷雾器。消毒时应朝鸡舍上方以画圆圈方式喷洒，切忌直对鸡头喷雾。雾粒大小控制在 80～120 微米。雾粒太小易被鸡吸入呼吸道，引起肺水肿，甚至诱发呼吸道疾病；雾粒太大易造成喷雾不均匀和鸡舍太潮湿。喷雾以距离鸡体上方 80～100 厘米为宜，每立方米空间用 15～20 毫升消毒液。1～20 日龄的鸡群 3 天消毒 1 次；21～45 日龄的鸡群隔天消毒 1 次；成鸡种鸡每天消毒 1 次。

带鸡消毒应注意：

（1）活疫苗免疫接种前后 3 天内停止带鸡消毒，以防影响免疫效果。

（2）为减少应激，喷雾消毒时间最好固定，且应在暗光下或在傍晚时进行。

（3）喷雾时应关闭门窗，消毒后应加强通风换气，便于鸡体表及鸡舍干燥。

（4）根据不同消毒药的消毒作用、特性、成分、原理，最好是几种消毒药交替使用。一般情况下，一种药剂连续使用 2～3 次后，就要更换另外一种药剂，以防病原微生物对消毒药产生抗药性，影响消毒效果。

（5）带鸡消毒会降低鸡舍温度，冬季应先适当提高舍温 3～4℃后再喷药消毒。

（6）带鸡消毒前应先扫除鸡舍内的蜘蛛网、墙壁、通道的尘土、鸡毛和粪便，以提高消毒效果和节约药物的用量。

（7）活疫苗免疫接种当天及后 3 天，停止带鸡消毒，以防影响免疫效果。

第三节　疫苗及接种

　　肉鸡的病毒性传染病和部分细菌性传染病的预防主要靠接种相关疫苗。因此，合理地使用疫苗是预防肉鸡传染病的主要措施。

一、常用疫苗

（一）常用疫苗的类型

　　1. 弱毒疫苗　又称活疫苗（图7-15），是微生物的自然强毒通过物理、化学方法处理和生物的连续继代，使其对原宿主动物丧失致病力或只引起轻微的亚临床反应，但仍保存良好的免疫原性的毒株，用以制备的疫苗（如新城疫弱毒疫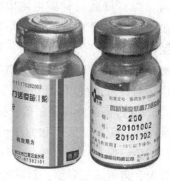

图7-15　新城疫弱毒疫苗

苗、传染性法氏囊炎弱毒疫苗等）。此外，从自然界筛选的自然弱毒株，同样可以制备弱毒疫苗。此类疫苗的特点是：能在动物体内繁殖，接种少量的免疫剂量即可产生较强的免疫力，接种次数少，不需要使用佐剂，免疫产生快，免疫期长。其缺点是：稳定性较差，有的毒力可能发生突变、返祖，贮存与运输不方便。

　　2. 灭活疫苗　又称死疫苗（图7-16），以含有细菌或病毒的材料利用物理或化学的方法处理，使其丧失感染性或毒性而保持良好的免疫原性，接种动物后能产生主动免疫或被动免疫。灭活苗又分为组织灭活苗、培养物灭活苗。此种疫苗无毒、安全、疫苗性能稳定，易于保存和运输。是疫苗发展的方向。目前，在肉鸡生产中所使用的油乳剂灭活苗（简称油苗）都属于这一类。此类疫苗的特点是：性质稳定，使用安全，易于保存与运输，便于制备多价苗或多联苗。其缺点是：接种后不能在动物体内繁殖，因此使用时接种剂量较大，接种次数较多，免疫期较短，不产生局部免疫力，并需要加入适当的佐剂以增强免疫效果。

3. 多价疫苗 指同一种微生物中若干血清型菌（毒）株的增殖培养物制备的疫苗。多价疫苗能使免疫动物获得完全的保护。

4. 单价疫苗 利用同一种微生物菌（毒）株或一种微生物中的单一血清型菌（毒）株的增殖培养物所制备的疫苗称为单价疫苗。单价苗对相应之单一血清型微生物所致的疾病有良好的免疫保护效能。

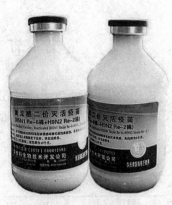

图 7-16　禽流感灭活疫苗

5. 混合疫苗 即多联苗，指利用不同微生物增殖培养物，根据病性特点，按免疫学原理和方法组配而成。接种动物后，能产生对相应疾病的免疫保护，可以达到一针防多病的目的（如新城疫、传染性支气管炎、禽流感三联苗，新城疫、传染性支气管炎、减蛋综合征三联苗，新城疫、传染性支气管炎二联苗，新城疫、禽流感二联苗等）。

6. 基因缺失疫苗 指用基因工程技术将强毒株毒力相关基因切除后构建的疫苗。此类疫苗的特点是：安全性好，不易返祖；免疫原性好，产生免疫力坚实；免疫期长，尤其是适于局部接种，诱导产生黏膜免疫力。

（二）常用疫苗及其使用

1. 新城疫疫苗 目前我国生产的鸡新城疫疫苗有 Ⅰ、Ⅱ、Ⅲ、Ⅳ 4 个品系。Ⅰ系疫苗毒力较强，Ⅳ系疫苗（Lasota 系）毒力次之，Ⅱ系疫苗（B1 系）毒力较弱，Ⅲ系疫苗（F 系）毒力最弱。Ⅱ、Ⅲ、Ⅳ系苗适用于雏鸡和成鸡，Ⅰ系苗只供 2 个月龄以上的鸡使用，接种后虽然引起的反应比较重，然而免疫效力坚强，适合于疫病严重流行的地区使用。为安全起见，在使用Ⅰ系苗之前，要先用Ⅱ或Ⅲ系苗进行基础免疫。

（1）鸡新城疫油乳剂灭活疫苗：本品系用鸡新城疫弱毒 Lasota 株接种易感鸡胚，经培养，收获感染鸡胚液，经甲醛溶液灭活，加油乳剂乳化制成。为乳白色的乳剂，有两种剂型：单相苗为油包水型，复相苗为水包油包水型，两种剂型的疫苗在37℃左右条件下放置21天，不应破乳，用于预防鸡新城疫。2周龄以内雏鸡颈部皮下注射0.2毫升，同时以Ⅳ或Ⅱ·系弱毒疫苗按瓶签注明羽份稀释滴鼻或点眼（也可以Ⅱ系气雾免疫）。免疫期可达120天。肉鸡用上述方法免疫一次即可。2周龄以上鸡注射0.5毫升，免疫期可达10个月。用弱毒活疫苗免疫过的母鸡，在开产前2～3周注射0.5毫升灭活疫苗，可保护整个产蛋期。本疫苗在4℃保存有效期为1年；20℃保存单相苗为6个月，复相苗为3个月。保存期间应尽量避免摇动。

（2）鸡新城疫低毒力活疫苗：本品系用鸡新城疫低毒力类弱毒株接种敏感鸡胚培养，收获感染鸡胚液，加适当稳定剂，经冷冻真空干燥制成的冻干苗。为微黄色海绵状疏松团块，易与瓶壁脱离，加稀释液后迅速溶解。用于预防鸡新城疫。使用时，按瓶签注明羽份，用生理盐水或适宜的稀释液做适当稀释。滴鼻或点眼免疫，每只0.05毫升。饮水或喷雾免疫，剂量加倍。注意：①有鸡支原体感染的鸡群，禁用喷雾免疫；②疫苗加水稀释后，应放冷暗处，必须在4小时内用完；③本品在-15℃保存，有效期为2年，2～8℃为8个月，10～15℃为3个月，25～30℃为10日。

（3）鸡新城疫活疫苗（Ⅰ系）：本品系用鸡新城疫Ⅰ系弱毒株接种鸡胚或鸡胚成纤维细胞培养，收获胚液或细胞培养病毒液，加适当保护剂，经冷冻真空干燥制成。本品为淡红色海绵状疏松团块，易与瓶壁脱离，加稀释液后迅速溶解。用于预防鸡新城疫。供已经用鸡新城疫低毒力疫苗免疫过尚在有效期内的鸡使用。免疫持续期为1年。使用时，根据瓶签注明的羽份，皮下或胸肌注射，按每只1毫升稀释；点眼或刺种，按每只0.05毫升稀释。注意：①不得用于初生雏鸡；②对纯种鸡反应较强；③产蛋鸡在接种后2周内产蛋可能减少或产软壳蛋；④本品在-15℃以下保存，有效期为2年，0～4℃为8个月，25～30℃为10天。

2. 传染性支气管炎疫苗 目前，肉鸡生产上常用的传染性支气管炎疫苗相关情况见表7-2。

表 7-2 鸡传染性支气管炎疫苗的相关情况

疫苗名称	用法	保存	毒种
弱毒冻干疫苗（H120）	专供肉鸡、青年鸡和种鸡的正常接种和紧急接种，多用于首次免疫，经饮水、点眼或气雾接种，接种后1周产生免疫力，2~3周达到最高水平	2~8℃	Mass H120
弱毒冻干疫苗（H52）	专供青年鸡和种鸡二次免疫的疫苗，3周龄以内鸡首次免疫用H120，10~15周龄再用本疫苗二免，可采用饮水、滴鼻或点眼途径进行免疫接种	2~8℃	Mass H52
弱毒冻干疫苗（D274）	适用于预防传染性支气管炎D207型，可供种鸡和蛋鸡使用，通过气雾、滴鼻或点眼途径进行免疫接种	2~8℃	D274（荷兰型，可作借鉴）
弱毒冻干疫苗（D1466）	适用于传染性支气管炎D212型，供蛋鸡和种鸡在使用灭活疫苗前的基础免疫，可经气雾、滴鼻、点眼或饮水途径进行免疫		（荷兰型，可作借鉴）
二联弱毒冻干疫苗	①传染性支气管炎病毒H120、新城疫病毒克隆30二联弱毒冻干疫苗；②传染性支气管炎病毒H52、新城疫病毒克隆30二联弱毒冻干疫苗	2~8℃	H120 H52 NDClone 30
单价灭活油乳剂疫苗	用于16~18周龄种鸡或蛋鸡，颈部皮下注射0.5毫升，能产生持久免疫力	2~8℃，勿冻结	—
二联灭活油乳剂疫苗	传染性支气管炎、新城疫二联灭活油乳剂疫苗，用于16~18周龄种鸡或蛋鸡，颈部皮下注射0.5毫升，预防传染性支气管炎与新城疫	2~8℃，勿冻结	—
三联灭活油乳剂疫苗	①传染性支气管炎、新城疫、传染性法氏囊病三联灭活油乳剂疫苗；②传染性支气管炎、新城疫、产蛋下降综合征三联灭活油乳剂疫苗。均用于预防蛋鸡和种鸡相应的三种病，每只鸡皮下注射0.5毫升。应按常规接种新城疫、传染性法氏囊病、传染性支气管炎弱毒疫苗后，在18~20周龄注射此疫苗，免疫力可保持整个产蛋期，并经蛋传递给雏鸡，从而使出壳雏鸡在数周内获得免疫	2~8℃，勿冻结	—

续表

疫苗名称	用法	保存	毒种
四联灭活油乳剂疫苗	①传染性支气管炎、新城疫、传染性法氏囊病、产蛋下降综合征四联灭活油乳剂疫苗；②传染性支气管炎、新城疫、传染性法氏囊病、病毒性关节炎四联灭活油乳剂疫苗，使用方便，16~18 周龄鸡颈部皮下注射 0.5 毫升，用于预防相应的疫病	2~8℃，勿冻结	

3. 传染性法氏囊炎疫苗　目前应用较多的疫苗主要有以下几种：

（1）鸡传染性法氏囊毒油佐剂灭活疫苗：本品是将患有法氏囊病的法氏囊取下处理磨碎成乳剂加 B–丙内酯或甲醛灭活后，加入弗氏不完全佐剂制成的油乳佐剂灭活苗。此种疫苗对 10 周龄以上幼鸡接种后效果较好，在接种 3 周后用同源强毒攻毒保护率达 100%；种鸡接种后可将抗体传递给下一代仔鸡，有较高母源抗体；雏鸡在 3~4 周内可达 80%~100%；种母鸡接种一次该疫苗连产 1 年的种蛋都可携代母源抗体。

（2）鸡传染性法氏囊病鸡胚毒油乳剂灭活苗：此种疫苗是将鸡胚的传染性法氏囊病病毒，经甲醛灭活后，用白油作佐剂制成的油乳剂灭活苗。此种疫苗红褐色，静置后可分为两层，用时应充分摇匀，作用同囊毒疫苗，但效果不如囊苗。种鸡于开产前接种 1~1.3 毫升，可使下一代雏鸡获得母源抗体，使雏鸡获得保护，不受野毒感染。

（3）鸡传染性法氏囊病细胞油乳剂灭活苗：此种疫苗是将适应鸡胚成纤维细胞的细胞培养毒株进行培养繁殖，经甲醛灭活后加入油乳灭活。因为这种疫苗的种毒易大量培养繁殖，毒价测带准确，制苗成本较低，因此被广泛采用，但效果也不如囊毒油乳剂灭活苗。对 18~20 周龄种母鸡注射后，母源抗体可维护 6 个月。

（4）鸡传染性法氏囊病弱毒疫苗：此种疫苗是将从野外分离的传染性囊病强毒株经鸡胚连续传代致弱后，或在鸡胚层纤维细胞上连续培养增殖致弱后制成弱毒活疫苗。目前已在欧美和日本广泛使用，近年来我国已有大量进口，我国许多单位自己也能制造。据不完全统计，目前在国内外市场上销售的痰苗达 20~30 种之多，种毒代号不一。我国目前引进的有荷兰 D7b、法国的 TADCU-1M、美国 Burslmi-2 等 9 种，我国北京、南京、郑州等地也均有生产。弱毒活疫苗按其毒力强弱又可分温和型、中等毒力型和毒力型三种类型。其中温和型弱毒苗对鸡的法氏囊没有任何损害，但雏鸡接种这些疫苗后抗体产生较迟，抗体效价也较低，克服母源抗体的能力低，只能用于无母源抗体或母源抗体较低的鸡群。中等毒力的疫苗，克服母源抗体能力强，免疫后抗体产生快，抗体水平高，适用于有亲源抗体的鸡群或进行加强免疫。这种疫苗接种后对法氏囊有轻度可逆性损伤，鸡只反应比较强，接种这种法氏囊疫苗后 72 小时鸡法氏囊可见针尖大小灰白色小点或出血点，但一般不影响法氏囊的正常发育。毒力型活苗由于对鸡雏有一定的致病性，鸡只反应强烈。

4. 禽流感疫苗　由于禽流感病毒血清型众多，不同亚型之间不能完全保护。目前，我国流行的主要是 H5 和 H9 亚型禽流感，但 H5 亚型禽流感致死率高、危害大，是我们预防的重点。对于产蛋鸡来讲，则 H9 亚型禽流感也需要预防，以减少或避免 H9 亚型禽流感致使肉鸡出现混合感染和肉种鸡产蛋下降。在生产实践中应针对当前和本地流行的疫情来选择血清型、病毒株相同的疫苗。如果疫苗毒株的抗原性与感染病原的差异较大，很难取得良好的防疫效果。疫苗要妥善保存，禽流感疫苗是生物制品，对温度要求很严格，切忌随便存放，否则对疫苗有直接影响。灭活疫苗要保存在低温、干燥、阴暗的地方，适宜温度为 2~8℃，活疫苗为冻干苗，则在冰箱冷冻室 -15℃以下保存，切忌反复冻融。

目前，用于禽流感强制免疫的疫苗主要有三种：禽流感-新城疫重组二联活疫苗（rl-H5）、重组禽流感病毒 H5 亚型二价灭活疫苗（H5N1，Re-5+Re-4 株）、禽流感 H5-H9 二价灭活疫苗。

禽流感-新城疫重组二联活疫苗（rl-H5）较少采用注射免疫法，可以使用饮水免疫或滴鼻点眼接种方法。而禽流感油乳剂灭活疫苗具有产生抗体水平高、维持时间长的优点；实际操作中，雏鸡采用颈部皮下注射；青年鸡、成年鸡虽有颈部皮下、胸部肌肉、腿部肌肉三个部位可供选择，但最好不要采用腿部肌内注射。腿部肌肉面积小，可容纳油苗体积少，不易吸收，影响免疫效果；疫苗中油佐剂还易引起注射部位肌肉短期内一定程度的肿胀、增生和坏死，不利于鸡的站立和采食，造成淘汰增多，生产低下。

5. 禽痘疫苗　主要有鸡痘病毒鹌鹑化弱毒疫苗和鸽痘病毒疫苗，它们是用鸡胚或细胞培养制备的，以细胞培养制备的弱毒苗效果较好。目前，生产中使用的主要有两种：

（1）夏菲特鸡痘疫苗：本疫苗由传染性鸡痘病毒（FPV）致弱后经 SPF 鸡胚繁殖而成，每一头份疫苗中含 FPV103EID50 以上及稳定剂。本疫苗专用于鸡和火鸡的免疫。本冻干疫苗必须保存于 2～8℃。

（2）富道鸡痘疫苗：本疫苗包括小鸡痘弱毒疫苗、大鸡痘弱毒疫苗。小鸡痘疫苗是采用高度致弱鸡痘病毒株经鸡胚培养制成的冻干苗。大鸡痘疫苗是采用一种温和的鸡痘病毒株经鸡胚培养制成冻干苗。小鸡痘疫苗用于 6 周龄以内健康鸡群的免疫。大鸡痘疫苗用于 6 周龄以上健康鸡只的再次免疫。

6. 产蛋下降综合征疫苗　主要有三种油乳剂灭活苗，即减蛋综合征单苗、新城疫+减蛋综合征二联苗、新城疫+传染性支气管炎+减蛋综合征三联苗，效果都很好，应用最多的是新支减三联苗。疫苗中含灭活的鸡新城疫病毒 Lasota 株、传染性支气管炎病毒 M41 株和减蛋综合征病毒 K-11 株。开产前 1 个月左右的鸡颈部皮下或胸部肌内注射，每只鸡 0.5 毫升。

有的产品是鸡新城疫、减蛋综合征二联灭活疫苗，含灭活的鸡新城疫病毒 Lasota 株和禽腺病毒 127 株。适用于 16～18 周龄或开产 2 周前接种过鸡新城疫活疫苗的蛋鸡和种鸡的加强接种，大腿或胸部肌内注射或颈背部皮下注射，每只 0.5 毫升。

7. 败血支原体疫苗　由鸡败血支原体国际标准株 MC-S6 和 MC-R 株，经特定培养基扩增，收获的菌液经纯化、浓缩、灭活后加矿物油乳化制成。该苗为乳白色均匀乳剂，属于油包水（W/O）型。对健康的肉种鸡进行接种，经过 2～3 次接种可以切断败血支原体经蛋传播。

8. 传染性鼻炎疫苗　在血清学上，鸡副嗜血杆菌分为 A、B、C 三个血清型，各血清型之间不能交叉保护。我国 A 型和 C 型流行较普遍，A 型流行最广泛，因此，可选用含 A 型和 C 型的双价苗接种。也有选用 3 个血清型的三价苗。传染性鼻炎灭活疫苗，首免在 21~42 日龄，皮下注射鸡传染性鼻炎油乳剂灭活菌，0.5 毫升/只；加强免疫在 120 日龄，皮下注射鸡传染性鼻炎油乳剂灭活菌，0.5 毫升/只。

二、疫苗接种方法

（一）饮水免疫法

饮水免疫的疫苗是高效价的活毒弱疫苗，如鸡新城疫弱毒疫苗、禽霍乱弱毒疫苗、鸡传染性法氏囊病弱毒疫苗、鸡传染性支气管炎弱毒疫苗等。稀释疫苗应把握适宜的浓度和适度的用水量。采用饮水免疫稀释配制疫苗可用深井水或凉开水，饮水中不应含有任何使疫苗灭活的物质，如氯、锌、铜、铁等离子；饮水器要保持清洁干净，不可有消毒剂和洗涤剂等化学物质残留，即饮水的器皿不能是金属容器，可用瓷器和无毒塑料容器。稀释疫苗的用水量应根据鸡大小来确定，稀释疫苗宜将疫苗开瓶后倒入水中搅匀（图7-17），为有效地保护疫

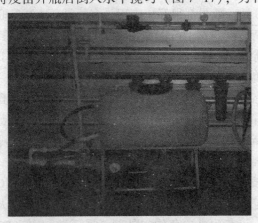

图7-17　饮水免疫时将疫苗添加到水罐内

白羽肉鸡规模化养殖技术图册

236

苗的效价，可在疫苗稀释液中加入 0.2%～0.5% 的脱脂奶粉混合使用。饮水免疫前后应控制鸡饮水和避免使用其他药物。施用饮水免疫前的鸡，应提前 2～4 小时停止供水，确保鸡在半小时内将疫苗稀释液饮完。鸡在饮水免疫前后 24 小时内，其饲料和饮水中不可使用消毒剂和抗菌类药物，以防引起免疫失败或干扰机体产生免疫力。

饮水法产生的免疫力较小，往往不能抵抗较强毒力毒株的侵袭。具体操作方法及注意事项如下：

（1）在水中开启盛有疫苗的小瓶。

（2）以清洁的棒搅拌，将疫苗和水充分混匀。

（3）配制疫苗的水中不能含氯及其他消毒剂。特别是一些金属离子，如铁、铜、锌等；金属离子对活菌（毒）有杀灭作用。

（4）免疫前，夏季鸡群应停水 4 小时，其他季节停水 6 小时，保证鸡喝到足够的疫苗稀释液。

（5）配制疫苗过程中不要使用各种金属容器，饮水器要用无毒塑料制品；饮水器消毒后，必须用水冲洗干净，避免残留消毒剂杀死疫苗。

（6）要有足够的饮水器，以确保每只鸡均有足够的饮水位置。

（二）喷雾免疫法

喷雾免疫适用于鸡新城疫Ⅲ系、Ⅳ系弱毒苗，传染性支气管炎弱毒苗等。用去离子水和蒸馏水稀释疫苗，不能选用生理盐水等含盐类的稀释剂，以免喷出的雾粒迅速干燥致使盐类浓度升高而影响疫苗的效力。配液量应根据免疫的具体对象而定，1 日龄雏鸡每 1 000 只的喷雾量是 200 毫升，平养鸡每 1 000 只的喷雾量是 250～500 毫升，笼养鸡每 1 000 只的喷雾量是 250 毫升。实施喷雾免疫时，应将鸡相对集中，关闭门窗及通风系统。用疫苗接种专用的喷雾器或用能够迅速而均匀地喷射小雾滴的雾化器（图 7-18），在鸡群顶部 30～50 厘米处喷雾，边喷边走，将疫苗均匀地喷向相应数量的鸡只，使整个鸡舍的雾滴均匀分布。雏鸡的雾滴应大些，直径为 30～100 微米，成鸡为 5～30 微米。至少应往返喷雾 2～3 遍后才能将疫苗均匀喷完，喷雾后 20 分钟再开启门窗。该接种法在有慢性呼吸道等疾病的鸡群中应慎用。

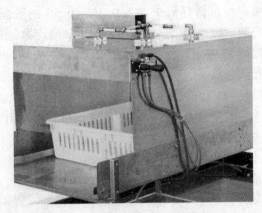

图 7-18　孵化厂内的自动气雾免疫设备

此方法省时省力，适用于群体免疫，特别是某些对呼吸道有亲嗜性的疫苗，如新城疫、传染性支气管炎等免疫效果较好的疫苗。其具体操作及注意事项如下：

（1）任何农用背负式喷雾器均适用，喷雾器内须无沉淀物、腐蚀剂及消毒剂残留，最好是疫苗接种专用。

（2）疫苗必须于清凉而不含铁质或氯的清水中溶解，并在水中打开瓶盖。水的用量参见有关疫苗使用说明书。

（3）做喷雾免疫前，关闭门窗和通风设备，将疫苗溶液均匀地喷向一定数量的鸡只，喷洒距离为 30～40 厘米，最好将鸡只圈于灯光幽暗处时给予免疫。

（4）此种免疫方法对鸡群干扰大，易激发慢性呼吸道病等，因此在免疫时应在饲料中适当添加抗菌物。

（三）滴鼻、点眼法

滴鼻、点眼法是弱毒疫苗的最佳接种方法，适用于鸡新城疫Ⅱ、Ⅲ、Ⅳ系疫苗，传染性支气管炎疫苗及传染性喉气管炎弱毒疫苗的接种。采用这种方法时应注意：疫苗稀释液一般用生理盐水、蒸馏水或者凉开水；稀释液的用量要准确，一般每 1 000 羽份的疫苗用 100 毫升稀释液；为使操作准确无误，每次一手只能抓一只鸡，在滴入疫苗之前，应把鸡的头颈摆成水平的位置，并用一手指按住向地面的一侧鼻孔。用清洁的吸管在每只鸡的一侧眼睛（图7-19）和鼻孔内分别滴1滴稀释的疫苗，稍停，当滴入眼结膜和鼻孔的疫苗吸入后再将鸡轻轻放开；稀释的疫苗要在1~2小时内用完。

图7-19 雏鸡点眼接种疫苗

应用此方法可避免疫苗被母源抗体中和，此法逐只接种，确实可靠，是较好的接种方法。其具体操作是：

（1）将疫苗溶于稀释液或灭菌生理盐水中。

（2）使用标准滴管，将一滴溶液自数厘米高处，垂直滴进雏鸡眼睛或一侧鼻孔（用手按住另一侧鼻孔）。使用滴鼻免疫法时，应确定疫苗溶液被吸入。

（四）注射法

注射法分为皮下注射法和肌内注射法。本法多用于灭活疫苗（包括亚单位苗）和某些弱毒疫苗的接种。

一般使用连续注射器，调整好剂量。颈部皮下注射常用于马立克病疫苗的接种，针头应向后向下，与颈部纵轴平行。用食指和拇指将雏鸡的颈背部皮肤捏起呈三角形，针头近于水平刺入。胸肌注射时，应沿胸肌呈45°角斜向刺入，切忌垂直刺入胸肌；腿肌内注射时，针头应朝鸡体方向在外侧腿肌刺入。雏鸡的插入深度为0.5~1厘米，日龄较大的鸡可为1~2厘米；吸取疫苗的针头和注射鸡的针头应分开，针头的数量要充足。水剂使用5~6号针头，油乳剂使用8~9号针头。

其方法及注意事项如下：

（1）家禽疫苗5种注射方法包括适用于灭活疫苗的颈部、翅膀、胸部、腿部和尾部注射，注射方法的选择应取决于鸡的年龄、接种的疫苗、鸡的最终用途等因素。

（2）注射疫苗应使用 18 号针头：注射前将灭活疫苗置于室温下，使之达到周围环境的温度。开启疫苗瓶之前，请阅读包装中的说明书和瓶签，并认真核实其生产日期及有效期。疫苗不要在鸡舍内开启，也不要置于阳光下暴晒。

（3）所使用的注射器、针头使用前必须进行严格消毒处理，每使用一瓶疫苗都必须更换新的针头。

（4）颈部皮下注射时，用手轻轻提起鸡的颈部皮肤，将针头从颈部皮下，朝身体方向刺入，使疫苗注入皮肤与肌肉之间。

（5）使用油乳剂疫苗时，可用翅膀注射代替胸部、腿部肌内注射，用手提起鸡的翅膀，将针头朝身体的方向刺入翅膀肌肉，小心不要刺破血管或损伤骨头（图 7-20）。

（6）胸部肌内注射适用注射剂量要求十分准确的疫苗。将针头成 30°~45°角倾斜，于胸 1/3 处朝背部方向刺入胸肌。切忌垂直刺入胸肌，以免出现穿破胸腔的危险。

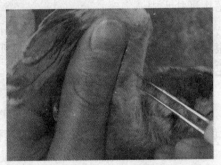

图 7-20　鸡痘疫苗刺种

（7）腿部肌内注射主要适用于笼养的商品蛋鸡群，将针头朝身体的方向刺入外侧腿肌，避免刺伤腿部的血管、神经和骨头。

（8）由于鸡肉加工或其他原因限制在颈部、胸部、腿部和翅膀注射疫苗时可使用尾部注射，将针头朝着头部方向，沿着尾骨一侧刺入尾部。为防止疫苗渗漏，不能过早拔出针头。

（五）刺种法

刺种法主要用于鸡痘疫苗的接种。将疫苗用灭菌生理盐水稀释，混匀后用清洁的蘸笔尖或接种针蘸取疫苗稀释液，刺种于鸡翅膀内侧无血管处的翼膜内。小鸡刺 1 针，较大的鸡刺 2 针。接种后 1 周左右检查刺种部位，若产生绿豆大小的小疱，以后干燥结痂，说明接种成功，否则需要重新刺种。

（六）滴肛或擦肛法

滴肛或擦肛法只用于强毒型传染性喉气管炎疫苗。在对发病鸡群进行紧急预防接种时，可将1 000羽份的疫苗稀释于25~30毫升生理盐水中（或按产品说明书稀释），将鸡抓起，头向下肛门向上，翻出黏膜，滴一滴疫苗，或用接种刷（小毛笔或棉拭子）蘸取疫苗在肛门黏膜上刷动3~4次。接种3~5天可见泄殖腔黏膜潮红，否则应重新接种。从未发生过该病的鸡场，不宜接种。

三、免疫接种程序

免疫接种程序指的是根据当地疫情、疫病的发病规律、动物机体状况（主要是指母源及后天获得的抗体消长情况）以及现有疫（菌）苗的性能，选用适当的疫苗，安排在适当的时间给动物进行免疫接种，使动物机体获得稳定的免疫力，保证动物的健康。

由于免疫程序受很多因素的影响，在不同的肉鸡场所采用的程序存在差异，这主要是考虑饲养季节，原来的发病情况，当前疫情特点，种鸡群免疫情况，前面免疫的时间与疫苗情况，肉鸡群的生理状态，出栏日龄等具体情况而进行的适当调整。下面所介绍的免疫程序在使用前也需要结合上述情况，请兽医进行调整，以免与本场的实际情况不符。

（一）商品肉仔鸡的免疫程序

在现代化肉鸡生产中，单体鸡场或鸡舍内的养殖量很大，一些公司的一个养殖基地内一批可以出栏50万只以上，一栋鸡舍可以饲养5万只。尽管在喂饲、饮水、环境控制等方面实现了自动化，大大减轻了劳动强度，但是在一些疫苗的接种（如滴鼻、点眼、注射等个体接种方法）方面却依然需要投入大量的人力和时间。作为个体接种方法，如果在饲养期间使用会对肉仔鸡产生应激，影响其生长发育。因此，除使用禽流感灭活苗之外，要尽量减少饲养期间的个体接种方法的使用。此外，灭活苗的使用不能迟于20日龄，以免在肉鸡出栏时抗体才刚刚上升起来和接种部位尚有溃疡斑的存在。

1. 免疫程序1 ①孵化厂内"新城疫+禽流感H9"油苗颈部皮下注射；②6日龄，"新城疫+传染性支气管炎H120二联活疫苗"2倍量饮水免疫；③13日龄，"传染性法氏囊炎活疫苗"2倍量饮水免疫；④20日龄前后，"新城疫活疫苗"4倍量饮水免疫；⑤根据实际情况决定是否在17日龄前后再次接种"禽流感（H5）疫苗"。

2. 免疫程序2 ①孵化厂内"新城疫+传染性支气管炎H120二联活疫苗"气雾免疫；②7日龄，"传染性法氏囊炎活疫苗"2倍量饮水免疫；③15日龄，禽流感双价疫苗颈部皮下注射；④20日龄前后，"传染性法氏囊炎活疫苗"2倍量饮水免疫；⑤25日龄，"新城疫（克隆30）活疫苗"3倍量饮水免疫。

3. 免疫程序3 ①孵化厂内皮下注射"传染性法氏囊炎疫苗（囊胚宝）"，喷雾接种"新城疫+传染性支气管炎H120二联活疫苗（威支灵）"；②8日龄，皮下注射"新城疫灭活疫苗"，如果处于9月下旬至翌年4月初之间的肉鸡群则肌内注射"新城疫+禽流感二联灭活苗"。

4. 免疫程序4 在孵化厂内皮下注射"新城疫油苗"（饲养期处于低温季节则注射"新城疫+禽流感二联灭活苗"），同时喷雾接种"新城疫+传染性支气管炎H120二联活疫苗（威支灵）"。这一程序简单，但是在一些大型肉鸡场使用较多。

（二）肉种鸡的免疫程序

肉种鸡的饲养期比较长（一般的淘汰时间在65周龄），其疫苗的接种类型和次数比较多。

1. 程序1 见表7-3。

表7-3 肉种鸡参考免疫程序1

日龄	疫苗种类	接种方法
1	马立克疫苗	皮下或肌内注射
7~10	新城疫+传染性支气管炎弱毒苗（H120）	滴鼻或点眼
	复合新城疫+多价传染性支气管炎灭活苗	皮下或肌内注射0.3毫升/只

续表

日龄	疫苗种类	接种方法
14~16	传染性法氏囊病弱毒苗	饮水
20~25	新城疫Ⅱ或Ⅳ系+传染性支气管炎弱毒苗（H52） 禽流感灭活苗	气雾或滴鼻或点眼 皮下注射 0.3 毫升/只
30~35	传染性法氏囊病弱毒苗 鸡痘疫苗	饮水 翅内侧刺种或翅膀内侧皮下注射
40	传染性喉气管炎弱毒苗	点眼
60	新城疫Ⅰ系	肌内注射
80	传染性喉气管炎弱毒苗	点眼
90	传染性脑脊髓炎弱毒苗	点眼
110~120	新城疫+传染性支气管炎+减蛋综合征油苗 禽流感油苗 鸡痘弱毒苗 传染性法氏囊病弱毒苗	肌内注射 皮下注射 0.5 毫升/只 刺种或翅膀内侧皮下注射 肌内注射 0.5 毫升/只
280	新城疫+传染性法氏囊病油苗	肌内注射 0.5 毫升/只
320~350	禽流感油苗	皮下注射 0.5 毫升

2. 程序2　见表7-4。

表7-4　肉种鸡参考免疫程序2

接种日期	疫苗种类	接种方法
1 日龄	马立克病疫苗	皮下或肌内注射
3 日龄	新城疫Ⅱ系苗	滴鼻或点眼
7 日龄	新城疫+肾型传染性支气管炎二联苗	滴鼻或饮水
12 日龄	新城疫Ⅳ系苗 新城疫油苗	滴鼻或点眼 肌内注射
16 日龄	病毒性关节炎疫苗	饮水
20 日龄	传染性法氏囊炎疫苗（中毒）	滴鼻或点眼
25 日龄	鸡痘疫苗 鸡传染性鼻炎油苗	翅下刺种 肌内注射

接种日期	疫苗种类	接种方法
30 日龄	新城疫+传染性支气管炎 H52 二联苗	点眼或饮水
35 日龄	传染性喉气管炎疫苗（发病区）	点眼
41 日龄	传染性法氏囊炎疫苗（中毒）	饮水
60 日龄	新城疫 I 系苗	肌内注射
70 日龄	鸡痘疫苗	翅下刺种
80 日龄	传染性脑脊髓炎疫苗	饮水
90 日龄	传染性喉气管炎疫苗（发病区）	点眼
120 日龄	新城疫+减蛋综合征二联油苗	肌内注射
130 日龄	病毒性关节炎油苗	肌内注射
140 日龄	传染性法氏囊炎油苗	肌内注射
300 日龄	传染性法氏囊炎油苗	肌内注射

3. 程序 3　见表 7-5。

表 7-5　肉种鸡参考免疫程序 3

日龄	疫苗种类	接种方法
3	鸡球虫苗（进口）	饮水或滴口
6	病毒性关节炎疫苗	颈部皮下注射
	支原体活疫苗	点眼
9	新城疫 L 系+传染性支气管炎 H120+肾型传染性支气管炎三联苗	点眼
12	进口氏囊苗一个量（不能选中强毒力苗）	按使用说明书
22	新威灵一个量	点眼
	双价 H5N1+H9N2 禽流感疫苗	颈背侧皮下注射 0.35 毫升
24	进口法氏囊苗一个量（不能选中强毒力苗）	按使用说明书
35	进口传染性支气管炎 H52 苗一个量	点眼
	进口鸡痘苗一个量	胸肌注射

日龄	疫苗种类	接种方法
42	进口传喉苗一个量	点鼻
49	新威灵	一个量点眼或2倍量饮水
	同时注禽霍乱苗	颈背侧皮下注射0.5毫升
55	双价H5N1+H9N2禽流感疫苗	颈背侧皮下注射0.5毫升
75	新城疫Ⅰ系苗	2倍量肌内注射
	同时注射关节炎疫苗	颈背侧皮下
80	第二次传喉苗	滴鼻
	进口鸡痘苗	一个量胸肌注射
95	进口传染性支气管炎H52苗一个量（或2倍量）	滴鼻（饮水）
100	鸡脑脊髓炎苗	一个量饮水
110	禽霍乱苗	颈背侧皮下注射1毫升
130	新减法	肌内注射0.5毫升
	同时新威灵	点眼
160	双价H5N1+H9N2禽流感疫苗	肌内注射0.5毫升

160日龄以后，每间隔2个月用进口传染性支气管炎H52苗二倍量饮水免疫，但在产蛋率达50%以上时用进口传染性支气管炎H120苗2倍饮水。每间隔2个月根据综合防疫措施执行情况不同，可选用新城疫L系苗3~5倍饮水或新威灵2倍量饮水免疫，但传染性支气管炎、新城疫两种疫苗要间隔7天进行免疫。禽流感间隔3.5个月左右免疫1次（依据抗体检测结果确定）。

4. 程序4　见表7-6。

表7-6　肉种鸡参考免疫程序4

日(周)龄	需预防的疾病	疫苗种类	接种方法	备注
出壳后	马立克病	CVI988	颈部皮下注射	祖代孵化场免疫
1日龄	传染性支气管炎	4/91或含4/91	点眼（1头份）-左	

日(周)龄	需预防的疾病	疫苗种类	接种方法	备注
3日龄	球虫病	Coccivac	喷雾（0.8头份）	接种后10~12天根据球虫反应应用抗球虫药
7日龄	呼肠孤病	1133	颈部皮下注射（1头份）	
	新城疫	Clone30	点眼（1头份）-右	
14日龄	新城疫-传染性支气管炎-禽流感（H9）	Lasota株+M41株+HP株	颈部皮下注射（0.3毫升）	
	法氏囊炎	D78	饮水（1头份）	
21日龄	禽流感（H5N1）	Re-4株和Re-6株	颈部皮下注射（0.5毫升）	
	禽痘		翅部刺种（1头份）-左	
	新城疫-传染性支气管炎	Ma5+Clone30	点眼（1头份）-左	
4周龄	败血霉形体	6/85株	点眼（1头份）-右	前后1周禁止投喂抗支原体药
	法氏囊炎	D78	饮水（2头份）	
6周龄	新城疫-流感（H9）	Lasota株+HP株	肌内注射（0.5毫升）-左	
	呼肠孤病	1133	颈部皮下注射（0.5毫升）	
7周龄	传染性鼻炎	A+B+C/A+C	肌内注射-Leg（0.5毫升）-左	
8周龄	新城疫-传染性支气管炎	Lasota+Mass+Conn+H120	点眼（1.5头份）-左	
	禽流感（H5N1）	Re-4株和Re-6株	肌内注射（0.5ml）-右	
10周龄	禽痘	POX	翅部刺种（1头份）-右	
	传染性喉气管炎	LT-IVAX	点眼（1头份）-右	免疫后注意疫苗反应

日(周)龄	需预防的疾病	疫苗种类	接种方法	备注
14 周龄	新城疫-传染性支气管炎	Lasota+Mass+Conn/Ma5+Clone30	点眼(1.5 头份)-左	
	禽流感(H9)	HP 株	肌内注射(0.5 毫升)-左	
	禽流感(H5N1)	Re-4 株和 Re-6 株	肌内注射(0.6 毫升)-右	
16 周龄	新城疫-传染性支气管炎-减蛋综合征-脑脊髓炎	ND+IB+EDS+AE	肌内注射(0.5 毫升)-右	
17 周龄	传染性鼻炎	A+B+C/A+C	腿部肌内注射(1 头份)-右	
18 周龄	败血支原体	R 株	肌内注射(1 头份)-左	
20 周龄	新城疫-传染性支气管炎	Lasota+Mass+Conn	点眼(1.5 头份)-右	
	新城疫-传染性支气管炎-法氏囊炎-呼肠孤	Lasota + M41 + HSH23+VanRoekl	肌内注射(0.5 毫升)-左	
23 周龄	新城疫-禽流感(H9)	Lasota 株+HL 株	肌内注射(0.6 毫升)-右	
	禽流感(H5N1)	Re-4 株和 Re-6 株	肌内注射(0.6 毫升)-左	
24 周龄	新城疫-传染性支气管炎	Lasota+Mass+Conn	点眼(1.5 头份)-左	
28 周龄	新城疫	Lasota 株	饮水(2 头份)	
32 周龄	新城疫-传染性支气管炎	Ma5+Clone30	饮水(2 头份)	
35 周龄	禽流感(H5N1)	Re-4 株和 Re-6 株	肌内注射(0.6 毫升)-右	
	新城疫-传染性支气管炎-流感(H9)	Lasota 株+M41 株+HL 株	肌内注射(0.6 毫升)-左	
38 周龄	新城疫	Lasota 株	饮水(2 头份)	

日（周）龄	需预防的疾病	疫苗种类	接种方法	备注
42 周龄	新城疫-传染性支气管炎-法氏囊炎-呼肠孤	Lasota+M41+HSH23+VanRoekl	肌内注射（0.5 毫升）-右	
44 周龄	新城疫-传染性支气管炎	Lasota+Mass+Conn	饮水（2 头份）	
47 周龄	新城疫-流感（H9）	Lasota 株+HP 株	颈部皮下注射（0.5 毫升）	
	禽流感（H5N1）	Re-4 株和 Re-6 株	肌内注射（0.5 毫升）-左	
50 周龄	新城疫	Lasota	饮水（2 头份）	
56 周龄	新城疫-传染性支气管炎	Lasota+Mass+Conn	饮水（2 头份）	

（三）制定免疫程序应注意的问题

1. 考虑当前本地的疫病流行情况 在制定免疫程序时首先应考虑当地疫病流行情况，一般而言，免疫的疫病种类主要是可能在该地区暴发、流行的疫病。对强毒型的疫苗应非常慎重，非不得已不引进使用，避免疫苗免疫时带来的新病毒毒株，对本地或本场其他未免疫同类疫苗的鸡群构成威胁。

2. 特定鸡群的抗体水平 鸡体内存在的抗体依据来源可分为两大类：一类是先天所得，另一类是通过后天免疫产生。鸡体内的抗体水平与免疫效果有直接关系。在鸡体内，抗体会中和接种的疫苗，因此，在鸡体内抗体水平过高或过低时接种疫苗，效果往往不理想。免疫应选在抗体水平到达临界线时进行。

3. 考虑鸡群易感疾病的种类 有的疾病对各日龄的鸡都有致病性，而有的疾病只危害某一生长阶段的鸡，如新城疫、传染性支气管炎，各种年龄的鸡都易感，而减蛋综合征只危及产蛋高峰期的种鸡，法氏囊病主要危及肉仔鸡和种雏鸡等。因此，应在不同生产年龄进行不同的免疫，而且免疫时间应设计在本场发病高峰期前 1 周，这样既可减少不必要的免疫次数，又可把不同疾病的免疫时间分隔开，避免了同时接种疫苗所导致的干扰及免疫应激。

4. 了解本场的饲养管理水平 在先进的饲养管理方式下，养鸡场一般不易受强毒的攻击，且免疫程序实施较为彻底；在落后的饲养管理水平下，鸡与各种传染病接触的机会较多，免疫程序不一定得到彻底落实，此时免疫程序设计就应考虑周全，以使免疫程序更好地发挥作用。一般而言，饲养管理水平低的养鸡场，其免疫程序比饲养管理水平高的养鸡场复杂。

5. 所使用疫苗的种类 设计免疫程序时应考虑用合理的免疫途径、疫苗类型来刺激鸡产生免疫力。活疫苗一般是减毒苗，可在体内繁殖，因此可提供强而持久的免疫力，但是活疫苗未完全丧失感染力，有的活疫苗自身容易产生突变。肉鸡多用毒力较弱的疫苗以预防气囊炎，而种鸡或母源抗体较高的鸡群可用中等毒力疫苗。由于活疫苗之间存在相互干扰，故一般活疫苗不用联苗。建议各养鸡场选择正规厂家提供的弱毒疫苗（最好是单苗）进行基础免疫，选用灭活苗进行加强免疫（在发病严重地区用单苗，在安全地区可选用联苗）。对于一些血清型变异较大的疾病，可选用地方毒株制备灭活疫苗进行加强免疫。

6. 采用的免疫方法 免疫应根据使用说明进行。一般活疫苗采用饮水、喷雾、滴鼻、点眼、注射免疫，灭活苗则需肌内或皮下注射。合适的免疫途径可以刺激鸡尽快产生免疫力，不合适的免疫途径则可能导致免疫失败，如油乳剂灭活苗不能做饮水、喷雾，否则易造成严重的呼吸道或消化道障碍。同一种疫苗用不同的免疫途径所获得的免疫效果也不一样，如新城疫，滴鼻、点眼的免疫效果比饮水好。

四、免疫监测

免疫监测包括病原监测和抗体监测两方面。病原监测包括微生物监测和疫病病原监测。抗体检测包括母源抗体、免疫前后的抗体、主要疫病抗体水平的定期监测，以及未免疫接种疫病抗体水平的定期监测等。通过摸清抗原抗体水平的动态及高低，科学地制定免疫程序，把防疫工作认认真真落到实处。

第四节　药物使用管理

在肉鸡生产中喂料预防和治疗疾病，有时需要使用一些抗生素、抗寄生虫病药物等。但是，药物的使用必须严格按照农业部的有关规定执行。一些肉鸡企业已经开始探索限制或控制抗生素的使用以减少鸡肉中的药物残留。

一、常用药物

（一）抗生素

1. β-内酰胺类　是指化学结构中具有 β-内酰胺环的一大类抗生素，包括临床最常用的青霉素与头孢菌素，以及新发展的头孢霉素类、甲砜霉素类、单环 β-内酰胺类等其他非典型 β-内酰胺类抗生素。此类抗生素具有杀菌活性强、毒性低、适应证广及临床疗效好的优点。

（1）氨苄西林可溶性粉：本品为白色或类白色的粉末或结晶，味微苦，有引湿性。本品在水中易溶，在乙醚中不溶。主要用于氨苄西林敏感革兰氏阳性球菌和革兰氏阴性菌感染。用法用量：以氨苄西林计。混饮：每升水，家禽 0.6 克。注意：本品水溶液不稳定，宜现配现用。休药期 7 天。

（2）阿莫西林可溶性粉：本品为白色或类白色的粉末，主要用于阿莫西林敏感革兰氏阳性球菌和革兰氏阴性菌感染。用法用量：以阿莫西林计。内服：一次量，每千克体重，鸡 20~30 毫克，每日 2 次，连用 5 日；混饮：每升水，家禽 60 毫克，连用 3~5 天。注意：本品水溶液不稳定宜现配现用。休药期 7 天。

（3）复方阿莫西林：本品为阿莫西林、克拉维酸钾、葡萄糖配置而成。性状：白色或类白色的粉末。主要用于阿莫西林敏感菌引起的感染。用法用量：混饮：每升水，家禽 0.5 克，1 日 2 次，连用3~7 天。注意：本品水溶液不稳定宜现配现用。休药期 7 天。

（4）头孢噻呋钠：本品为白色至灰黄色或疏松块状物。适应证：鸡的大肠杆菌和沙门杆菌感染。用法用量：以头孢噻呋计皮下注射，1日龄每羽0.1毫克。

（5）氨基糖苷类硫酸新霉素可溶性粉：本品为硫酸新霉素与蔗糖、维生素C等配置而成。性状：白色或淡黄色的粉末。适应证：用于治疗革兰氏阴性菌所致的胃肠道感染。用法用量：以新霉素计。混饮：每升水，禽50~75毫克，连用3~5天。休药期5天。

（6）盐酸大观霉素可溶性粉：本品为盐酸大观霉素与枸橼酸和枸橼酸钠配置而成。性状：本品为白色或类白色的粉末。适应证：用于治疗革兰氏阴性菌及支原体感染。用法用量：以本品计。混饮：每升水，家禽1~2克，连用3~5天。休药期：鸡5天。

（7）盐酸林可霉素可溶性粉：性状：白色或类白色的粉末。适应证：用于治疗革兰氏阴性菌、革兰氏阳性菌及支原体感染。用法用量：以本品计。混饮：每升水，家禽0.5~0.8克，连用3~5天。注意：仅用于5~7日龄雏鸡。

（8）硫酸安普霉素可溶性粉：本品为硫酸安普霉素与枸橼酸钠配置而成。性状：微黄色至黄褐色粉末。适应证：用于治疗肠道革兰氏阴性菌引起的感染性疾病。用法用量：以安普霉素计。混饮：每升水，鸡250~500毫克，连用5日。注意：①本品遇铁锈易失效；②饮水给药当天配制。休药期：鸡7天。

2. 四环素类　主要使用盐酸多西环素。性状：淡黄色至黄色结晶性粉末；无臭，味苦。适应证：用于治疗革兰氏阳性、革兰氏阴性菌和支原体引起的感染性疾病。用法用量：内服一次量每千克体重15~25毫克，每日1次，连用3~5天。休药期28天。

3. 大环内酯类

（1）硫氰酸红霉素可溶性粉：性状：白色或类白色粉末。适应证：用于治疗革兰氏阳性菌和支原体引起的感染性疾病。用法用量：以本品计。混饮：每升水2.5克，连用3~5天。休药期3天。

（2）酒石酸泰乐菌素：性状：白色或浅黄色粉末。适应证：用于治疗革兰氏阳性菌和支原体引起的感染性疾病，治疗产气荚膜梭菌引起的鸡坏死性肠炎。用法用量：以泰乐菌素计。混饮：治疗革兰氏阳性菌和支原体引起的感染，每升水 0.5 克，连用 3~5 天；治疗产气荚膜梭菌引起的鸡坏死性肠炎，每升水 0.05~0.15 克，连用 7 天。休药期 1 天。

（3）替米考星：本品为淡黄色至橙黄色的澄清液体。适应证：用于治疗由巴氏杆菌及支原体感染引起的鸡呼吸道疾病。用法用量：以替米考星计。混饮：每升水，鸡 75 毫克，连用 3 天。休药期 12 天。

（4）酒石酸吉他霉素：本品为白色或类白色粉末。适应证：用于治疗革兰氏阳性菌、支原体引起的感染性疾病。用法用量：以吉他霉素计。混饮：每升水 0.25~0.5 克，连用 3~5 天。休药期 7 天。

4. 酰胺醇类

（1）氟苯尼考粉：本品为白色或类白色粉末。适应证：治疗鸡敏感菌所致感染。用法用量：以氟苯尼考计。内服：每千克体重鸡 20~30 毫克，每日 2 次，连用 3~5 天。注意：疫苗接种期或免疫功能严重缺损的动物禁用。休药期 5 天。

（2）氟苯尼考溶液：本品为无色或淡黄色澄清液体。适应证：治疗鸡敏感菌所致感染。用法用量：以氟苯尼考计。内服：每升水，100 毫升，连用 3~5 天。注意：疫苗接种期或免疫功能严重缺损的动物禁用。休药期 5 天。

5. 林可胺类　主要使用的是盐酸林可霉素可溶性粉，本品为盐酸林可霉素与乳糖、二氧化硅等配置而成。本品为白色或类白色粉末。用于治疗革兰氏阳性菌、支原体感染。用法用量：以林可霉素计。混饮：每升水 17 毫克。休药期 5 天。

6. 多肽类　主要使用的是硫酸黏菌素可溶性粉：本品为白色或类白色粉末。适应证：防治鸡革兰氏阴性菌所致的肠道感染。用法用量：以黏菌素计。混饮：每升水 20~60 毫克。注意：连续使用不得超过 1 周。休药期 7 天。

（二）合成抗菌药

喹诺酮类又称吡酮酸类或吡啶酮酸类，是人工合成的含 4-喹诺酮基本结构的抗菌药。喹诺酮类以细菌的脱氧核糖核酸（DNA）为靶，妨碍 DNA 回旋酶，进一步造成细菌 DNA 的不可逆损害，达到抗菌效果。

（1）恩诺沙星可溶性粉：本品为恩诺沙星与助溶剂及葡萄糖配制而成。性状：白色或淡黄色粉末。适应证：鸡细菌性疾病和支原体感染。用法用量：以恩诺沙星计。混饮：每升水 25~75 毫克，每日 2 次，连用 3~5 天。休药期 8 天。

（2）盐酸沙拉沙星：本品为盐酸沙拉沙星与辅料配制而成。性状：白色或淡黄色粉末。适应证：鸡细菌性疾病和支原体感染。用法用量：以沙拉沙星计。混饮：每升水 25~50 毫克，连用 3~5 天。休药期 0 天。

（三）抗寄生虫药

1. 地克珠利溶液 本品为地克珠利与适宜溶剂配制而成。性状：几乎无色至淡黄色澄清溶液。适应证：用于预防球虫病。用法用量：以地克珠利计。混饮：每升水 0.5~1 毫克。注意：现配现用。休药期 5 天。

2. 妥曲珠利溶液 本品为妥曲珠利的三乙醇胺和聚乙二醇溶液。性状：无色至淡黄色黏稠澄清溶液。适应证：用于预防球虫病。用法用量：以妥曲珠利计。混饮：每升水 25 毫克，连用 2 天。注意：现配现用，稀释后药液超过 48 小时不宜使用，药液稀释超过 1 000 倍可能会析出结晶，影响药效。休药期 8 天。

（四）中药

中药及其制剂具有增强机体免疫力，抗菌、抗病毒和杀灭寄生虫的作用，是当今肉鸡生产中应用较多、前景广阔、几乎不存在药物残留问题的抗生素替代品。然而，中药的类型很多，复方制剂也很多，不同的制剂使用的目的存在较大差异，在选用的时候需要认真甄别。

二、药物使用方法

（一）常用的给药方法

给药方法按照药品说明或者兽医开具处方使用。

1. 口服法 包括饮水给药、拌料给药和个体给药三种方法，药物通过消化道进入鸡体内。

（1）饮水给药：这是规模化肉仔鸡生产中最常用的给药方法，只适用完全溶于水的药剂，药品使用时一定要确保禽体内 24 小时内的血药浓度，所以用药一定要均衡。饮水投药的最好办法是全天自由饮水，为了尽快使药品在血液里达到治疗浓度，可以最先 4 小时按说明书量的 1.5 倍量使用。

饮水给药的有效办法是在一天中把 24 小时分成四个时间段，饮水用药使用 2 小时后，停药 10 小时，然后再使用 2 小时即可。按常用量的 2 倍量饮水使用，即将全天用药量两次用完。在加药的水饮用前可以停水 1 小时，以利于添加药物的饮水供给后鸡群能够在 2 小时内饮完。如果加药的水在饮水系统内存在时间过长不利于药效的保持。

（2）拌料给药：适用于完全溶于水、不完全溶于水或不溶于水的药剂。拌料给药的最好办法是全天饲料拌入，但如何拌料应引起重视，否则如果拌料不匀会引起中毒。商品肉仔鸡常常喂饲颗粒料，其药物拌料方法：按饲料量的 1% 准备水量，把药品（完全溶于水的药物可以使用）兑入水中，均匀喷洒在全部饲料上。这种方法容易出现拌料不匀的问题，一般不多使用。对于肉种鸡常常喂饲干粉料，如果需要拌料给药，可以在饲料加工厂内将药物通过逐级稀释的方法添加到饲料中。拌有药物的饲料要单独存放并及时使用。

（3）个体给药：对于少数病鸡或疑似病鸡，从大群内挑出来后可以单独给药。即将药片直接塞进鸡只的口腔，让其咽下。也可以将药液用滴管滴入鸡的口腔。

2. 注射法 这种给药方法是直接将一定量的药物注射到鸡体内，在商品肉仔鸡生产上使用相对较少，在肉种鸡生产上可以使用。常用的有嗉囊注射法和肌内注射法。

（1）嗉囊注射法：注射前给鸡喂粒状饲料。注射时用注射器吸取药液，助手把鸡保定，术者用酒精棉球消毒嗉囊注射部位后，即把针头直接刺入嗉囊内，把药液注入，拔出针头，再用酒精棉球消毒注射部位即可。

（2）肌内注射法：在胸部或腿部肌肉厚的部位（注射前后消毒同嗉囊注射法），把盛有药液的注射器针头刺入肌内深处，注意针头不要与肌肉呈垂直方向刺入，以免刺入过深，损伤肝脏（防止肝脏出血而死亡），将药液注入即可。

3. 喷雾给药　用专用的喷雾器，将药物溶于水后加入喷雾器内，将喷雾器的喷嘴朝上，距鸡头部上方 50 厘米处将药液以细雾状喷出，让鸡只在呼吸的过程中将药物雾粒吸入呼吸道内。这种方法适用于呼吸道疾病的防治用药。

（二）用药的一般原则

（1）对症用药：确切诊断，正确掌握适应证。

（2）剂量准确：剂量过小无效，过大有毒副作用且增加费用；同一种药物治疗不同的疾病其用药剂量也是不同的；同一种药物不同的用药途径，其剂量亦不一样；如口服用药的剂量比注射给药的剂量大，因口服不是百分百的吸收。

（3）合理确定疗程：疗程一般为 3~5 天，但一些慢性病如鸡传染性鼻炎，疗程一般不能少于 7 天，以防复发。

（4）饮水给药：要考虑到药物的溶解度和畜禽的饮水量以及药物的稳定性和水质，给药前可以适当断水，有利于提高药效；强力霉素、氨苄类抗生素在水中易被破坏，在用前应停水 2 小时，让鸡群在 2 小时内能够饮完药水。

（5）拌料给药：要用逐级稀释法，以保证药物混合均匀。

（6）慎用毒性大的药物：如含有乙酰甲喹的药物则应注意对 10 日龄内雏鸡慎用，一般不超量不集中饮水。

（7）用药要有规律：根据药物的不同作用，结合防治某种鸡病的目的，决定连续用药的天数、剂量、途径及品种。不要今天用这个，明天用那个，或者刚见效，又停药而造成复发。

（8）上市前的休药期：常用的土霉素、强力霉素、北里霉素、四环素、红霉素、痢特灵、金霉素、太乐霉素、快育灵、百病消、诺氟沙星、禽菌灵、青霉素、卡那霉素、氯霉素、链霉素、庆大霉素、新霉素等都是肉鸡送宰前 14 天禁用的药物。

（9）根据药物半衰期，确定每天给药次数。

（10）了解商品料中药物的添加情况，防止重复用药，增加毒性。

（11）根据不同季节合理用药：秋冬季节重点防呼吸道病；夏季重点防肠道病、热应激。夏季饮水量大，饮水给药时要适当降低浓度；而采食量小，拌料给药时要适当增加浓度。

（12）考虑药物对免疫的影响：泰乐菌素、红霉素、左旋咪唑等药物对机体的免疫有促进作用；强力霉素、金霉素能抑制抗体的形成。

（13）注意药物间的配伍禁忌，如复合维生素与肾肿解毒药、益生素与抗生素、恩诺沙星与氯霉素、青霉素与磺胺类药物等相互之间存在配伍禁忌。

（14）注意并发症，有混合感染时应联合用药。

（15）注意抗药性：有些菌株会因长期的药物作用，或不规范用药，会对某种药产生抗药性。因此，用药时需注意：通过药敏实验来选择药物，做到有的放矢；各种药物要交替使用，减少抗药性的产生；对于抗药性广泛的鸡场，可适当使用中药来控制疾病。

三、肉种鸡用药程序

（一）种鸡用药程序

肉鸡场用药由兽医师、肉鸡场场长根据鸡群发病情况及临床解剖现状有针对性地指导使用，严禁滥用药物（表7-7）。

表 7-7 肉种鸡保健用药程序

日（周）龄	药品名称	用药目的
1 日龄	葡萄糖	预防雏鸡脱水，补充能量
	种鸡专用多维	减少路途运输造成的应激
	恩诺沙星溶液	净化鸡苗中的大肠杆菌、沙门杆菌
2~4 日龄	恩诺沙星溶液	
	种鸡专用多维	减少鸡群疫苗接种、断喙应激

续表

日（周）龄	药品名称	用药目的
5~7 日龄	种鸡专用多维	减少鸡群疫苗接种、断喙应激
	水溶性维生素 K_3 粉	
8 日龄	种鸡专用多维	减少鸡群疫苗应激
9~12 日龄	种鸡专用多维	减少鸡群疫苗应激
	10%强力霉素	预防呼吸道疾病
11~12 日龄	双黄连口服液	
10~21 日龄		观察球虫疫苗反应
23~26 日龄	氨苄西林可溶性粉	预防免疫应激后的细菌继发感染
35~37 日龄	10%强力霉素	预防鸡群呼吸道、肠道疾病
	10%氟苯尼考	
8 周龄	替米考星或泰乐菌素	控制支原体免疫应激
10 周龄	左旋咪唑	驱除肠道寄生虫
12 周龄	罗红霉素	预防鸡群呼吸道
14 周龄	10%硫酸安普霉素	预防鸡群肠道疾病
20 周龄	左旋咪唑	第二次驱除肠道寄生虫
22 周龄	硫酸新霉素可溶性粉	预防因换料引起的拉稀
加光刺激	硫酸新霉素或阿莫西林	连用 3~5 天控制肠道疾病

开产后注意：①水质（测 1 次／月）；②小环境良好；③高峰期加 AD3。做到环境良好，饲料全价，水质达标，生物安全到位，良好饲养管理，保证鸡群健康。开产后一般不用药，用药时必须根据《动物防疫法》《食品安全法规》等规定使用

（二）种鸡用药注意事项

肉种鸡的药物使用与商品肉鸡不同，后者主要考虑药物残留问题，种鸡则主要考虑使用的药物对种蛋质量、受精率、孵化率和健雏率的影响（表7-8）。

表7-8　肉种鸡常用药物休药期表

序号	兽药名称	执行标准	停药期
1	地克珠利溶液	部颁标准	鸡5日，产蛋期禁用
2	阿莫西林可溶性粉	部颁标准	鸡7日，产蛋鸡禁用
3	乳酸环丙沙星可溶性粉	部颁标准	禽8日，产蛋鸡禁用
4	乳酸诺氟沙星可溶性粉	部颁标准	禽8日，产蛋鸡禁用
5	复方氨苄西林粉	部颁标准	鸡7日，产蛋期禁用
6	氟苯尼考粉	部颁标准	鸡5日
7	恩诺沙星可溶性粉	部颁标准	鸡8日，产蛋鸡禁用
8	氧氟沙星可溶性粉	部颁标准	禽28日，产蛋鸡禁用
9	盐酸大观霉素可溶性粉	部颁标准	鸡5日，产蛋期禁用
10	盐酸沙拉沙星可溶性粉	部颁标准	鸡0日，产蛋期禁用
11	盐酸环丙沙星可溶性粉	部颁标准	禽28日，产蛋鸡禁用
12	盐酸氨丙啉、乙氧酰胺苯甲酯、磺胺喹恶啉预混剂	《中国兽药典》2000版	鸡10日，产蛋鸡禁用
13	酒石酸泰乐菌素可溶性粉	《中国兽药典》2000版	鸡1日，产蛋期禁用
14	硫氰酸红霉素可溶性粉	《中国兽药典》2000版	鸡3日，产蛋期禁用
15	硫酸安普霉素可溶性粉	部颁标准	鸡7日，产蛋期禁用
16	硫酸粘菌素可溶性粉	部颁标准	鸡7日，产蛋期禁用
17	硫酸新霉素可溶性粉	《中国兽药典》2000版	鸡5日，产蛋期禁用
18	盐酸左旋咪唑	《中国兽药典》2000版	禽28日，泌乳期禁用

＊《中华人民共和国兽药典》简称《中国兽药典》。

第五节　鸡场污染物的无害化处理

污染物的无害化处理是防止肉鸡场生产和生活环境被污染的主要措施，也是降低发病率的重要基础。

一、污染物及其危害

肉鸡场的污染物主要包括粪便、旧垫料、病死鸡、鸡毛、污水及生活垃圾等。这些污染物中可能含有较多的病原体（细菌、霉菌、病毒、寄生虫和寄生虫卵等），也含有一些较多的有机质（包括碳水化合物、氮等）和矿物质。如果未经无害化处理则病原体会利用其中的有机物和矿物质而大量繁殖，污染环境，其中的有机质和矿物质也可能造成土壤和地下水的污染。污物的蓄积还会造成蚊子、苍蝇、老鼠等数量的大幅度增加。这样将会使鸡场的环境受到污染，鸡群就可能生活在一个被污染的环境中，感染发病的概率就会显著增大。目前，国内肉鸡生产中很多疾病都与养殖环境污染有很大关系。

二、污染物无害化处理技术

（一）粪便和旧垫料的无害化处理技术

1. 堆积发酵　肉鸡出栏后集中清理粪便，并运送到粪便堆积场（图7-21）发酵。有的场内设有发酵池，深度约2米，宽约6米，长度10~20米。粪便和旧垫料堆入发酵池后上面用塑料膜覆盖（图7-22），塑料膜的上面再覆盖一层土（厚度约30厘米）。经过20~35天的密封发酵即可达到腐熟的目的，垫料质地酥脆，粪便中尿酸盐分解，病原体被高温杀死，可作为有机肥使用。

图7-21　鸡粪堆积后表面覆盖塑料膜进行发酵　　图7-22　鸡粪在大棚下的发酵池内发酵

2. 干燥处理　需要有专门的物料烘干设备。将粪便和旧垫料混合物送入烘干设备的喂料口，经过高温蒸汽的处理，粪便中的病原体被杀死，水分蒸发。从出料口接取的烘干物含水率降低至20%以下，可以打包后作为有机肥使用。有些情况下，鸡粪和旧垫料的含水率很低，可以直接打包运送到有机肥用户处。

（二）病死鸡的无害化处理技术

1. 生物处理 使用发酵池进行生物发酵处理。即每天将收集的病死鸡放入发酵池内，同时可以加入一些含有粪便的旧垫料，旧垫料在加入前混入一些专用的微生物制剂。发酵池的顶部用塑料膜覆盖，每次向池内放入死鸡和旧垫料的时候可以掀开一部分，加入后再盖严。

2. 高温化制 使用专门的化制炉，将收集的病死鸡填入化制炉的容器罐内，在高温高压条件下，鸡体内的水分蒸发，油脂溶解后从专门的管道流出（收集后可以作为生物燃料使用），剩余的固体物质经过粉碎后可以用作动物饲料或生物肥料。这种处理方式适用于大型肉鸡企业集团的养殖基地。

3. 焚烧 使用专门的动物焚尸炉，每天收集病死鸡1~2次，投入焚尸炉内进行焚烧。这种处理方式适用于养殖规模较小的肉鸡场或肉种鸡场。

4. 深埋 在距离肉鸡生产区有一定距离的地方挖填埋井，井的深度约7米，直径约1.5米，井口适当垫高防止雨后积水流入井内。每天将病死鸡投入井内，同时向井内喷洒消毒剂或生石灰粉。平时井盖要盖严，当填埋层距井口约1米的时候用土封严并做标记。小型的肉鸡场一定时期内只需要挖一个填埋井；大中型肉鸡场则需要同时有多个，按顺序使用即可。

（三）其他污染物的无害化处理

1. 污水 正常情况下商品肉鸡生产中污水的产生量很少，主要集中在每批肉鸡出栏后对鸡舍进行的冲洗所产生的污水。有阶段性产生的特点。可以通过专门的污水管道将污水集中在曝气池内进行无害化处理。如果修建沼气设施，则由于污水量小，有机质中碳氮比不合适，常常达不到理想效果。

2. 生活垃圾 各种生活垃圾要定点收集，定期运送到指定的堆积场。

第六节 常见传染病控制

肉鸡的疾病重在预防，不能被动性地治疗。因为肉鸡群一旦发生传染病，传播很快，在一定时期内造成鸡只的死亡淘汰并影响增重，可能一个批次的肉鸡养殖利润就毁于一病。对于肉鸡的常见病我们需要了解其一般发病规律、病原特性、主要诱因、常见症状与病理变化等，以利于及早发现问题，及早采取防控措施。

一、家禽疫病的分类

《中华人民共和国动物防疫法》第二章第十条以及中华人民共和国农业部公告（1999 年第 96 号）对禽病做以下的分类：

1. 一类疫病 是指对人畜危害严重，需要采取紧急、严厉的强制预防、控制、扑灭措施的禽病，其中包括高致病性禽流感和鸡新城疫。

2. 二类疫病 是指可造成重大经济损失，需采取严格控制、扑灭措施以防止扩散的禽病，其中包括鸡传染性喉气管炎、鸡传染性支气管炎、鸡传染性囊病、鸡马立克病、鸡减蛋综合征、禽白血病、禽痘、鸭瘟、鸭病毒性肝炎、小鹅瘟、禽霍乱、鸡白痢分枝杆菌病、鸡毒支原体病、鸡球虫病。

3. 三类疫病 是指常见多发、可能造成重大经济损失、需要控制和净化的禽病，其中包括鸡病毒性关节炎、禽传染性脑脊髓炎、传染性鼻炎、禽结核病、禽伤寒。

二、细菌性传染病控制

肉鸡细菌性疾病危害广泛，不仅影响肉鸡生产性能的充分发挥，生产能力下降；还会引起肉鸡的死亡，导致食源性传染病、人兽共患病的蔓延等危害。细菌性传染病的控制要采取综合性措施：一是加强环境控制，不仅要合理选择鸡场建址、加强鸡舍的建设，更要建立生物安全体系，对鸡场粪便、死鸡等废弃物及时进行无害化处理；二是要慎重引种，防止蛋传细菌病；三是提高鸡群健康水平；四是合理使用药物；五是对细菌病的流行病学进行监测；六是做好免疫预防工作，制定合理免疫程序；七是开发新型细菌类疫苗；八是提高机体健康水平，在饲料选择、添加维生素和微量元素方面下功夫；九是加强监管力度；十是合理使用微生态制剂。

（一）大肠杆菌病的防控

1. 病原特征　肉鸡大肠杆菌病是由大肠埃希杆菌的某些血清型所引起的一类疾病。大肠杆菌在自然环境中，饲料、饮水、鸡的体表、孵化场、孵化器等各处普遍存在，该菌在种蛋表面、鸡蛋内、孵化过程中的死胚及毛液中分离率较高。大肠杆菌的血清型菌体抗原（O）有 146 个、夹膜抗原（K）有 89 个、鞭毛抗原（H）有 49 个。

2. 发病规律　本病一年四季都可发生，但以冬夏季节多发。饲养环境不卫生、通风不良、舍内氨气浓度过高、温度过低或过高、过冷过热或温度骤降、温差过大、饲养密度过高等都可促使本病的发生。本病可以通过垂直传播，也可能通过被大肠杆菌污染的饲料、饮水、空气、环境等途径传染。在鸡群感染其他疾病后由于抵抗力的下降很容易伴发或继发感染本病，因此在临床上多见的是混合感染。

3. 主要症状与病变

（1）主要症状：精神沉郁，食欲下降，羽毛粗乱，消瘦，排绿色或黄绿色稀便，有时出现神经症状，表现为头颈震颤、角弓反张，呈阵发性。初生雏鸡脐炎，其中多数与大肠杆菌有关。急性败血型主要发生于雏鸡和 4 月龄以下的青年鸡，尤其是肉仔鸡的发病率最高。常与腹水症、慢性呼吸道病、传染性鼻炎等病混合感染。

（2）病变特征：发病急、病程短、死亡率高；病理变化以心包炎、肝周炎、腹膜炎为特征，肝脏肿大或大出血。肠道发炎，肠管粘连，并有淡黄色或橙黄色腹水。气囊炎型常见于 5~12 周龄的青年鸡，其病理变化多见于胸气囊和腹气囊壁增厚、混浊，囊内常含有黄白色干酪样渗出物。有的病例呈现肺水肿。有时可见气囊炎、心包炎和肝周炎同时发生（图 7-23）。卵黄性腹膜炎型多见于产蛋期的种鸡，剖检变化为卵黄变稀、出血或破裂，在腹腔中弥漫着破裂的卵黄液，将腹腔内的肠管、脂肪染为蛋黄色；肠管、

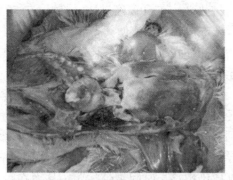

图 7-23 大肠杆菌引起的肝周炎、心包炎

腹腔发炎，相互粘连，死亡时间稍长的腹壁、腹膜及肠管变为褐绿色腐败，气味腥臭。

4. 防控措施 除采取综合性卫生防疫措施外，定期进行药物预防是重要途径，一般常用的抗生素类、喹诺酮类、磺胺类、呋喃类等抗菌消炎的药物对大肠杆菌病都有一定的疗效。但由于许多鸡场长期或大剂量地滥用抗菌药物，尤其是浓度的反复性预防用药，诱发了许多大肠杆菌耐药菌株的出现，使不少本来是敏感的药物却起不到治疗的明显。有条件的场尽量通过药物敏感性实验确定有效的药物。中草药在治疗大肠杆菌病方面别具一格，它集清热、解毒、杀菌、促进免疫于一体、标本兼治、效果明显。目前市售的用于治疗大肠杆菌病的中草药复方制剂很多，应进行筛选应用。

如果在饲料中添加一些益生素类微生态制剂，不但可以提高鸡群的抗病力，而且对大肠杆菌引起的肠道正常菌群失调所致的腹泻有明显的治疗效果。

在一些规模较大的肉鸡场可以从本场发病的鸡群中选择比较典型的病鸡，送到有条件的实验室或研究所，分离菌株供生物药品厂制成大肠杆菌灭活菌苗，对本场的健康鸡群进行免疫有很好的效果。

（二）鸡白痢沙门菌的防控

1. 病原特征 鸡白痢的病原是鸡白痢沙门杆菌，属于革兰氏阴性菌，没有生长鞭毛、芽孢以及荚膜，呈卵圆形或者杆状，具有较弱

的抗热性，在 60℃经过 20 分钟、在 70℃经过 10 分钟、在沸水中只需要 5 分钟就能够使其失活。在自然条件下，该病菌具有较强的抵抗力，能够在土壤中生存长达 14 个月，在鸡舍内能够从发病开始生存至翌年。

2. 发病规律　该病全年任何季节都能够发生，并可通过多种途径进行传播。该病的主要传染源是病鸡和带菌鸡，病菌会经由粪便排到体外，并对孵化设备、饮水、饲料以及饲养工具等造成污染，从而导致同群其他肉鸡发生感染。该病菌具有非常强的抗药性，能够导致被感染肉鸡长时间携带病菌，从而在孵化过程中会导致卵黄发生感染、胚胎死亡以及孵化出病雏或者弱雏。舍内温度低、湿度过高、通风差，抵抗力减弱，生产性能下降，容易发生该病。

3. 主要症状与病变

（1）主要症状：发病初期，病鸡精神沉郁，羽毛蓬松杂乱，双翅下垂，眼睛半闭或者陷入昏睡，往往离群独自呆立，排出白色稀便，食欲减退，往往扎成堆。病鸡呼吸加速、呼吸困难，有些还会有粪便黏附在肛门周围的绒毛上，并混在一起，排粪困难，并伴有痛苦的尖叫声。发病后期，病鸡体质消瘦，停止采食。

（2）病变特征：剖检病死鸡，可见肝脏有许多黄白色小坏死点；卵黄吸收不良，呈黄绿色液化，或未吸收的卵黄干枯呈棕黄色奶酪样；有灰褐色肝样变肺炎，肺内有黄白色大小不等的坏死灶（白痢结节）；盲肠膨大，肠内有奶酪样凝结物；病期较长时，在心肌、肌胃、肠管等部位可见隆起的白色白痢结节。成年种母鸡一般表现卵巢炎，可见卵泡萎缩变形，呈三角形、梨形、不规则形，呈黄绿色、灰色、黄灰色、灰黑色等异常色彩，有的卵泡内容物呈水样、油状或干酪样；由于卵巢的变化与输卵管炎的影响，常形成卵黄性腹膜炎。

4. 防控措施　综合性卫生防疫措施是防控的基础，种鸡群严格进行白痢净化是重要措施。药物防治也需要根据情况执行。庆大霉素、新霉素、氧氟沙星、卡那霉素、氟苯尼考等具有较好的防治效果；使用磺胺类药物进行防治也有明显效果。但是要注意防止细菌耐药性的发生。

（三）禽伤寒的防控

1. 病原特征　本病的病原是鸡伤寒沙门菌。病菌的抵抗力不太强，一般消毒药物和直射阳光都能很快杀死，60℃经10分钟即可杀灭。

2. 发病规律　本病主要发生于鸡，鸭、鹌鹑、野鸡等也可感染。主要危害3月龄以上的鸡，雏鸡感染时症状与鸡白痢相似。主要的传播途径是经蛋垂直传播，也可通过接触病鸡或污染的饲料、饮水等经消化道水平传播。本病发生无季节性，但以春、冬两季多发。

3. 主要症状与病变

（1）主要症状：病鸡先是显现精神萎靡，离群独居，不愿活动。继而头和翅膀下垂，鸡冠和肉髯苍白，羽毛松乱，食欲废绝，口渴增加，体温升高至43~44℃。病鸡排出黄绿色的稀粪。当肺部受到侵害时，即显现呼吸困难症状。

（2）病变特征：剖检病鸡可见肝、脾肿大2~4倍，肝表面呈黄色或古铜色，肝和心肌上有白色或淡黄色的坏死点。胆囊扩张，充满绿色油状胆汁。有时可见心包膜与心脏粘连。

4. 防控措施　发生本病时，要隔离病鸡，对濒死和死亡鸡以及鸡群的排泄物要深埋或焚烧。对病鸡和大群鸡药物治疗。根据药敏试验，选用最佳药物。磺胺类药物有良好的疗效，可选择使用。同时加强种蛋、孵化、育雏的卫生消毒工作，平时加强饲养管理和器具的清洗与消毒工作。

（四）禽副伤寒的防控

1. 病原特征　在全世界范围内已分离到鸡副伤寒沙门杆菌有90个血清型之多，鼠伤寒、海德堡和肠炎沙门杆菌是主要的血清型。在任何国家中鸡较常见的沙门杆菌血清型通常带有地方特色，在短期内分离频率不会有很大波动。本菌对热和常用的消毒药物敏感，如碱类、酚类及醛类等可使之迅速灭活。

2. 发病规律　死亡一般仅见于幼龄鸡，以出壳后最初2周最常见，第6天至第10天是死亡高峰。1月龄以上很少死亡。鸡对沙门杆菌感染的抵抗力随年龄而迅速上升，到第3周至第5周龄时感染水平显著下降。3周龄以上很少引起临诊疾病，只有存在其他不利条件时才可能出现高死亡率。鸡副伤寒可通过多种途径传播。种鸡感染时可经卵传播，此外饲料、啮齿动物、野鸟和其他媒介也可造成家鸡感染。

3. 主要症状与病变

（1）主要症状：病雏无食欲，离群独自站立，怕冷，喜欢拥挤在温暖的地方，下痢，排出水样稀粪，有的发生眼炎，失明。成年鸡有时有轻度腹泻，消瘦，产蛋减少。

（2）病变特征：剖检可见肝脏肿大，常为古铜色，表面有点状或条纹状出血及灰白色坏死灶；肺脏发生灶性坏死，胆囊肿胀；脾脏肿大，表面有斑点状坏死；肾脏肿大；心包炎、心肌炎；其他病理变化还包括气囊炎、关节炎、鼻窦炎、肠炎（盲肠腔内形成"栓子"样病理变化）。成鸡尚有卵巢炎、输卵管炎等表现。

4. 防控措施 建立健康种鸡群、隔离、淘汰病鸡；严格控制种蛋来源，重视种蛋及孵化中的卫生管理；加强育雏期间的卫生管理。选择敏感药物预防和治疗鸡副伤寒，常用药物有庆大霉素、氟喹诺酮类、壮观霉素、磺胺二甲基嘧啶等。

（五）传染性鼻炎的防控

1. 病原特征 病原为副鸡嗜血杆菌。

2. 发病规律 慢性病鸡和康复后的带菌鸡是主要的传染来源，各种年龄的鸡均可感染，但4周龄以上的鸡易感性增强。育成鸡、产蛋鸡最易感，本病多发生在成年鸡，对产蛋期的鸡带来的损害最大；育成期得病治愈后，对后期产蛋影响不大。鸡舍通风不好，氨气浓度过高，鸡舍密度过大，营养水平不良以及气候的突然变化等均可增加本病的严重程度。一般秋末和冬季可发生流行，特别是到了冬季，为了保温造成的通风不良导致本病在寒冷季节多发，具有来势猛、传播快、发病率高、降蛋快、死亡率低的特点。

3. 主要症状与病变 鸡群感染后1~5天内开始出现症状，鼻青眼肿、流涕是本病的特征性症状，且鼻腔与鼻窦发炎、流鼻涕、甩头、脸部肿胀（图7-24）。育成鸡感染传染性鼻炎，轻则生长迟缓，重则淘汰率增加，死亡率上升。产蛋鸡感染后，常引起产蛋率下降。

4. 防控措施　免疫接种是预防本病最有效的措施之一，40日龄时每只鸡肌内注射鼻炎油乳剂灭活苗0.3毫升，产蛋前每只鸡再肌内注射0.5毫升，可使鸡在整个产蛋期不发或少发鼻炎。

一般用复方新诺明或磺

图7-24　传染性鼻炎出现的面部肿胀

胺增效剂与其他磺胺类药物合用，或用2~3种磺胺类药物组成的联磺制剂均能取得较明显效果。用链霉素或青霉素、链霉素合并应用；红霉素、土霉素及喹诺酮类药物也是常用治疗药物。

（六）葡萄球菌病的防控

1. 病原特征　葡萄球菌呈圆形或卵圆形，革兰氏阳性，无鞭毛，无荚膜，不产生芽孢。对干燥、热有较强的抵抗力，消毒药中石炭酸、过氧乙酸等效果较好。金黄色葡萄球菌广泛存在于空气、饮水、土壤、饲料、粪便中。

2. 发病规律　各种日龄的鸡都感染，但以20~60日龄幼鸡最易感染，一年四季都可发生，以潮湿季节发生稍多。创伤是主要传染途径，也可通过呼吸道、消化道传播。

3. 主要症状与病变

（1）主要症状：急性败血型多见于中雏，是最常见的病型。病鸡沉郁，食欲下降或废绝，部分下痢。主要症状是胸、腹部甚至嗉囊周围大腿内侧皮下水肿，潴留血样渗出液，外观呈紫色或紫黑色，有波动感，有的破溃流出茶色或紫红色液体，局部羽毛脱落，有些病鸡在翅、尾、眼睑、背及腿部皮肤上出现大小不等的出血性炎性坏死，局部干燥结痂。

（2）病变特征：病鸡剖检肝肿大、淡紫红色，有花纹样变化，病程稍长，可见数量不等的白色坏死点；脾肿大，呈紫红色，有白色坏死点。关节炎型较少见，多发生于产蛋鸡和肉鸡，多个关节发炎肿胀，跖趾关节较常见（图7-25），病鸡跛行，不喜站立而多伏卧，逐渐消瘦衰弱以至死亡。脐炎型是孵出不久的雏鸡发生的一种病型，出壳雏鸡脐环闭锁不全感染葡萄球菌后发生脐炎，脐部肿大，局部呈黄红色或黑紫色，

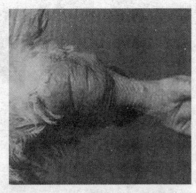

图 7-25　葡萄球菌引起的跖关节肿大

质硬，俗称"大肚脐"，多于出壳后 2~5 日死亡。

4. 防控措施　预防本病，关键是搞好饲养管理及消毒卫生工作。鸡群饲养密度要适宜，垫料要柔软，笼具、网床要经常检修，不能有尖刺，以防外伤，要做好翻肛、断喙、疫苗接种的消毒，防止互啄。在鸡痘发生的过程中易暴发本病，因此应做好鸡痘的预防工作。发病后治疗要及时，常用的抗生素、磺胺类药物都有一定治疗效果，只是葡萄球菌极易产生耐药性，而目前养鸡场普遍用抗菌药物添加于饲料中防治疾病，致使耐药菌株增多，药物的治疗效果日渐降低。因此，有条件的鸡场应通过药敏试验选用敏感药物进行治疗，据一些鸡场试验结果，目前庆大霉素、卡那霉素、氯霉素效果仍较好，可以用于防治。

（七）禽霍乱的防控

1. 病原特征　禽霍乱的病原为多杀性巴氏杆菌，革兰氏阴性，不运动，不形成芽孢，在组织、血液和新分离培养物中菌体呈两极染色，有荚膜。对一般消毒药抵抗力不强，传染途径主要是消化道和呼吸道。在自然干燥的情况下，很快死亡。在浅层的土壤中可存活 7~8 天，粪便中可活 14 天。普通消毒药常用浓度对本菌都有良好的消毒力：1%石炭酸、1%漂白粉、5%石灰乳、0.02%氯化汞液数分钟至 10 多分钟死亡。日光对本菌有强烈的杀菌作用，热对本菌的杀菌力

很强。

2. 发病规律　鸡、鸭、鹅、火鸡等都有易感性，但鹅易感性较差。16 周龄以下的鸡一般具有较强的抵抗力，但临床也曾发现 10 日龄发病的鸡群；16 周龄以上鸡群易感，尤其是性成熟前后的种鸡群易感性更大；秋季是本病的多发季节。多杀性巴氏杆菌在禽群中的传播主要是通过病禽口腔、鼻腔和眼结膜的分泌物进行的，这些分泌物污染了环境，特别是饲料和饮水。粪便中很少含有活的多杀性巴氏杆菌。

3. 主要症状与病变

（1）主要症状：最急性型病鸡不表现临床症状就突然死亡，产蛋鸡常发生此型。急性型较常见，病鸡精神委顿，不爱活动，食欲废绝，呼吸急促带有"喷水声"，鼻口流出带泡沫的黏液，腹泻，拉黄、灰或绿色稀粪，体温上升到 43~44℃，昏迷，死前冠及肉髯成青紫色，1~3 天死亡。

（2）病变特征：剖检在腹膜、皮下组织和腹部脂肪、呼吸道和肠道黏膜有小点出血，肠道尤以十二指肠发生严重急性卡他性肠炎或出血性肠炎。肝脏肿大质地坚硬，表面有许多灰白色针尖大小坏死点（图7-26），这是本病特征性变化。心外膜小点出血，心肌炎，心包积液，胸腹腔有纤维素性渗出物。肺充血、出血。脾变化不明显。慢性型一般发生于急性流行的后期，病变常出

图 7-26　病鸡肝脏肿大，表面有灰白色坏死点

现于某一局部，如肉髯肿大，关节炎或关节化脓，跛行，鼻窦肿大流黏液，腱鞘炎，卵巢变形，腹膜炎，气囊炎，呼吸困难，持续性腹泻。病程可延至数周至数月，若康复则成为带菌者。

4. 防控措施　预防可用疫苗进行免疫接种，目前有几种弱毒疫

苗供选择使用，也可用灭活苗。由于病原菌血清型有差异，用当地死鸡的组织制成灭活苗效果往往更好。也可用药物紧急预防治疗，常用磺胺噻唑、长效磺胺、磺胺二甲嘧啶，按 0.2%～0.5% 混于饲料或 0.1%～0.2% 混于水中，连用 3 天停药。3 天以上常有毒性作用，影响食欲，肉鸡增重慢，蛋鸡产蛋下降。青霉素、链霉素、土霉素、红霉素等有效。

三、病毒性传染病控制

这类传染病的病原体都是病毒，在防控措施上主要从以下几方面着手：做好疫苗的接种；发病后使用抗生素以防止与细菌性疾病混合感染；使用具有抗病毒作用的中草药制剂进行防治；使用具有增强机体免疫力或抗病毒作用的生物制剂（如黄芪多糖、干扰素等）进行辅助治疗；必要时有的传染病可以使用特异性抗体等。

（一）传染性法氏囊炎的防控

1. 病原特征 法氏囊炎病毒有两个血清型，即Ⅰ型和Ⅱ型，Ⅱ型病毒无致病性，对Ⅰ型不能交叉免疫，不能用于制造疫苗。Ⅰ型病毒的标准毒株是有致病性的强毒，但在各地传播致病的并非都是标准毒株，而是有许多变异型毒株，称为亚型株或变异株。亚型株与标准株之间，以及亚型株之间，抗原都有差异，共同抗原为 10%～70% 不等。亚型株的毒力与标准株相比，有的更强，有的相似，有的偏弱或很弱，分别称为超强毒、强毒、中等毒力和弱毒。本病病毒对理化因素抵抗力较强，加热 56℃经 5 小时、60℃经 90 分钟仍存活；在 −20℃环境保存 3 年后，对鸡仍有感染力。病毒在自然界存活时间较长，在病鸡舍中的病毒可存活 122 天。病毒对乙醚、氯仿、酚类、氯化汞和季铵盐等都有较强的抵抗力，但对含氯化合物、含碘制剂、甲醛敏感。

2. 发病规律 雏鸡阶段发病率高，随着日龄增长，易感性下降，10 周龄后的鸡群很少发病。主要通过被病毒污染的饮水、饲料、垫料、运输工具、人员、接触鸡的设备或器材等传播，亦可由垫料灰尘引起气源传播，可经口腔、呼吸道、眼睛途径感染，自然感染后经过

5~7天潜伏期即可引起临床发病。本病所造成的免疫抑制比马立克病及新城疫等传染病要严重得多，主要抑制体液免疫，其次是局部免疫，再次是细胞免疫。

3. 主要症状与病变

（1）主要症状：发病后病鸡拉白色石灰水样稀便，精神委顿，嗜睡，后极度消瘦，有的病鸡不断啄自己的肛门。

（2）病变特征：经剖析病变主要在法氏囊，死亡高峰期的病鸡法氏囊显著肿大，起皱褶、潮红、有出血斑，坏死囊内有出血块（图7-27）。死亡高峰期过后，法氏囊萎缩，囊内有干酪样物质，胸肌和股肌内侧肌内有出血斑，肾肿大，有尿酸盐沉积。

图7-27　法氏囊病变
a. 病鸡法氏囊　b. 正常法氏囊

4. 防控措施　对于肉仔鸡，如果上代种鸡注射过油乳苗的，如果当地法氏囊炎已基本控制，舍内消毒良好，在18~20日龄接种中等毒力苗2剂量，只此一次即可；上代种鸡未注射油乳苗的，13~15日龄接种中等毒力苗2剂量，25~27日龄接种2~2.5剂量。

管理上要注意改善饲养管理，提高鸡舍温度2~3℃；适当降低饲料中蛋白质含量，在所使用的饲料中添加1/3~1/2的玉米糁；给鸡充分供应饮水，在饮水中加入口服补液盐，减少对肾脏的损害；投服抗生素，防止继发感染等。

（二）新城疫的防控

1. 病原特征　鸡新城疫病毒（NDV）属于副黏病毒科，副黏病毒属，核酸为单链RNA。该病毒在低温条件下抵抗力强，在4℃可存活1~2年，20℃时能存活10年以上；真空冻干病毒在30℃可保存30天，15℃可保存230天；不同毒株对热的稳定性有较大的差异。本病毒对消毒剂、日光及高温抵抗力不强，一般消毒剂的常用浓度即可很快将其杀灭。

2. 发病规律　本病主要传染源是病鸡和带毒鸡的粪便及口腔黏液。被病毒污染的饲料、饮水和尘土经消化道、呼吸道或结膜传染易感鸡是主要的传播方式。空气和饮水传播，人、器械、车辆、饲料、垫料（稻壳等）、种蛋、幼雏、昆虫、鼠类的机械携带，以及带毒的鸽、麻雀的传播对本病都具有重要的流行病学意义。本病一年四季均可发生，以冬春寒冷季节较易流行。

3. 主要症状与病变

（1）主要症状：该病以呼吸道和消化道症状为主，表现为呼吸困难、咳嗽和气喘，有时可见头颈伸直，张口呼吸，食欲减少或死亡，出现水样稀粪，用药物治疗效果不明显，病鸡逐渐脱水消瘦，呈慢性散发性死亡。

（2）病变特征：剖检病变不典型，其中最具诊断意义的是十二指肠黏膜、卵黄病前后的淋巴结、盲肠扁桃体、回直肠黏膜等部位的出血灶及脑出血点。剖检可见

图7-28　病鸡腺胃和肠道病变

以各处黏膜和浆膜出血，特别是腺胃乳头和贲门部出血。心包、气管、喉头、肠和肠系膜充血或出血（图7-28）。直肠和泄殖腔黏膜出血。卵巢坏死、出血，卵泡破裂性腹膜炎等。消化道淋巴滤泡的肿大出血和溃疡是 ND 的一个突出特征。

非典型 ND 是鸡群在具备一定免疫水平时遭受强毒攻击而发生的一种特殊表现形式，其主要特点是：多发生于有一定抗体水平的免疫鸡群；病情比较缓和，发病率和死亡率都不高；临床表现以呼吸道症状为主，病鸡张口呼吸，有"呼噜"声，咳嗽，口流黏液，排黄绿色稀粪，继而出现歪头、扭脖或呈仰面观星状等神经症状；成鸡产蛋

量突然下降 5%~12%，严重者可达 50% 以上，并出现畸形蛋、软壳蛋和糙皮蛋。

4. 防控措施　接种疫苗是最有效的预防措施，7 日龄用 Lasota 或 Clone-30 弱毒苗滴鼻、点眼；24~26 日龄 Lasota 喷雾免疫。或 7 日龄 ND-Ⅳ系或 Clone-30 弱毒苗点眼+0.3 毫升 ND 灭活苗皮下注射；15 日龄 Lasota 弱毒苗点眼或喷雾，或 2 倍量饮水。发病初期使用高免卵黄抗体注射具有较好的效果。

（三）传染性支气管炎的防控

1. 病原特征　传染性支气管炎病毒属于尼多病毒目、冠状病毒科、冠状病毒属、冠状病毒Ⅲ群的成员。该病毒具有很强的变异性，目前世界上已分离出 30 多个血清型；这些毒株中多数能使气管产生特异性病变，但也有些毒株能引起肾脏病变和生殖道病变。本病毒对环境抵抗力不强，对普通消毒药过敏，对低温有一定的抵抗力。

2. 发病规律　各种日龄的鸡都易感，但 5 周龄内的鸡症状较明显，死亡率可达 15%~19%。发病季节多见于秋末至翌年春末，但以冬季最为严重。环境因素主要是冷、热、拥挤、通风不良，特别是强烈的应激作用如疫苗接种、转群等可诱发该病发生。传播方式主要是通过空气传播。此外，人员、用具及饲料等也是传播媒介。1 日龄雏鸡感染时会使输卵管发生永久性的损伤，使其不能达到应有的产蛋率。

3. 主要症状与病变

（1）主要症状：肉仔鸡群无前驱症状，全群几乎同时突然发病。最初表现呼吸道症状，流鼻涕、流泪、鼻肿胀、咳嗽、打喷嚏、伸颈张口喘气（图 7-29）。夜间听到明显嘶哑的叫声。随着病情发展，症状加重，缩头闭目、垂翅挤堆、食欲减退、饮欲增加，如治疗不及时，有个别死亡现象。成年种鸡表现轻微的呼吸困难、咳嗽、气管啰音，有"呼噜"声。精神不振、减食、拉黄色稀粪，症状不太严重，有极少数死亡。发病第 2 天产蛋开始下降，1~2 周下降低最低点，有时产蛋率可降低一半，并产软蛋和畸形蛋，蛋清变稀，蛋清与蛋黄分离，种蛋的孵化率也降低。

图7-29 病鸡呼吸困难

图7-30 病鸡肾脏病变

（2）病变特征：在鼻腔、气管、支气管内，可见有淡黄色半透明的浆液性、黏液性渗出物，病程稍长的变为干酪样物质并形成栓子。气囊可能混浊或含有干酪性渗出物。产蛋母鸡卵泡充血、出血或变形；输卵管短粗、肥厚，局部充血、坏死。肾病变型支气管炎除呼吸器官病变外，可见肾肿大、苍白，肾小管内尿酸盐沉积而扩张，肾呈花斑状，输尿管尿酸盐沉积而变粗（图7-30）。

4. 防控措施　疫苗接种是目前预防传染性支气管炎的一项主要措施。单价弱毒苗目前应用较为广泛的是引进荷兰的 H120、H52 株。H120 对 14 日龄以内的雏鸡安全有效，免疫 3 周保护率达 90%；H52 对 14 日龄以下的鸡会引起严重反应，不宜使用，但对 90 ~ 120 日龄的鸡却安全。故目前常用的程序为 H120 于 10 日龄、H52 于 30 ~ 45 日龄接种。

（四）禽流感的防控

1. 病原特征　禽流感病毒，属于正黏病毒科流感病毒属的 A 型流感病毒。由于不同禽流感病毒的血凝素（HA）和神经氨酸酶（NA）有不同的抗原性，目前已发现有 15 种特异的 HA 和 9 种特异的 NA，分别命名为 H1 ~ H15，N1 ~ N9，由不同的 HA 和不同的 NA 之间可形成 200 多种亚型的禽流感病毒。

不同毒株的禽流感病毒在致病力方面有明显的差异。一些毒株是无致病力的，这些毒株长期存在于某些野生的水禽体内，被感染的宿主可没有任何临床的表现，抗体滴度也极低或几乎为零。一些毒株感染敏感家禽后，可在家禽体内诱导产生较高水平的抗体，但被感染禽毫无临床症状和病变。另一些毒株则会引起敏感家禽出现轻度的呼吸道症状和（或）产蛋量下降。还有些毒株，即所谓的高致病力禽流感毒株，可引起敏感禽群产生100%的死亡率。

禽流感病毒对氯仿、乙醚、丙酮等有机溶剂比较敏感；对热敏感，56℃加热30分钟，60℃加热10分钟，70℃以上数分钟均被灭活；苯酚、消毒灵（复合酚）、氢氧化钠、碘制剂、漂白粉、高锰酸钾、二氯异氰尿酸钠、新洁尔灭、过氧乙酸等消毒剂均能迅速使病毒灭活。但禽流感病毒对冷湿有抵抗力，在-20℃或-196℃低温下贮存42个月，病毒仍有感染性。

2. 发病规律　禽流感病毒在自然条件下，能感染多种禽类，在野禽尤其是野生水禽（如野鸭、野鹅、海鸥、燕鸥、天鹅、黑尼鸥等）体中，较易分离到禽流感病毒。病毒在这些野禽中大多形成无症状的隐性感染，而成为禽流感病毒的天然贮毒库。家禽中以火鸡最为敏感，鸡、雉鸡、鸽、鹌鹑、鹧鸪、鸵鸟等均可受禽流感病毒的感染而大批死亡。该病一年四季均可流行，但在冬季和气温骤冷骤热的季节更易暴发。

3. 主要症状与病变　产蛋鸡在感染H9N2等低致病力病毒后，最常见的症状是产蛋率下降，但下降程度不一，有时可以从90%的产蛋率在几天之内下降到10%以下，要经过1个多月才逐渐恢复到接近正常的水平，但却无法达到正常的水平；有些仅下降10%～30%，1周至半个月左右即回升到基本正常的水平。产蛋率受影响较严重的鸡群，蛋壳可能褪色、变薄。在产蛋受影响时，鸡群的采食、精神状况及死亡率可能与平时一样正常，但也可能见少数病鸡眼角分泌物增多，有小气泡，或在夜间安静时可听到一些轻度的呼吸啰音，个别病鸡有脸面肿胀，但鸡群死亡数仍在正常范围。再严重一些的病例，则可见到少数病鸡呼吸困难，张口呼吸，呼吸啰音，精神不振，下痢，鸡群采食量下降，死亡数增多。肉仔鸡的症状除产蛋情况外其他症状与产蛋鸡相同。

由高致病力毒株，如 H5N1 禽流感病毒感染鸡后形成的高致病力禽流感，其临床症状多为急性经过。最急性的病例可在感染后 10 多小时内死亡。急性型可见鸡舍内鸡群比往常沉静，鸡群采食量明显下降，甚至几乎废食，饮水也明显减少，全群鸡均精神沉郁，呆立不动，从第二天起，死亡明显增多，临床症状也逐渐明显。病鸡头部肿胀，冠和肉髯发黑，眼分泌物增多，眼结膜潮红、水肿，羽毛蓬松无光泽，体温升高；下痢，粪便黄绿色并带多量的黏液或血液；呼吸困难。

4. 防控措施　需要采取综合性防控措施，包括严格的隔离、消毒，提供良好的环境条件、减少应激。生产中主要是接种疫苗进行预防。由于流感经常出现一些新的毒株，在选择疫苗时应特别注意新型毒株的免疫，最好定时做流感抗体检测，以便于更准确地把握鸡群的免疫时间。

对于高致病性禽流感，需要省级以上专业机构做鉴定。一旦确诊，必须对该场鸡群全部扑杀、焚烧或消毒后深埋；并有地方专业行政部门划出扑杀区、强制免疫区，禁止疫区内的禽产品外销。

（五）禽痘的防控

1. 病原特征　病原为禽痘病毒，最少有 4 种病毒型。禽痘病毒对外界环境的抵抗力相当强。在上皮细胞屑中的病毒，完全干燥环境下被直射日光作用多日也不致被杀死；加热至 60℃需经 3 小时才被杀死，在-15℃以下的环境中可保持活力多年。1% 的氢氧化钠、1% 的醋酸或 0.1% 的氯化汞可于 5 分钟内杀死此病毒。

2. 发病规律　多种家禽和野禽都会感染，年龄特征不明显，发病季节主要是夏季和秋季，此时发病的绝大多数为皮肤型。冬季发病的较少，常为黏膜型。禽痘病毒通常存在于病禽落下的皮屑、粪便以及随喷嚏和咳嗽等排出的排出物中。上述污物到达健禽皮肤和黏膜的缺损中时，可引起发病。

3. 主要症状与病变

（1）皮肤型：以头部皮肤多发，有时见于腿、脚、泄殖腔和翅内侧，形成一种特殊的痘疹。起初出现麸皮样覆盖物，继而形成灰白色小结，很快增大，略发黄，相互融合，最后变为棕黑色痘痂，经

20～30 天脱落。一般无全
身症状（图 7-31）。

（2）黏膜型：也称白
喉型，病鸡起初流鼻液，有
的流泪，2～3 天后在口腔
和咽喉黏膜上出现灰黄色小
斑点，很快扩展，形成假
膜，如用镊子撕去，则露出
溃疡灶，全身症状明显，采
食与呼吸发生障碍。

图 7-31　鸡冠和面部的痘痂

（3）混合型：皮肤和黏膜均被侵害。

4. 防控措施　发生过本病的地区，其种鸡群，应采用鸡痘疫苗
免疫接种。一般采用两次免疫，第一次在 13～20 日龄，第二次免疫
在 7～9 周龄。

（六）病毒性关节炎的防控

1. 病原特征　病原为禽呼肠孤病毒，该病毒对热有一定的抵抗
能力，能耐受 60℃达 8～10 小时。对乙醚不敏感。对过氧化氢溶液、
2%来苏儿、3%福尔马林等均有抵抗力。用 70%乙醇和 0.5%有机碘
可以灭活病毒。

2. 发病规律　本病可通过种蛋垂直传播，但水平传播是该病的
主要传染途径。鸡病毒性关节炎的感染率和发病率因鸡的年龄不同而
有差异：鸡年龄越大，敏感性越低，10 周龄之后明显降低。自然感
染发病多见于 4～7 周龄鸡。

3. 主要症状与病变　在急性感染的情况下，鸡表现跛行，部分
鸡生长受阻；慢性感染期的跛行更加明显，少数病鸡跗关节不能运
动。病鸡食欲和活力减退，不愿走动，喜坐在关节上，驱赶时或勉强
移动，但步态不稳，继而出现跛行或单脚跳跃。检查病鸡可见单侧或
双侧跗关节肿胀（图 7-32），切开皮肤可见到关节上部腓肠腱水肿，
滑膜内经常有充血或点状出血，关节腔内含有淡黄色或血样渗出物，
少数病例的渗出物为脓性，与传染性滑膜炎病变相似，这可能与某些

细菌的继发感染有关。

图 7-32　病鸡关节肿大、跛行

4. 防控措施　由于雏鸡对致病性禽呼肠孤病毒最易感，而至少要到 2 周龄开始才具有对禽呼肠孤病毒的抵抗力，因此，对雏鸡提供免疫保护应是防疫的重点。接种弱的活疫苗可以有效地产生主动免疫，一般采用皮下接种途径。但用 S-1133 弱毒苗与马立克病疫苗同时免疫时，S1133 会干扰马立克病疫苗的免疫效果，故两种疫苗接种时间应相隔 5 天以上。无母源抗体的后备鸡，可在 6~8 日龄用活苗首免，8 周龄时再用活苗加强免疫，在开产前 2~3 周注射灭活苗，一般可使雏鸡在 3 周内不受感染。

（七）包涵体肝炎的防控

1. 病原特征　病原是腺病毒科的Ⅰ群禽腺病毒，病毒的血清型较多，已认定的有 12 种。对乙醚、氯仿、胰蛋白酶、5% 乙醇有抵抗力，可耐受 pH 值 3~9，对热有抵抗力，56℃经 2 小时、60℃经 40 分钟不能致死病毒，有的毒株 70℃经 30 分钟仍可存活。能被 1∶1 000 的甲醛灭活，对含碘消毒剂比较敏感。

2. 发病规律　只有鸡易感，肉鸡多发。发病年龄多发生在 3~6 周龄的肉鸡，蛋鸡也偶有发生。病毒通过粪便、气管和鼻排出病毒而感染健康鸡。传播途径主要经呼吸道、消化道及眼结膜感染，也可通过种蛋传染给下一代。

3. 主要症状与病变

（1）主要症状：初期不见任何症状即死亡，2~3 日后少数病鸡精神沉郁、发热、食欲减少，下痢，嗜睡，羽毛蓬乱，屈腿蹲立，皮肤呈黄色，皮下有出血，偶尔有水样稀粪，3~5 日达死亡高峰，死亡率达 10%，持续 3~5 日后，逐渐停止。蛋鸡可出现产蛋下降。

图 7-33　病鸡肝脏肿大、表面有出血斑

（2）病变特征：剖检可见肝脏肿大，呈土黄色，质脆，表面有不同程度的出血斑点，有时可见大小不等的坏死灶（图 7-33）。皮下组织、脂肪组织和肠浆膜、黏膜可见明显出血。此外，还常见法氏囊萎缩，胸腺水肿，脾和肾脏肿大，脾呈土黄色，易碎。

4. 防控措施　目前尚无有效疫苗和特殊的药物，防制本病须采取综合的防疫措施。

近年来，一种俗称"安卡拉病"的鸡病已经证实病原体与包涵体肝炎相同，都属于腺病毒，只是血清型上有所变化，据有关专家透露可能是血清Ⅳ型。本病主要发生于 1~3 周龄的肉鸡、麻鸡，也可见于肉种鸡和蛋鸡，其中以 5~7 周龄的鸡最多发。发病鸡群多于 3 周龄开始死亡，4~5 周龄达高峰，高峰持续期 4~8 日，5~6 周龄死亡减少。病程 8~15 日，死亡率达 20%~80%，一般在 30% 左右。本病可垂直传播，也可水平传播。其特征是无明显先兆而突然倒地，沉郁，羽毛成束，出现呼吸道症状，甩鼻、呼吸加快，部分有啰音，排黄色稀粪，有神经症状，两腿画空，数分钟内死亡。病鸡心肌柔软，心包积有淡黄色透明的渗出液；肝脏肿胀、充血、边缘钝圆、质地变脆，色泽变黄，并出现坏死；肾肿大，呈苍白或暗黄色；肺淤血水肿，外观发黑；脾脏轻微肿大，肌肉淡白，可视黏膜变浅。防控思路为：抗病毒，保肝护肾，强心利尿和控制继发感染。采用自家组织灭活苗进行紧急接种能有效降低死亡率。

四、其他传染病控制

（一）慢性呼吸道病的防控

1. 病原特征　本病的病原是败血支原体，是一种缺乏细胞壁的微小的原核微生物，呈细小卵圆状，对外界抵抗力不强，离体后很快失去活力，一般消毒药能迅速将其杀死。对新霉素、多黏菌素、醋酸铊、磺胺类药物有抵抗力。

2. 发病规律　支原体病主要是通过蛋垂直传播，也可水平传播，四季都可发生，以寒冷季节较为严重。各种日龄都可感染，以 $1 \sim 2$ 月龄最易感。饲养密度过大、鸡舍氨气过浓、育雏舍温度不当、饲料中缺乏维生素 A 等常是暴发此病的诱因。对潜伏有支原体的雏鸡进行喷雾免疫时，常促使本病急性暴发并引起较高的死亡率。本病常常与新城疫、大肠杆菌病混合感染。

图 7-34　病鸡头面部病变

3. 主要症状与病变　典型症状主要发生于幼龄鸡，逐渐出现流鼻涕、咳嗽、窦炎、结膜炎、气囊炎、呼吸道啰音。剖检禽消瘦，鼻道、气管和支气管内有稍混浊的黏稠渗出物，黏膜外观呈念珠状。气囊壁变厚混浊，内有干酪样渗出物，出现念珠样小点。眶下窦腔内充满黏液或干酪样物，严重病例可见纤维素性或化脓性肝周炎和心包炎。产蛋鸡感染，呼吸道症状不明显，主要表现产蛋率、受精率、孵化率下降，死胚及弱胚增多；输卵管发炎，产软壳蛋（图 7-34）。

4. 防控措施　应从无病鸡场引种，加强消毒工作，切断传染病源。种鸡场应建立没有本病的"净化"鸡群，给种鸡使用抗生素可降低感染率。合理用药可减少损失，但抗生素只能抑制支原体在机体内的活力，单靠治疗不能消灭本病。链霉素、四环素、土霉素、红霉素、泰乐菌素、螺旋霉素、壮观霉素、卡那霉素、支原净等对鸡毒支原体都有效，但易产生耐药性，选用哪种药物，最好先做药敏试验。也可轮换或联合使用药物。抗菌药物可采用饮水或注射的方法施药，有的也可添加于饲料中。发生了滑膜炎的鸡群，用氯霉素添加于饲料中（每吨饲料约 200 克）常取得满意效果。疫苗可用鸡毒支原体浓缩油佐剂灭活菌免疫鸡群，保护率约在 80%。

（二）曲霉菌病的防控

1. 病原特征　主要为烟曲霉菌和黄曲霉菌，可能还有其他曲霉菌参与。曲霉菌孢子对外界环境理化因素的抵抗力很强，在干热 120℃、煮沸 5 分钟才能杀死。对化学药品也有较强的抵抗力。在一般消毒药物中，如 2.5% 福尔马林、水杨酸、碘酊等，需经 1~3 小时才能灭活。

2. 发病规律　本病的主要传染媒介是被曲霉菌污染的垫料和发霉的饲料。在适宜的湿度和温度下，曲霉菌大量繁殖。引起传播的主要途径是霉菌孢子被吸入呼吸道而感染；发霉饲料亦可经消化道感染。6 周龄以下幼鸡易感，常急性暴发，发病率很高，死亡率在 10%~50% 之间，成年鸡多为散发。曲霉菌也可穿透蛋壳进入蛋内，引起胚胎死亡或雏鸡发病。

3. 主要症状与病变

（1）主要症状：病鸡呼吸困难，急迫，喘气，嗜睡，流泪，分泌浆性鼻液，体温升高，食欲减退，饮欲增加，后期下痢，消瘦死亡。

（2）病变特征：剖检呼吸道有炎症，肺部病变最常见且严重，可见散在黄白色或灰白色小米粒大小的结节，气囊壁上有时也可见到这种变化。严重病例在腹腔、浆膜、肝也出现霉菌斑。发生曲霉菌性眼炎时，一侧或两侧眼球有时出现灰白色混浊，也可能引起眼肿胀，结膜囊内有干酪样物。

因霉菌病引起的死禽，可在肺部见到从粟粒到小米粒、绿豆大小不等的结节，呈灰白色、黄白色或淡黄色，散在或均匀地分布在整个肺脏组织（图7-35）；肺上有多个结节时，可使肺组织质地变硬，弹性消失。时间较长时，可形成钙化的结节。最初可见气囊壁点状或局灶性混浊，后气囊膜混浊、变

图7-35 病鸡肺部的霉菌结节

厚，或见炎性渗出物覆盖；气囊膜上有数量和大小不一的霉菌结节，有时可见较肥厚隆起的霉菌斑。

4. 防控措施 预防曲霉菌病的主要原则，是使用清洁干燥的垫料和无霉菌污染的饲料，避免鸡接触发霉堆放物，搞好鸡舍的通气和控制湿度，减少空气中霉菌孢子的含量。要防止种蛋污染霉菌，保持蛋库蛋箱卫生，鸡群发病后应及早消除污染霉菌的饲料与垫料，喷洒1：2 000硫酸铜液消毒。目前本病无特效的治疗方法，发病鸡群可试用制霉菌素，100只鸡一次用50万单位，每日2次，连用2天。也可（1：2 000）～（1：3 000）硫酸铜溶液或0.5%～1%碘化钾溶液饮水连用3～5天。

第七节　非传染性鸡病的防治

一、寄生虫病防治

（一）球虫病的防治

1. 病原特征 病原为原虫中的艾美耳科艾美耳属的球虫。世界各国已经记载的鸡球虫种类共有13种之多，我国已发现9个种。柔嫩艾美耳球虫寄生于盲肠，致病力最强；毒害艾美耳球虫寄生于小肠

中 1/3 段，致病力强；巨型艾美耳球虫寄生于小肠，以中段为主，有一定的致病作用；堆型艾美耳球虫寄生于十二指肠及小肠前段，有一定的致病作用，严重感染时引起肠壁增厚和肠道出血等病变。球虫孢子化卵囊对外界环境及常用消毒剂有极强的抵抗力，一般的消毒剂不易破坏，在土壤中可保持生活力达 4~9 个月，在有树荫的地方可达 15~18 个月。但鸡球虫未孢子化卵囊对高温及干燥环境抵抗力较弱，36℃即可影响其孢子化率，40℃环境中停止发育，在 65℃高温作用下，几秒钟卵囊即全部死亡；湿度对球虫卵囊的孢子化也影响极大，干燥室温环境下放置 1 天，即可使球虫丧失孢子化的能力，从而失去传染能力。

2. 发病规律　随粪便排出的卵囊，在适宜的温度和湿度条件下，经 1~2 天发育成感染性卵囊。这种卵囊被鸡吃了以后，子孢子游离出来，钻入肠上皮细胞内发育成裂殖子、配子、合子。合子周围形成一层被膜，被排出体外。鸡球虫在肠上皮细胞内不断进行有性和无性繁殖，使上皮细胞受到严重破坏，遂引起发病。15~50 日龄的鸡发病率和致死率都较高，成年鸡对球虫有一定的抵抗力。病鸡是主要传染源，凡被带虫鸡污染过的饲料、饮水、土壤和用具等，都有卵囊存在。饲养管理条件不良，鸡舍潮湿、拥挤，卫生条件恶劣时，最易发病。在潮湿多雨、气温较高的梅雨季节易暴发球虫病。

3. 主要症状与病变　病鸡精神沉郁，羽毛蓬松，头卷缩，食欲减退，嗉囊内充满液体，鸡冠和可视黏膜贫血、苍白，逐渐消瘦。病鸡常排红色胡萝卜样粪便，若感染柔嫩艾美耳球虫，开始时粪便为咖啡色，以后变为完全的血粪。柔嫩艾美耳球虫主要侵害盲肠，两支盲肠显著肿大，可为正常的 3~5 倍，肠腔中充满凝固的或新鲜的暗红色血液，盲肠上皮变厚。毒害艾美耳球虫损害小肠中段，使肠壁扩张、增厚，有严重的坏死，肠管中有凝固的血液或有胡萝卜色胶冻状的内容物（图 7-36）。巨型艾美耳球虫损害小肠中段，可使肠管扩张，肠壁增厚；内容物黏稠，呈淡褐色或淡红色。

4. 防控措施　保持鸡舍干燥、通风和鸡场卫生，定期清除粪便，堆放发酵以杀灭卵囊。

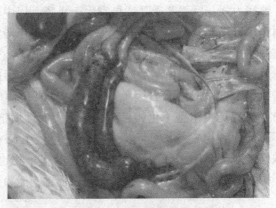

图 7-36　病鸡盲肠内的血栓

治疗可以有多种药物供选择。氯苯胍、氨丙啉、硝苯酰胺（球痢灵）、盐霉素（球虫粉，优素精）都是常用药，可以按照说明书使用。但是，球虫容易产生耐药性，需要定期更换药物。

（二）住白细胞原虫病的防治

1. 病原特征　住白细胞原虫病又称鸡白冠病，是由疟原虫科、白细胞虫属的多种鸡住白细胞孢子虫寄生于鸡的白细胞和红细胞内所引起的一种血液原虫病，主要危害肉种鸡。鸡住白细胞原虫分为卡氏白细胞原虫、沙氏白细胞原虫。

2. 发病规律　具有明显的季节性，在库蠓繁殖快、活力强的夏季多发。3~6 周龄的雏鸡发病率高，死亡率可达 10%~30%；产蛋鸡的死亡率为 5%~10%。

3. 主要症状与病变

（1）主要症状：病鸡精神委顿，腹泻，鸡冠苍白，粪便稀薄呈黄绿色，双腿无力行走等症状，在料槽或水槽以及舍内边沿有患鸡咳出的鲜血。有的患病鸡两翅轻瘫，伏地不动。急性发作时，鸡会因突然出血、咯血、呼吸困难而死亡，死前口流鲜血是特征症状。

（2）病变特征：剖检表现为贫血，全身皮下、肌肉和内脏组织广泛性出血，以肾、肺、肝和肌肉出血较为常见，而且在体况较好的病死鸡中剖检症状最典型。

4. 防控措施　搞好鸡舍内外环境卫生，重点杀灭死水坑塘内的蚊、蠓、蚋卵及幼虫，鸡舍内尽量做到空气流通、光线充足。磺胺二甲嘧啶（SM2）+磺胺甲氧嘧啶（TMP）、磺胺嘧啶（SD）+磺胺甲氧嘧啶（TMP）是十分价廉的复方磺胺，预防效果较好，毒副作用也很低。

（三）组织滴虫病的防治

1. 病原特征　病原是组织滴虫，它是一种很小的原虫。该原虫有两种形式：一种是组织型原虫，寄生在细胞里，虫体呈圆形或卵圆形；另一种是肠腔型原虫，寄生在盲肠腔的内容物中。组织滴虫钻入肠壁繁殖，进入血流，寄生于肝脏。

2. 发病规律　本病无季节性，但湿热的夏季发生较多。最易发生于两周至三四个月龄以内的雏鸡和育成鸡，特别是雏火鸡易感性最强，病情严重，死亡率最高。本病也见于肉用仔鸡和许多被捕获的野鸟。组织滴虫的主要传播方式是以盲肠体内的异刺线虫虫卵为媒介，鸡食入线虫卵后，组织滴虫就会感染鸡的盲肠部位。

3. 主要症状与病变　病鸡精神萎靡、身体蜷缩，羽毛蓬乱，两翅下垂，下痢，粪便恶臭呈淡绿或淡黄色，严重时血便。末期鸡冠呈暗黑色，称"黑头病"。组织滴虫病的损害常限于盲肠和肝脏，也称"盲肠肝炎"。盲肠的一侧或两侧发炎、坏死，肠壁增厚或形成溃疡，盲肠表面覆盖有黄色或黄灰色渗物，并有特殊恶臭。有时这种黄灰绿色干酪样物充塞盲肠腔，呈多层的栓子样。肝出现颜色各异、圆形稍有凹陷的溃疡灶，通常呈黄灰色或淡绿色。溃疡灶的大小不等，一般为1~2厘米的环形病灶，也可能相互融合成大片的溃疡区。

4. 防控措施　保持鸡舍卫生并定期进行严格消毒是主要的预防措施。治疗可以选用二甲硝咪唑、甲硝唑（灭滴灵）等。

（四）鸡虱的防治

1. 病原特征　鸡虱是节支性昆虫，体小，雄虫体长1.7~1.9毫米，雌虫1.8~2.1毫米。头部有赤褐色斑纹。

2. 发病规律　鸡虱白天藏伏于墙壁、栖架、产蛋箱的缝隙及松散干粪等处，并在这些地方产卵繁殖；夜晚则成群爬到鸡身上叮咬吸血，每次一小时，吸饱后离开。对于肉种鸡在冬季可能会见到鸡虱长时间生活在皮肤表面。

3. 主要症状与病变　鸡由于遭受虱的啃咬刺激，皮肤发痒，而啄痒不安，出现羽毛脱落，皮肤损伤，并且长期得不到很好的休息，食欲减退，引起贫血消瘦。

4. 防控措施　成鸡可选用硫黄沙（黄沙10份加硫黄粉0.5~1份搅拌均匀）或用无毒灭虱精、阿维菌素、伊维菌素等，按产品说明配制成稀释液，再按黄沙10份加稀释液0.5~1份，搅拌均匀后进行沙浴。也可选用无毒灭虱精（用5毫升无毒灭虱精加2.5升水混匀）或用侯宁杀虫气雾剂、无毒多灭灵、溴氰菊酯（灭百可）等，按产品说明配制成稀释液，进行喷雾（将鸡抓起逆向羽毛喷雾）。

二、代谢性疾病控制

（一）肉鸡腹水综合征

肉鸡腹水综合征又称雏鸡水肿病、肉鸡腹水征、心衰综合征和鸡高原海拔病，是以病鸡心、肝等实质器官发生病理变化、明显的腹腔积水、右心室肥大扩张、肺淤血水肿、心肺功能衰竭、肝脏显著肿大为特征的综合征，主要发生于幼龄肉用仔鸡的一种常见病。

1. 发病特点　肉鸡腹水综合征主要发生于生长速度较快的幼龄鸡群中，多见于3~6周龄，特别是快大型肉鸡，且公鸡发病率高于母鸡。在发病季节，多见于寒冷的冬季和气温较低的春秋季节。

2. 主要症状

（1）主要症状：病鸡初期症状不明显，随后呼吸困难，羽毛粗乱，鸡冠暗红发紫，生长缓慢，体重轻于正常；后期腹部过大（图7-37），手触压有波动感，最后突发死亡。

（2）病变特征：剖检可见腹腔内有100~500毫升甚至更多的淡黄或淡红黄色半透明腹水，内有半透明胶冻样凝块；肝瘀血肿大，呈暗紫色，表面覆盖一层灰白色或黄色的纤维素膜，质地较硬；心包膜混浊增厚，心包液显著增多，心脏体积增大，右心室明显肥大扩张，心肌松弛；肾肿大瘀血。

图 7-37　病鸡膨大的腹部

3. 病因分析　诱发该病的因素有遗传因素、环境因素、饲料因素等，一般都是机体缺氧而致肺动脉压升高、右心室衰竭，以致体腔内发生腹水和积液。由于在肉鸡的遗传选育过程中侧重于生长方面，使肉鸡心肺的发育和体重的增长具有先天性的不平衡性，即心脏正常的功能不能完全满足机体代谢的需要，导致相对缺氧。寒冷季节为了保温而紧闭门窗或通风换气次数减少，空气流通不畅，换气不足，一氧化碳、二氧化碳、氨气等有害气体和尘埃在鸡舍内积聚，空气污浊，含氧量下降，造成相对缺氧。当肉鸡患慢性呼吸道疾病和大肠杆菌病时，由于呼吸系统机能受损可继发腹水。

4. 防控措施　缺氧是造成肉鸡腹水综合征的重要原因，因此设计和改造鸡舍，要解决好防寒保暖与通风换气的关系，以保证充足的氧气供应。不要在鸡舍内放置煤炉，防止污染空气，育雏期可采用火炉供暖，炉门要在鸡舍外，较好的方法是采用恒温控制的风扇和由定时控制的负压通风系统来解决通风与温度降低的矛盾，从而有效降低腹水综合征的发生率。早期适度限饲，肉用仔鸡早期生长速度快，对腹水征敏感性高，采用早期限饲防治效果明显。

防治可用 2%肾肿灵饮水 5~6 天，隔 1 周 1 次，可有效降低发病率和死亡率。使用抗生素类药物防继发感染；每吨饲料中添加 500 克维生素 C，添加含硒微量元素添加剂 1%，可预防腹水征。

（二）肉鸡猝死综合征

本病又称暴死征，是肉鸡的一种常见的疾病，在肉鸡整个生长期中均可发病。该病是由于肉鸡生长过快，个别鸡肌肉骨骼生长与心脏器官发育不协调，不能同步，加大了内脏器官尤其是心肝的负担，导致猝死。

1. 发病特点　肉鸡猝死综合征多发于 2~3 周龄的肉雏鸡，尤以 10 多天的肉雏鸡发病最多见，最早可见 3 日龄，最迟在 35 日龄左右，但超过 3 周龄的很少发病。本病的死亡率 1.0%~5.0% 不等。本病一年四季均可发生，肉雏鸡在 1~2 周龄时发病率呈直线上升，3 周龄时达到发病高峰，以后呈下降趋势。雄性肉鸡的发病率高于雌性。

2. 主要症状与病变

（1）主要症状：大群发育良好，少数个体大的在活动、采食饮水过程中，突然蹦跳，腹部朝上，很快死亡。死鸡一般为两脚朝天呈仰卧或腹卧姿势，颈部扭曲，肌肉痉挛，个别鸡只发病时发现有突然尖叫声。

（2）病变特征：剖检可见嗉囊和肌胃内充盈刚采食的饲料，心房扩张，心脏较正常鸡大，心肌松软，肝脏肿大、质脆、色苍白，肺瘀血，胸肌、腹肌湿润苍白，少数死鸡偶见肠壁有出血症状。

3. 病因分析　肉用仔鸡由于生长速度快，而自身的一些系统功能（如心血管系统、呼吸系统、消化系统）发育不完善；另外，也与饲料中蛋白质、脂肪含量过高，维生素与矿物质配比不合理有关。肉鸡由于采食量大，超量营养摄入体内造成营养过剩，呼吸加快，心脏负担加重，而发生猝死现象。

4. 防控措施　限料饲喂能够减少本病发生，一般从第 2 周龄开始，适当降低饲料中蛋白质含量（一般以 19%~20% 为宜），脂肪含量不宜过高。据报道，用植物油代替动物性脂肪可明显降低猝死征的发生。在 3~5 周龄期间每周向饮水中添加适量的碳酸氢钾（每只鸡每天 0.5 克），连用 2 天可以减少猝死。要增加维生素尤其是生物素的含量，每吨饲料中添加生物素 0.2 克也有助于减少死亡率。

（三）肉鸡胸部囊肿

肉用仔鸡胸囊肿是胸部的一种炎性疾病，胸囊肿虽然不会引起死亡，但影响胴体的美观，降低商品价值和等级，对肉鸡业的发展形成一定威胁。

1. 发病特点　本病主要发生在 3 周龄以上的肉仔鸡，体重大的个体发病率较高。本病不传染，也不会引起死亡。发病没有季节性。

2. 主要症状与病变　胸囊肿的产生是由于龙骨外皮层受到长时间的摩擦和压迫等刺激，造成皮质硬化，形成囊状组织，里面逐渐积蓄一些黏稠的渗出液，成为水疱状囊肿。囊肿初期颜色较浅，面积较小；后期颜色变深，面积也变大。

3. 病因分析　肉雏鸡一天当中有 68%～72% 的时间处于俯卧状态，俯卧时体重的 60% 左右由胸部支撑，胸部受压时间长、压力大，胸部羽毛又长得慢、长得晚，故容易造成胸囊肿。

4. 防控措施　一是让胸部的接触面保持柔软有弹性，尽量使垫草干燥、松软，及时更换板结、潮湿的垫草，保持垫草应有的厚度；采用笼养或网上平养时，必须加一层弹性塑料底网，这样能有效地降低胸囊肿的发生率。二是减少肉雏鸡连续卧地的时间，可以通过多次添加饲料，或多次启动自动喂料系统，或饲养员定时在鸡舍内走动，让肉鸡在伏卧一段时间后站起来走动一会儿，能够防止胸部血液循环障碍，减少发病。

（四）肉鸡腿病

肉鸡腿部疾病是肉鸡的常见病、多发病，表现为腿部无力、骨骼变形和关节囊肿等症状（图 7-38、图 7-39），造成鸡只跛行或者瘫痪，严重影响运动和采食，制约生长速度，严重影响养殖经济效益。

造成肉鸡腿病的原因很复杂，包括疾病（新城疫、传染性脑脊髓炎、病毒性关节炎、滑液囊支原体、葡萄球菌病、大肠杆菌病等）、营养（饲料中钙、磷、锰、维生素含量不足，霉菌污染等）和管理（饲养密度高、高温高湿、网床表面不平、应激等）等多个方面。其发病率与日龄、品种有一定的关系。在相同条件下，雄性肉仔鸡腿病发生率显著高于母鸡；发病日龄多见于 3～8 周龄。

图 7-38　肉鸡趾垫　　　　　　　　图 7-39　肉鸡腿病

三、中毒性疾病的预防

中毒性疾病在肉鸡生产中不常见，在管理水平低的肉鸡场可能会发生。本病发生后短时期内很难治愈，应把针对性的预防措施做在前面。

1. 一氧化碳中毒　多发生于育雏期，由于育雏室内通风不良或煤炉未装置烟筒或烟筒火道漏气等因素，造成空气中的一氧化碳浓度（0.04 %~0.05 %）增高而引起雏鸡中毒，甚至造成大量死亡。

急性中毒的症状为病雏不安、嗜睡、呆立、呼吸困难、运动失调。随后病雏不能站立，倒于一侧，头向后伸。临死前发生痉挛和惊厥。亚急性中毒时，病雏羽毛松乱、食欲减少、精神委顿、生长缓慢。急性中毒主要变化是肺和血液呈樱桃红色。

育雏室用煤炉和火道取暖时，最好有排放煤气的烟囱，避免用明火炉供温装置，并防止烟囱和火道煤气泄漏。雏鸡一旦有中毒现象，应立即打开窗户，加强通风，同时也要防止雏鸡受凉。轻度中毒的雏鸡会很快恢复。

2. 霉变饲料原料中毒　用霉变原料配制的饲料，在喂鸡后可引起急性或慢性中毒性疾病。肉鸡食用霉变饲料后的 3~5 天内，首先表现食欲下降、挑食，料槽内剩料较多，同时群内出现相互啄食现象。随着时间的延长，鸡群中出现较多精神不振、羽毛松乱、行动无力、藏头缩颈、双翅下垂的病鸡。严重的病鸡，冠脸苍白，排出的粪便带有黏液或为绿白色稀水状，并逐渐消瘦，5~7 天后出现死亡并逐渐增多。

　　禁止使用发霉变质的饲料喂鸡是预防本病的根本措施。确定或疑似霉饲料中毒，应立即停止使用，并更换优质饲料原料。对轻微霉变的饲料可用硅铝酸盐吸附等方法进行去毒处理。饮水中加入 0.5%克/升硫酸铜或 5 克/升碘化钾，供鸡群自由饮服有助于减轻危害；这两种物质交替使用，每 3 天调换 1 次。

　　3. 药物中毒　主要是由于药物搅拌不均匀、药物使用剂量过大、同时使用多种药物等原因造成的。预防措施也是针对上述的情况。

附　录

附录一　《畜禽规模养殖污染防治条例》

中华人民共和国国务院令

第 643 号

《畜禽规模养殖污染防治条例》已经 2013 年 10 月 8 日国务院第 26 次常务会议通过，现予公布，自 2014 年 1 月 1 日起施行。

总理　李克强
2013 年 11 月 11 日

畜禽规模养殖污染防治条例

第一章　总　则

第一条　为了防治畜禽养殖污染，推进畜禽养殖废弃物的综合利用和无害化处理，保护和改善环境，保障公众身体健康，促进畜牧业持续健康发展，制定本条例。

第二条　本条例适用于畜禽养殖场、养殖小区的养殖污染防治。

畜禽养殖场、养殖小区的规模标准根据畜牧业发展状况和畜禽养殖污染防治要求确定。

牧区放牧养殖污染防治，不适用本条例。

第三条　畜禽养殖污染防治，应当统筹考虑保护环境与促进畜牧业发展的需要，坚持预防为主、防治结合的原则，实行统筹规划、合理布局、综合利用、激励引导。

第四条 各级人民政府应当加强对畜禽养殖污染防治工作的组织领导，采取有效措施，加大资金投入，扶持畜禽养殖污染防治以及畜禽养殖废弃物综合利用。

第五条 县级以上人民政府环境保护主管部门负责畜禽养殖污染防治的统一监督管理。

县级以上人民政府农牧主管部门负责畜禽养殖废弃物综合利用的指导和服务。

县级以上人民政府循环经济发展综合管理部门负责畜禽养殖循环经济工作的组织协调。

县级以上人民政府其他有关部门依照本条例规定和各自职责，负责畜禽养殖污染防治相关工作。

乡镇人民政府应当协助有关部门做好本行政区域的畜禽养殖污染防治工作。

第六条 从事畜禽养殖以及畜禽养殖废弃物综合利用和无害化处理活动，应当符合国家有关畜禽养殖污染防治的要求，并依法接受有关主管部门的监督检查。

第七条 国家鼓励和支持畜禽养殖污染防治，以及畜禽养殖废弃物综合利用和无害化处理的科学技术研究和装备研发。各级人民政府应当支持先进适用技术的推广，促进畜禽养殖污染防治水平的提高。

第八条 任何单位和个人对违反本条例规定的行为，有权向县级以上人民政府环境保护等有关部门举报。接到举报的部门应当及时调查处理。

对在畜禽养殖污染防治中作出突出贡献的单位和个人，按照国家有关规定给予表彰和奖励。

第二章 预 防

第九条 县级以上人民政府农牧主管部门编制畜牧业发展规划，报本级人民政府或者其授权的部门批准实施。畜牧业发展规划应当统筹考虑环境承载能力以及畜禽养殖污染防治要求，合理布局，科学确定畜禽养殖的品种、规模、总量。

第十条 县级以上人民政府环境保护主管部门会同农牧主管部门编制畜禽养殖污染防治规划，报本级人民政府或者其授权的部门批准实施。畜禽养殖污染防治规划应当与畜牧业发展规划相衔接，统筹考虑畜禽养殖生产布局，明确畜禽养殖污染防治目标、任务、重点区域，明确污染治理重点设施建设，以及废弃物综合利用等污染防治措施。

第十一条 禁止在下列区域内建设畜禽养殖场、养殖小区：

（一）饮用水水源保护区，风景名胜区；

（二）自然保护区的核心区和缓冲区；

（三）城镇居民区、文化教育科学研究区等人口集中区域；

（四）法律、法规规定的其他禁止养殖区域。

第十二条 新建、改建、扩建畜禽养殖场、养殖小区，应当符合畜牧业发展规划、畜禽养殖污染防治规划，满足动物防疫条件，并进行环境影响评价。对环境可能造成重大影响的大型畜禽养殖场、养殖小区，应当编制环境影响报告书；其他畜禽养殖场、养殖小区应当填报环境影响登记表。大型畜禽养殖场、养殖小区的管理目录，由国务院环境保护主管部门同国务院农牧主管部门确定。

环境影响评价的重点应当包括：畜禽养殖产生的废弃物种类和数量，废弃物综合利用和无害化处理方案和措施，废弃物的消纳和处理情况以及向环境直接排放的情况，最终可能对水体、土壤等环境和人体健康产生的影响以及控制和减少影响的方案和措施等。

第十三条 畜禽养殖场、养殖小区应当根据养殖规模和污染防治需要，建设相应的畜禽粪便、污水与雨水分流设施，畜禽粪便、污水的贮存设施，粪污厌氧消化和堆沤、有机肥加工、制取沼气、沼渣沼液分离和输送、污水处理、畜禽尸体处理等综合利用和无害化处理设施。已经委托他人对畜禽养殖废弃物代为综合利用和无害化处理的，可以不自行建设综合利用和无害化处理设施。

未建设污染防治配套设施、自行建设的配套设施不合格，或者未委托他人对畜禽养殖废弃物进行综合利用和无害化处理的，畜禽养殖场、养殖小区不得投入生产或者使用。

畜禽养殖场、养殖小区自行建设污染防治配套设施的，应当确保其正常运行。

第十四条 从事畜禽养殖活动，应当采取科学的饲养方式和废弃物处理工艺等有效措施，减少畜禽养殖废弃物的产生量和向环境的排放量。

第三章　综合利用与治理

第十五条 国家鼓励和支持采取粪肥还田、制取沼气、制造有机肥等方法，对畜禽养殖废弃物进行综合利用。

第十六条 国家鼓励和支持采取种植和养殖相结合的方式消纳利用畜禽养殖废弃物，促进畜禽粪便、污水等废弃物就地就近利用。

第十七条 国家鼓励和支持沼气制取、有机肥生产等废弃物综合利用以及沼渣沼液输送和施用、沼气发电等相关配套设施建设。

第十八条 将畜禽粪便、污水、沼渣、沼液等用作肥料的，应当与土地的消纳能力相适应，并采取有效措施，消除可能引起传染病的微生物，防止污染环境和传播疫病。

第十九条 从事畜禽养殖活动和畜禽养殖废弃物处理活动，应当及时对畜禽粪便、畜禽尸体、污水等进行收集、贮存、清运，防止恶臭和畜禽养殖废弃物渗出、泄漏。

第二十条 向环境排放经过处理的畜禽养殖废弃物，应当符合国家和地方规定的污染物排放标准和总量控制指标。畜禽养殖废弃物未经处理，不得直接向环境排放。

第二十一条 染疫畜禽以及染疫畜禽排泄物、染疫畜禽产品、病死或者死因不明的畜禽尸体等病害畜禽养殖废弃物，应当按照有关法律、法规和国务院农牧主管部门的规定，进行深埋、化制、焚烧等无害化处理，不得随意处置。

第二十二条 畜禽养殖场、养殖小区应当定期将畜禽养殖品种、规模以及畜禽养殖废弃物的产生、排放和综合利用等情况，报县级人民政府环境保护主管部门备案。环境保护主管部门应当定期将备案情况抄送同级农牧主管部门。

第二十三条　县级以上人民政府环境保护主管部门应当依据职责对畜禽养殖污染防治情况进行监督检查，并加强对畜禽养殖环境污染的监测。

乡镇人民政府、基层群众自治组织发现畜禽养殖环境污染行为的，应当及时制止和报告。

第二十四条　对污染严重的畜禽养殖密集区域，市、县人民政府应当制定综合整治方案，采取组织建设畜禽养殖废弃物综合利用和无害化处理设施、有计划搬迁或者关闭畜禽养殖场所等措施，对畜禽养殖污染进行治理。

第二十五条　因畜牧业发展规划、土地利用总体规划、城乡规划调整以及划定禁止养殖区域，或者因对污染严重的畜禽养殖密集区域进行综合整治，确需关闭或者搬迁现有畜禽养殖场所，致使畜禽养殖者遭受经济损失的，由县级以上地方人民政府依法予以补偿。

第四章　激励措施

第二十六条　县级以上人民政府应当采取示范奖励等措施，扶持规模化、标准化畜禽养殖，支持畜禽养殖场、养殖小区进行标准化改造和污染防治设施建设与改造，鼓励分散饲养向集约饲养方式转变。

第二十七条　县级以上地方人民政府在组织编制土地利用总体规划过程中，应当统筹安排，将规模化畜禽养殖用地纳入规划，落实养殖用地。

国家鼓励利用废弃地和荒山、荒沟、荒丘、荒滩等未利用地开展规模化、标准化畜禽养殖。

畜禽养殖用地按农用地管理，并按照国家有关规定确定生产设施用地和必要的污染防治等附属设施用地。

第二十八条　建设和改造畜禽养殖污染防治设施，可以按照国家规定申请包括污染治理贷款贴息补助在内的环境保护等相关资金支持。

第二十九条　进行畜禽养殖污染防治，从事利用畜禽养殖废弃物进行有机肥产品生产经营等畜禽养殖废弃物综合利用活动的，享受国家规定的相关税收优惠政策。

第三十条　利用畜禽养殖废弃物生产有机肥产品的，享受国家关于化肥运力安排等支持政策；购买使用有机肥产品的，享受不低于国家关于化肥的使用补贴等优惠政策。

畜禽养殖场、养殖小区的畜禽养殖污染防治设施运行用电执行农业用电价格。

第三十一条　国家鼓励和支持利用畜禽养殖废弃物进行沼气发电，自发自用、多余电量接入电网。电网企业应当依照法律和国家有关规定为沼气发电提供无歧视的电网接入服务，并全额收购其电网覆盖范围内符合并网技术标准的多余电量。

利用畜禽养殖废弃物进行沼气发电的，依法享受国家规定的上网电价优惠政策。利用畜禽养殖废弃物制取沼气或进而制取天然气的，依法享受新能源优惠政策。

第三十二条　地方各级人民政府可以根据本地区实际，对畜禽养殖场、养殖小区支出的建设项目环境影响咨询费用给予补助。

第三十三条　国家鼓励和支持对染疫畜禽、病死或者死因不明畜禽尸体进行集中无害化处理，并按照国家有关规定对处理费用、养殖损失给予适当补助。

第三十四条　畜禽养殖场、养殖小区排放污染物符合国家和地方规定的污染物排放标准和总量控制指标，自愿与环境保护主管部门签订进一步削减污染物排放量协议的，由县级人民政府按照国家有关规定给予奖励，并优先列入县级以上人民政府安排的环境保护和畜禽养殖发展相关财政资金扶持范围。

第三十五条　畜禽养殖户自愿建设综合利用和无害化处理设施、采取措施减少污染物排放的，可以依照本条例规定享受相关激励和扶持政策。

第五章 法律责任

第三十六条 各级人民政府环境保护主管部门、农牧主管部门以及其他有关部门未依照本条例规定履行职责的，对直接负责的主管人员和其他直接责任人员依法给予处分；直接负责的主管人员和其他直接责任人员构成犯罪的，依法追究刑事责任。

第三十七条 违反本条例规定，在禁止养殖区域内建设畜禽养殖场、养殖小区的，由县级以上地方人民政府环境保护主管部门责令停止违法行为；拒不停止违法行为的，处3万元以上10万元以下的罚款，并报县级以上人民政府责令拆除或者关闭。在饮用水水源保护区建设畜禽养殖场、养殖小区的，由县级以上地方人民政府环境保护主管部门责令停止违法行为，处10万元以上50万元以下的罚款，并报经有批准权的人民政府批准，责令拆除或者关闭。

第三十八条 违反本条例规定，畜禽养殖场、养殖小区依法应当进行环境影响评价而未进行的，由有权审批该项目环境影响评价文件的环境保护主管部门责令停止建设，限期补办手续；逾期不补办手续的，处5万元以上20万元以下的罚款。

第三十九条 违反本条例规定，未建设污染防治配套设施或者自行建设的配套设施不合格，也未委托他人对畜禽养殖废弃物进行综合利用和无害化处理，畜禽养殖场、养殖小区即投入生产、使用，或者建设的污染防治配套设施未正常运行的，由县级以上人民政府环境保护主管部门责令停止生产或者使用，可以处10万元以下的罚款。

第四十条 违反本条例规定，有下列行为之一的，由县级以上地方人民政府环境保护主管部门责令停止违法行为，限期采取治理措施消除污染，依照《中华人民共和国水污染防治法》《中华人民共和国固体废物污染环境防治法》的有关规定予以处罚：

（一）将畜禽养殖废弃物用作肥料，超出土地消纳能力，造成环境污染的；

（二）从事畜禽养殖活动或者畜禽养殖废弃物处理活动，未采取有效措施，导致畜禽养殖废弃物渗出、泄漏的。

第四十一条 排放畜禽养殖废弃物不符合国家或者地方规定的污染物排放标准或者总量控制指标，或者未经无害化处理直接向环境排放畜禽养殖废弃物的，由县级以上地方人民政府环境保护主管部门责令限期治理，可以处 5 万元以下的罚款。县级以上地方人民政府环境保护主管部门作出限期治理决定后，应当会同同级人民政府农牧等有关部门对整改措施的落实情况及时进行核查，并向社会公布核查结果。

第四十二条 未按照规定对染疫畜禽和病害畜禽养殖废弃物进行无害化处理的，由动物卫生监督机构责令无害化处理，所需处理费用由违法行为人承担，可以处 3000 元以下的罚款。

第六章 附 则

第四十三条 畜禽养殖场、养殖小区的具体规模标准由省级人民政府确定，并报国务院环境保护主管部门和国务院农牧主管部门备案。

第四十四条 本条例自 2014 年 1 月 1 日起施行。

附录二　全国肉鸡遗传改良计划
（2014—2025）

　　我国是世界第二大肉鸡生产和消费国，鸡肉是仅次于猪肉的第二大肉类产品。良种是肉鸡产业发展的物质基础。为提高肉鸡种业科技创新水平，发挥政府导向作用，强化企业育种主体地位，加快肉鸡遗传改良进程，进一步完善国家肉鸡良种繁育体系，提高肉鸡育种能力、生产水平和养殖效益，制定本计划。

一、我国肉鸡遗传改良现状

（一）现有基础

　　我国鸡肉产品主要来源于白羽肉鸡、黄羽肉鸡（肉用地方鸡品种及含有地方鸡血缘的肉用培育品种和配套系）和淘汰蛋鸡。白羽肉鸡产业起步于 20 世纪 80 年代，通过引进国外优良品种，经过 30 多年的发展，已成为全球三大白羽肉鸡生产国之一。黄羽肉鸡产业是具有中国特色的传统产业，遗传改良工作稳步推进，在保持鸡肉品质的前提下，繁殖性能、生长速度和饲料转化率明显提高，已占据我国肉鸡生产的近半壁江山。现代肉鸡种业支撑了我国肉鸡产业的持续快速发展，为加快畜牧业结构调整、满足城乡居民肉类消费和增加农民收入作出了重要贡献。

　　1. 保护了一批地方鸡种资源　我国是世界上鸡遗传资源最丰富的国家之一，收录在《中国畜禽遗传资源志·家禽志》中的地方鸡品种达到 107 个。为加强地方鸡种资源保护，农业农村部公布了包含 28 个地方鸡种在内的《国家级畜禽遗传资源保护名录》，建立了 2 个国家级地方鸡种活体保存基因库和 1 个畜禽遗传资源体细胞库，确定了 13 个国家级鸡遗传资源保种场。地方鸡种资源的保护丰富了家禽种质资源的生物多样性，为肉鸡新品种培育提供了宝贵的育种素材。

2. 培育和引进了一批肉鸡新品种（配套系）　截至目前，通过国家审定的黄羽肉鸡新品种和配套系（以下均简称"品种"）数量超过 40 个。我国自主培育的黄羽肉鸡品种大多肉品质优良、环境适应性强，具有较好的养殖效益，极大地丰富了我国肉鸡产品市场，满足了多样化的消费需求。白羽肉鸡生产种源全部从国外引进，品种主要有爱拔益加、罗斯和科宝等，年引进祖代数量超过 100 万套，为推动我国肉鸡业的稳步发展发挥了重要作用。

3. 初步建立了肉鸡良种繁育体系　我国肉鸡产业通过引进国外优良品种与国内自主培育相结合，基本形成了曾祖代（原种）、祖代、父母代和商品代相配套的良种繁育体系。我国现有肉鸡祖代场 123 个，父母代场 1 633 个，年存栏祖代肉种鸡 310 多万套，父母代种鸡 9 100 多万套，良种供应能力不断提高。在北京和扬州分别建立了家禽品质监督检验测试中心，承担全国种禽的监督、检测及生产性能测定等任务，为提升我国种禽质量水平提供了有力的支撑。

4. 保障了鸡肉产品市场有效供给　改革开放 30 多年来，我国肉鸡产业加快发展，产量持续增长。出栏肉鸡由 11.2 亿只增加至 87.7 亿只，年均增长 7.1%；鸡肉产量由 122.3 万吨增加至 1 217.0 万吨，年均增长 8.0%，鸡肉产量占肉类总产量的比重由 7.9% 提高到 15.0%。肉鸡产业已成为我国畜牧业中规模化、集约化、组织化和市场化程度最高的产业之一。肉鸡产业的转型升级，促进了我国肉类消费结构的进一步优化，对于现代畜牧业持续平稳发展起到了积极的推动作用。

（二）存在的主要问题

1. 黄羽肉鸡育种企业多、低水平重复现象严重　我国黄羽肉鸡育种企业数量多、规模参差不齐，整体技术力量薄弱，先进育种技术应用不够，育种设施设备相对落后，低水平重复种现象严重，生产中特征明显、性能优异、市场份额大的核心品种较少。黄羽肉鸡育种在体形外貌、生长速度等高遗传力性状方面取得一定的遗传进展，但对肉品质、繁殖和饲料利用率等重要经济性状的选择进展缓慢。

2. 白羽肉鸡育种滞后　20世纪90年代，国内培育的艾维茵肉鸡一度占有白羽肉鸡50%左右的市场份额。进入21世纪，我国白羽肉鸡育种中断，生产中使用的良种全部从国外引进。长期大量的引种不仅威胁我国肉鸡种业安全，也给家禽生物安全带来了挑战。无论从产业稳定发展，还是国家长远战略考虑，都迫切需要重新启动白羽肉鸡育种工作。

3. 种鸡利用效率较低　与发达国家相比，我国肉用种鸡的利用效率相对较低，每套祖代白羽肉种鸡年均提供父母代仅50套左右，比美国、巴西等国的平均水平低10套以上。养殖死淘率高直接影响了种鸡的生产效率，导致祖代种鸡资源的浪费。黄羽肉鸡品种数量多，但单个品种推广数量相对较少，祖代种鸡的使用期明显缩短。

4. 疫病因素制约了肉鸡种业的发展　国际大型肉鸡育种公司对禽白血病、沙门杆菌病等疫病的净化和防治工作开展得较早、较彻底，产品竞争力强。近些年来，我国禽流感等重大疫病时有发生，禽白血病等疾病种源净化工作亟待加强，疫病防控形势依然严峻。在目前国内饲养环境下，切实做好垂直传播疾病的净化工作，是肉鸡育种工作面临的首要问题。

5. 以企业为主体的育种机制有待加强　以市场为导向，以大型育种公司为主体开展育种工作，是国际肉鸡育种的通行模式，也是我国肉鸡育种的必由之路。我国肉鸡育种企业整体规模小，育种创新能力不强，政府引导、企业主体、产学研推相结合的育种机制亟待加强。

"十二五"期间，国家明确了加快发展现代农业种业的战略目标和措施，今后一个时期是发展我国现代肉鸡种业的重要机遇期。制订实施全国肉鸡遗传改良计划，对于提高我国肉鸡生产水平，满足畜产品有效供给和多元化市场需求，打破国外品种对白羽肉鸡市场的垄断，确立黄羽肉鸡育种的特色和优势，保障肉鸡种业安全，具有重要意义。

二、指导思想、总体目标、主要任务和任务指标

（一）指导思想

以市场需求为导向，以提高育种能力和自主品牌市场占有率为主攻方向，坚持政府引导、企业主体的育种道路，推进"产、学、研、推"育种协作机制创新，整合和利用产业资源，健全以核心育种场和扩繁推广基地为支撑的肉鸡良种繁育体系，加强生产性能测定、疫病净化、实用技术研发和资源保护利用等基础性工作，全面提高肉鸡种业发展水平，促进肉鸡产业持续健康发展。

（二）总体目标

到 2025 年，培育肉鸡新品种 40 个以上，自主培育品种商品代市场占有率超过 60%。提高引进品种的质量和利用效率，进一步健全良种扩繁推广体系。提升肉鸡种业发展水平和核心竞争力，形成机制灵活、竞争有序的现代肉鸡种业新格局。

（三）主要任务

（1）培育黄羽肉鸡新品种，持续选育已育成品种，扩大核心品种市场占有率；培育达到国际先进水平的白羽肉鸡新品种。

（2）打造一批在国内外有较大影响力的"育（引）繁推一体化"肉种鸡企业，建立国家肉鸡良种扩繁推广基地，满足市场对优质商品鸡的需要。

（3）净化育种群和扩繁群主要垂直传播疾病，定期监测净化水平。

（4）制定并完善肉鸡生产性能测定技术与管理规范，建立由核心育种场和种禽质量监督检验机构组成的性能测定体系。

（5）开展肉鸡育种新技术及新品种产业化技术的研发，及时收集、分析肉鸡种业相关信息和发展动态。

（四）任务指标

1. 遴选国家肉鸡核心育种场 遴选肉鸡核心育种场 20 个，其中白羽肉鸡 2 个以上。核心育种场突出核心育种群规模、育种素材、育种方案、设施设备条件、技术团队力量和市场占有率等。育成新品种

40 个以上，其中白羽快长型肉鸡 2~3 个。市场占有率超过 5% 的黄羽肉鸡品种 5 个以上，国产白羽肉鸡品种市场占有率超过 20%。

快长型黄羽肉鸡新品种。入舍母鸡 66 周龄产合格雏鸡数增加 10 只以上；商品鸡 49 日龄体重提高 300 克，饲料转化率改进 10%，胸腿肌率、成活率分别提高 3% 和 2%。

优质型黄羽肉鸡新品种。入舍母鸡 66 周龄产合格雏鸡数增加 15 只以上；商品鸡饲料转化率改进 5%，上市体重变异系数控制在 8% 以内。

白羽肉鸡新品种。商品鸡 42 日龄体重 2.8 千克以上，料重比 1.70∶1 以下，成活率 95% 以上；综合指标有一项以上优于进口品种。

2. 遴选良种扩繁推广基地　从"育（引）繁推一体化"肉种鸡企业中遴选 25 个国家肉鸡良种扩繁推广基地，单个企业祖代鸡存栏量 2 万套以上，父母代鸡存栏量 30 万套以上，年推广商品代雏鸡不低于 3 000 万只。

3. 疾病净化　鸡白痢沙门杆菌病、禽白血病等垂直传播疫病净化符合农业农村部有关标准要求。

三、主要内容

（一）强化国家肉鸡良种选育体系

1. 实施内容　遴选国家肉鸡核心育种场。采用企业申报、省级畜牧兽医行政主管部门推荐的方式，遴选国家肉鸡核心育种场。建立长效的考核与淘汰机制，实行核心育种场动态管理。

培育新品种和选育提高已育成品种。通过整合育种优势资源和技术，优化育种方案，完善育种数据采集与遗传评估技术，开发应用育种新技术，培育肉鸡新品种。持续选育已育成肉鸡品种，进一步提高品种质量，推进肉鸡品种国产化和多元化，满足不同层次消费需求。

净化育种核心群主要垂直传播疫病。开展育种群主要垂直传播疫病的净化工作。完善环境控制和管理配套技术，巩固净化成果。

2. 任务指标　2014 年发布核心育种场遴选标准，2015 年遴选黄羽肉鸡核心育种场，2017 年遴选白羽肉鸡核心育种场，逐步形成以核心育种场为主体的商业化育种模式。

到 2025 年，育成 38 个以上黄羽肉鸡新品种，核心育种场供应种鸡数量占全国黄羽肉鸡育成品种的 75% 以上；育成 2~3 个达到同期国际先进水平的白羽肉鸡新品种，商品鸡年出栏量达到白羽肉鸡总出栏量的 20%。

核心育种场配备主要疫病检测实验室和净化专用设施，制定并执行主要垂直传播疫病检测、净化技术方案。核心育种群鸡白痢沙门杆菌病、禽白血病等血清学检测结果符合农业农村部有关标准。

（二）健全国家肉鸡良种扩繁推广体系

1. 实施内容　打造在国内外有较大影响力的"育（引）繁推一体化"肉种鸡企业。在企业自愿申报、省级畜牧兽医行政主管部门审核推荐基础上，以自主培育品种为主，兼顾引进品种，遴选国家肉鸡良种扩繁推广基地，提升肉鸡产业供种能力。

净化扩繁群主要垂直传播疫病。持续开展肉种鸡主要垂直传播疫病的净化工作，提高雏鸡健康水平。

2. 任务指标　2014 年发布"育（引）繁推一体化"国家肉鸡良种扩繁推广基地遴选标准，2017 年前遴选 25 个国家肉鸡良种扩繁推广基地。

良种扩繁推广基地制定并执行主要垂直传播疫病检测及净化技术方案，鸡白痢沙门杆菌病、禽白血病等的血清学检测结果符合农业农村部有关标准要求。

（三）构建国家肉鸡育种支撑体系

1. 实施内容　开展肉鸡生产性能测定。健全肉鸡生产性能测定技术与管理规范。核心育种场主要测定原种和祖代的生产性能。农业部家禽品质监督检验测试中心定期测定国家审定品种和引进品种父母代和商品代生产性能。种禽质量监督检验测定机构负责种鸡质量的监督检验。

研发肉鸡遗传改良实用技术。成立国家肉鸡遗传改良技术专家组，开展肉鸡育种实用新技术研发，为核心育种场提供指导，对测定场进行技术指导和培训，汇集各种来源的测定数据，及时掌握品种生产性能的动态变化情况。

保护利用地方鸡种资源。支持列入国家级和省级畜禽遗传资源保护名录的地方鸡种的保护和选育工作。利用分子生物学等先进技术手段，开展我国地方鸡种资源肉质、适应能力等优良特性评价，挖掘优势特色基因，为肉鸡新品种的选育提供育种素材。

2. 任务指标 制定发布肉鸡性能测定技术与管理规范。

依托农业农村部家禽品质监督检验测试中心定期开展性能测定工作。遴选 20~25 个农业农村部肉鸡标准化示范场纳入肉鸡生产性能测定体系，定期测定国家审定品种和引进品种生产性能，并及时公布测定结果。

种禽质量监督检验测定机构定期开展质量抽检，并及时通报检测结果。

四、保障措施

（一）完善组织管理体系

农业农村部畜牧业司和全国畜牧总站负责本计划的组织实施。省级畜牧兽医主管部门负责本区域内国家肉鸡核心育种场、国家肉鸡良种扩繁推广基地，以及纳入性能测定体系的肉鸡标准化示范场的资格审查与推荐，配合做好国家肉种鸡性能和主要垂直传播疫病的监测任务。依托国家肉鸡产业技术体系，成立肉鸡遗传改良计划技术专家组，负责制定肉鸡核心育种场遴选标准、生产性能测定方案，评估遗传改良进展，开展相关育种技术指导等工作。有条件的省区市要结合实际，制订实施本省区市肉鸡遗传改良计划。

（二）创新运行管理机制

加强本计划实施监督管理工作，建立科学的考核标准，完善运行管理机制。严格遴选并公布核心育种场，依据品种选育的遗传进展、生产性能等指标每 3 年对育种工作进行一次考核，通报考核结果，淘汰不合格核心育种场。严格遴选"育（引）繁推一体化"国家肉鸡良种扩繁推广基地，及时考核种鸡饲养规模和商品鸡推广量。严格遴选纳入性能测定体系的标准化示范场，定期对测定数据的可靠性和准确性进行考核。

（三）加大资金和政策支持力度

积极争取中央和地方加大对全国肉鸡遗传改良计划实施的政策和资金支持，引导社会资本进入肉鸡种业领域，建立肉鸡育种行业多元化的投融资机制。继续加大肉鸡遗传资源保护、新品种选育、疫病净化、性能测定等方面的支持力度，整合项目资金，加强核心育种场和良种扩繁推广基地等建设，推进肉鸡遗传改良计划顺利实施。

（四）加强宣传和培训

加强全国肉鸡遗传改良计划的宣传，营造良好舆论氛围。依托国家肉鸡产业技术体系和畜牧技术推广体系，组织开展技术培训和指导，提高我国肉鸡种业从业人员素质。建立全国肉鸡遗传改良网络平台，促进信息交流和共享。在加强国内肉鸡遗传改良工作的同时，积极引进国外优良种质资源和先进技术，鼓励育种企业走出去，加强对外交流与合作，促进我国肉鸡育种产业与国际接轨。